電子回路の性能を決める受動部品の基礎と応用

# コンデンサ/抵抗/コイル活用入門

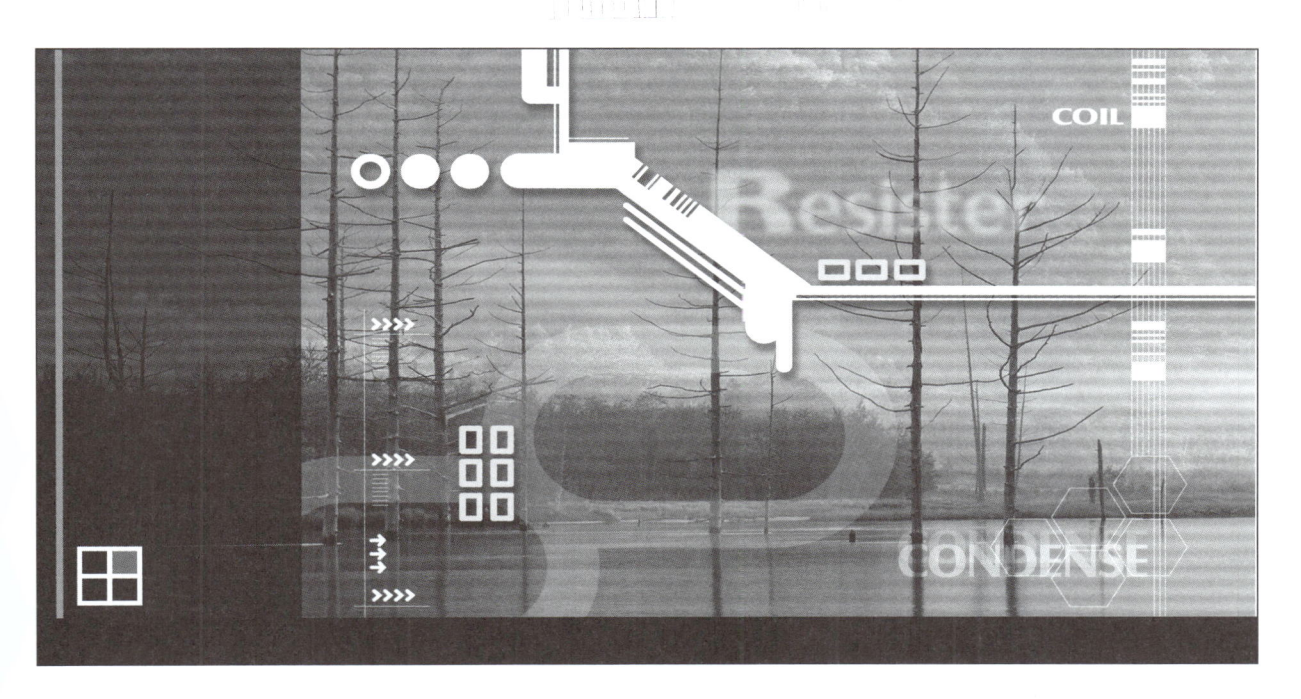

## はじめに

　電子機器の小型・軽量化の進展のおかげで，トランジスタやダイオード，IC，LSIといった電子デバイスは，ほんの少し前まではプリント基板に穴をあけて挿入するリード端子付きのものがほとんどでしたが，現在ではリード端子のない表面実装タイプの形状に取って代わられてしまいました．同様に，抵抗やコンデンサの形状といえば，従来はアキシャル・タイプ（本体からまっすぐ両側にリード線が出ているもの）が標準でしたが，現在では主流がチップ型のものに置き換わっています．

　手作業による チップ部品のはんだ付けは非常に難しいので，電子回路の自作が好きなアマチュアにとっては受難の時代になったといえるかもしれません．また，部品メーカは標準品よりもカスタム品に重点を置く傾向にあるので，アマチュアにとっては入手も難しくなりつつあるようです．

　しかし，プロのエンジニアにとって，これらの電子部品の知識がなければ製品を作ることはできません．また，他社の製品に負けないためには，性能とコストのバランスを最適にしなければなりません．すなわち，高性能な部品ばかりを使用すれば性能は上がりますが，価格で勝てなくなります．そのためには，入手可能な部品がどのような性能をもっているのか，またどのような形状をしているのかを熟知している必要があります．

　そこで本書では，電子回路の中では脇役という扱いをされていますが重要な存在であるコンデンサ，抵抗，コイルを取り上げ，素子の構造や動作原理，応用回路例，使用上の注意などについて詳しく解説しました．これらの部品の選択が，電子機器の性能を決めるといっても過言ではないでしょう．

　なお，本書は「トランジスタ技術」誌に掲載された記事を元に，加筆・再編集したものです．

2004年12月　トランジスタ技術SPECIAL編集部

本書の下記の章は，「トランジスタ技術」誌に掲載された記事を元に，加筆，再編集したものです．

● イントロダクション
　トランジスタ技術，2000年10月号，遠坂俊昭，特集 イントロダクション 回路定数がシステムの性能を決める
● 第1章
　トランジスタ技術，2001年4月号，山本真範，特集 第4章 積層セラミック・チップ・コンデンサの基礎知識
　トランジスタ技術，1994年8月号，松井邦彦，特集 第3章 抵抗，コンデンサ，コイルの使い方
● 第2章
　トランジスタ技術，2001年4月号，東原聡，特集 第5章 フィルム・コンデンサの基礎知識
　トランジスタ技術，1994年8月号，松井邦彦，特集 第3章 抵抗，コンデンサ，コイルの使い方
● 第3章
　トランジスタ技術，2001年4月号，西本博也/小島洋一，特集 第7章 電解コンデンサの基礎知識
　トランジスタ技術，2001年9月号，香川寿得，圧力センサ付きアルミ電解コンデンサ
　トランジスタ技術，2001年4月号，平塚伸彦，特集 第6章 チップ・タンタル固体電解コンデンサの基礎知識
　トランジスタ技術，1994年8月号，松井邦彦，特集 第3章 抵抗，コンデンサ，コイルの使い方
● 第3章APPENDIX
　トランジスタ技術，2001年4月号，桑田和彦，特集 第8章 電気二重層コンデンサの基礎知識
● 第4章
　トランジスタ技術，2001年4月号，増田幸夫/瀬川毅/伊勢蝦鶴蔵，特集 第9章 コンデンサの選び方＆使い方テクノウ
● 第5章
　トランジスタ技術，2001年4月号，五味正志，特集 第1章 チップ抵抗器の基礎知識
　トランジスタ技術，2002年2月号，佐藤牧夫，金属箔チップ・ネットワーク抵抗器MUシリーズ
● 第6章
　トランジスタ技術，2001年4月号，北上俊憲，特集 第2章 電力用抵抗器の基礎知識
● 第7章
　トランジスタ技術，2000年10月号，山崎幸雄，特集 第2章 パワー回路の定数設計
● 第8章
　トランジスタ技術，2001年8月号，北上俊憲，電流測定用シャント抵抗器の基礎知識
● 第9章
　トランジスタ技術，1998年11月号，宮崎仁，特集 第1章 抵抗の選び方と活用ノウハウ
　トランジスタ技術，2001年4月号，増田幸夫/瀬川毅/伊勢蝦鶴蔵，特集 第3章 抵抗器の選び方＆使い方テクノウ
● 第10章
　トランジスタ技術，2001年4月号，長坂孝，特集 第10章 チップ・コイルの基礎知識
● 第11章
　トランジスタ技術，2001年4月号，藤原弘/村井保/島影新吉/島田武志/木村悟，特集 第11章 小型コイルの基礎知識
● 第12章
　トランジスタ技術，2001年4月号，増田幸夫/瀬川毅/伊勢蝦鶴蔵，特集 第12章 コイルの選び方＆使い方テクノウ
　トランジスタ技術，1998年11月号，小谷光輝/坂東政博，特集 第3章 インダクタの選び方と活用ノウハウ

# 目 次

はじめに ……………………………………………………………………………… 3

**イントロダクション** コンデンサ，抵抗，コイルの電子回路における役割 ……… 9
   0.1   回路設計において考えなければならないこと ………………………… 9
   0.2   回路定数を決めるときに考えなければならないこと ………………… 10
   0.3   回路定数以外に大切なこと …………………………………………… 12

## 第一部 コンデンサの基礎と応用

### 第1章　セラミック・チップ・コンデンサ …………………………………… 17
   1.1   積層セラミック・チップ・コンデンサ ……………………………… 17
      1.1.1  コンデンサの基礎知識 …………………………………………… 17
      1.1.2  積層セラミック・チップ・コンデンサの実装上の注意 ……… 23
   1.2   温度補償型セラミック・コンデンサ ………………………………… 25
   1.3   高誘電率セラミック・コンデンサ …………………………………… 31
   【コラム1.A】積分コンデンサの選定ミス ………………………………… 30
   【コラム1.B】セラミック・トリマ・コンデンサ ………………………… 35

### 第2章　フィルム・コンデンサ ……………………………………………… 37
   2.1   フィルム・コンデンサの基礎知識 …………………………………… 37
   2.2   フィルム・コンデンサの使用上の注意 ……………………………… 41
   2.3   ポリエステル・フィルム・コンデンサ（マイラ・コンデンサ） …… 42
   2.4   ポリプロピレン・コンデンサ ………………………………………… 44
   2.5   ポリフェニレン・スルファイド・コンデンサ ……………………… 47

目次

## 第3章　電解コンデンサ ……………………………………………………………… 51

- 3.1　電解コンデンサの特性 …………………………………………………………… 51
- 3.2　アルミ電解コンデンサ …………………………………………………………… 54
- 3.3　圧力センサ付きアルミ電解コンデンサ ………………………………………… 57
- 3.4　有機半導体アルミ固体電解コンデンサOS-CON ……………………………… 59
- 3.5　導電性高分子電解コンデンサPOSCAP ………………………………………… 64
- 3.6　チップ・タンタル固体電解コンデンサ ………………………………………… 67
- 3.7　電解コンデンサの電子回路への応用 …………………………………………… 76

## 第3章APPENDIX　電気二重層コンデンサ ……………………………………… 79

- 1　電気二重層コンデンサの基礎知識 ……………………………………………… 79
- 2　電気二重層コンデンサの選び方 ………………………………………………… 82
- 3　電気二重層コンデンサを使用する上での注意 ………………………………… 83
- 4　電気二重層コンデンサの使用法 ………………………………………………… 85

## 第4章　コンデンサの選び方と使い方 …………………………………………… 87

- 4.1　基本的なコンデンサの応用 ……………………………………………………… 87
- 4.2　高周波回路におけるコンデンサの応用 ………………………………………… 89
- 4.3　パワー回路におけるコンデンサの応用 ………………………………………… 96

## 第二部 抵抗器の基礎と応用

## 第5章　チップ抵抗器 ……………………………………………………………… 101

- 5.1　チップ抵抗器の概要 …………………………………………………………… 101
- 5.2　チップ抵抗器の基礎知識 ……………………………………………………… 103
- 5.3　チップ抵抗器の使い方 ………………………………………………………… 107
- 5.4　金属箔抵抗器 …………………………………………………………………… 110
- 【コラム5.A】高抵抗値抵抗器について ……………………………………………… 116

## 第6章　電力型巻き線抵抗器 ……………………………………………………118

- 6.1　電力型巻き線固定抵抗器の構造 ……………………………………119
- 6.2　巻き線抵抗器の巻き方 ………………………………………………121
- 6.3　電力型巻き線抵抗器の種類 …………………………………………123
- 6.4　電力用抵抗器の電気的特性 …………………………………………124
- 【コラム6.A】ポテンショメータ ………………………………………126

## 第7章　パワー・サーミスタ ……………………………………………………129

- 7.1　パワー・サーミスタの概要 …………………………………………129
- 7.2　パワー・サーミスタの使い方 ………………………………………130
- 7.3　パワー・サーミスタの応用例 ………………………………………133

## 第8章　電流測定用シャント抵抗器 ……………………………………………136

- 8.1　シャント抵抗器の種類 ………………………………………………136
- 8.2　シャント抵抗器の使用上の注意 ……………………………………140

## 第9章　抵抗器の選び方と使い方 ………………………………………………141

- 9.1　基本的な抵抗器の使い方 ……………………………………………141
- 9.2　高周波回路における抵抗器の応用 …………………………………146
- 9.3　パワー回路における抵抗器の応用 …………………………………151

# 第三部　コイルの基礎と応用

## 第10章　チップ・コイル …………………………………………………………156

- 10.1　コイルの種類と構造 …………………………………………………156
- 10.2　チップ・コイルの電気的特性 ………………………………………160
- 10.3　チップ・コイルの選択と使い方 ……………………………………163

## 第11章　小型コイル …………………………………………………………………168

11.1　小型コイルの分類 …………………………………………………………168
11.2　小型固定インダクタ ………………………………………………………169
11.3　小型可変インダクタ ………………………………………………………171
11.4　信号用$LC$フィルタ ………………………………………………………173
11.5　特殊なコイル部品 …………………………………………………………176

## 第12章　コイルの選び方と使い方 …………………………………………179

12.1　コイルの動作原理 …………………………………………………………179
12.2　基本的なコイルの使い方 …………………………………………………182
12.3　高周波用コイルの使い方 …………………………………………………186
12.4　ノイズ対策用チップ・インダクタの使い方 ……………………………189
12.5　パワー回路におけるコイルの使い方 ……………………………………194
【コラム12.A】負荷$Q$と無負荷$Q$ ……………………………………………183
【コラム12.B】わざとコイルの$Q$を低くして使うこともある ……………188
【コラム12.C】空芯コイルの設計方法 ………………………………………192

索　引 ……………………………………………………………………………199

# イントロダクション

# コンデンサ,抵抗,コイルの電子回路における役割

　本書では,電子回路の中では重要な役割を果たしていますが,トランジスタやIC,LSIといった能動デバイスに比べると,意外と軽く扱われている印象を受けるコンデンサおよび抵抗,コイルなどの受動部品について詳しく解説します.

　トランジスタやIC,LSIの性能がどんどん上がっているのと同様に,コンデンサや抵抗,コイルについてもさまざまな性能改善が行われています.そのため,新しい受動部品のおかげで従来は難しいと思われた仕様を満足させることができるようになった,ということもめずらしくありません.

　とはいっても,価格の問題もあり高性能な部品ばかり使うわけにもいきませんし,高性能な部品であってもすべての性能が優れているわけではありません.そのデバイスの特性を十分理解して使用することが重要になってきます.

　第1章以降では,コンデンサ,抵抗,コイルの種類や特性,使い方について詳しく解説していきますが,その前に,回路設計におけるコンデンサ,抵抗,コイルの役割について考えてみましょう.

## 0.1　回路設計において考えなければならないこと

　回路設計,とくにアナログ回路などは守備範囲も広く,扱う部品の種類も膨大になるため,一人前の設計者になるには多くの経験が必要と言われています.実際,回路設計の仕事は,回路理論以外にも考慮すべき点がたくさんあります.これらのことをバランスよく把握して,製品開発をいかにスムーズに進めるかがプロとしての力量になります.製品開発の成功の鍵は回路理論だけが握っているのではありません.

**(1) 少量生産をするのか,大量生産をするのか**

　生産台数の少ない特注品のような場合は,製造原価に占める時間のコスト,つまり設計費用の割合

が大きくなるため，部品が多少高価だったり，回路が冗長になるようなことがあっても，トラブルが発生する可能性の少ない回路を選択したほうが全体で考えると低コストになります．一方，大量に生産する製品の場合は，部品価格がもっとも重要な要素になり，冗長さを限界まで取り除く設計が必要になってきます．

このように，少量生産と大量生産では回路や部品の選定などで設計方針が違ってきます．

**(2) 採用する部品点数は少なくする**

一般に，購入部品の価格は数量によって大きく変動します．したがって，部品点数だけではなく部品の種類の少ない設計が大切になります．標準部品を使用し，一度に購入する部品の量を増やし，部品価格を抑えるという意識が必要です．

**(3) 製造工数を意識する**

製品の原価は部品だけではありません．組み立てや配線，調整，検査の工数を意識した設計が必要です．

## 0.2 回路定数を決めるときに考えなければならないこと

● 仕様を明確にしよう！

同じ回路でも，受動部品の回路定数の選び方で，消費電力や周波数特性，入出力インピーダンス，雑音特性などが大きく異なってきます．そして，一般的にはすべての特性を満足するような回路定数は存在しません．したがって，どの特性を重視するかといったトレードオフを行うことになります．

そのためには，当然のことながら仕様を明確にしておかねばなりません．

● 実装も考えよう！

大きな電力を扱う装置の場合は，半導体や抵抗から大きな熱が発生しますので，熱を逃がすためのヒートシンクの容積や取り付け方法が重要になります．仕様書どおりの容積に収納できるかどうかを検討することも同時に行わねばなりません．

● 計算だけでは設計できない

たとえば，図1に示したようなカットオフ周波数$f_C$が1 kHz（周波数精度1 %）という簡単なローパス・フィルタを設計してみましょう．

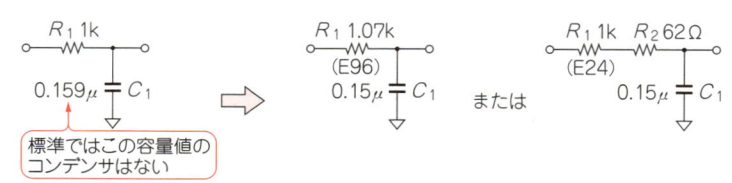

(a) 計算だけで設計したLPF　　(b) 現実の部品で作ったLPF

**図1　カットオフ周波数1 kHz，周波数精度1 %のローパス・フィルタの設計**

まず，$R_1$ を 1 kΩ とするとコンデンサの値は，

$$C_1 = \frac{1}{2\pi f_c R_1} = 0.15915494309\cdots \mu\text{F} \quad\cdots\cdots\cdots\cdots\cdots\cdots\cdots\cdots\cdots\cdots\cdots\cdots\cdots\cdots\cdots\cdots\cdots\cdots (1)$$

と求まります．

この回路では 1％精度を狙いたいので，0.159 μF に決定して設計終了…というわけにはいきません．秋葉原をどんなに探し回っても，この値をもったコンデンサを売っているお店はありません．というのは，コンデンサや抵抗の製造メーカは，客の言いなりに部品を製造すると種類が増えすぎて管理ができないので，JIS で決められた E 系列標準数（**表1**）に従うことにしているのです．したがって，回路設計者もこの表を見て回路定数を決定することになります．

一般に，抵抗に比べてコンデンサのほうが品揃えが少ないので，**図1**の例では，まず最初に E6 系列からコンデンサの値を 0.15 μF に決定します．そして，式(1)から抵抗の値を 1.061 kΩ と計算で求め，E96 系列から 1.07 kΩ を選択します．すると，設計値を 1％以内に収めることができます．

しかし，E96 系列の抵抗をすべて在庫としておくのは種類が多くなり管理がたいへんです．そこで，会社によっては「抵抗は E24 系列とする」などと規則を定めています．この場合は，E24 系列から 1 kΩ と 62 Ω の抵抗を 2 本直列に接続して使用します．ちなみに，この E 系列標準数は等比数列になっています．すなわち，E6 系列の場合，それぞれの定数は以下の式で求めることができます．

① $10^{\frac{0}{6}} = 1$
② $10^{\frac{1}{6}} = 1.467799\cdots \rightarrow 1.5$
③ $10^{\frac{2}{6}} = 2.154434\cdots \rightarrow 2.2$
④ $10^{\frac{3}{6}} = 3.162277\cdots \rightarrow 3.3$
⑤ $10^{\frac{4}{6}} = 4.641588\cdots \rightarrow 4.7$
⑥ $10^{\frac{5}{6}} = 6.812920\cdots \rightarrow 6.8$

表1 E系列標準数

| E3数列 | E6数列 | E12数列 | E24数列 | E48数列 | | | | | | E96数列 | | | | | | E192数列 | | | | | |
|---|---|---|---|---|---|---|---|---|---|---|---|---|---|---|---|---|---|---|---|---|---|
| 1.0 | 1.0 | 1.0 | 1.0 | 1.00 | 1.47 | 2.15 | 3.16 | 4.64 | 6.81 | 1.00 | 1.47 | 2.15 | 3.16 | 4.64 | 6.81 | 1.00 | 1.47 | 2.15 | 3.16 | 4.64 | 6.81 |
| | | | 1.1 | | | | | | | | | | | | | 1.01 | 1.49 | 2.18 | 3.20 | 4.70 | 6.90 |
| | | 1.2 | 1.2 | | | | | | | 1.02 | 1.50 | 2.21 | 3.24 | 4.75 | 6.98 | 1.02 | 1.50 | 2.21 | 3.24 | 4.75 | 6.98 |
| | | | 1.3 | | | | | | | | | | | | | 1.04 | 1.52 | 2.23 | 3.28 | 4.81 | 7.06 |
| | 1.5 | 1.5 | 1.5 | 1.05 | 1.54 | 2.26 | 3.32 | 4.87 | 7.15 | 1.05 | 1.54 | 2.26 | 3.32 | 4.87 | 7.15 | 1.05 | 1.54 | 2.26 | 3.32 | 4.87 | 7.15 |
| | | | 1.6 | | | | | | | | | | | | | 1.06 | 1.56 | 2.29 | 3.36 | 4.93 | 7.23 |
| | | 1.8 | 1.8 | | | | | | | 1.07 | 1.58 | 2.32 | 3.40 | 4.99 | 7.32 | 1.07 | 1.58 | 2.32 | 3.40 | 4.99 | 7.32 |
| | | | 2.0 | | | | | | | | | | | | | 1.09 | 1.60 | 2.34 | 3.44 | 5.05 | 7.41 |
| 2.2 | 2.2 | 2.2 | 2.2 | 1.10 | 1.62 | 2.37 | 3.48 | 5.11 | 7.50 | 1.10 | 1.62 | 2.37 | 3.48 | 5.11 | 7.50 | 1.10 | 1.62 | 2.37 | 3.48 | 5.11 | 7.50 |
| | | | 2.4 | | | | | | | | | | | | | 1.11 | 1.64 | 2.40 | 3.52 | 5.17 | 7.59 |
| | | 2.7 | 2.7 | | | | | | | 1.13 | 1.65 | 2.43 | 3.57 | 5.23 | 7.68 | 1.13 | 1.65 | 2.43 | 3.57 | 5.23 | 7.68 |
| | | | 3.0 | | | | | | | | | | | | | 1.14 | 1.67 | 2.46 | 3.61 | 5.30 | 7.77 |
| | 3.3 | 3.3 | 3.3 | 1.15 | 1.69 | 2.49 | 3.65 | 5.36 | 7.87 | 1.15 | 1.69 | 2.49 | 3.65 | 5.36 | 7.87 | 1.15 | 1.69 | 2.49 | 3.65 | 5.36 | 7.87 |
| | | | 3.6 | | | | | | | | | | | | | 1.17 | 1.72 | 2.52 | 3.70 | 5.42 | 7.96 |
| | | 3.9 | 3.9 | | | | | | | 1.18 | 1.74 | 2.55 | 3.74 | 5.49 | 8.06 | 1.18 | 1.74 | 2.55 | 3.74 | 5.49 | 8.06 |
| | | | 4.3 | | | | | | | | | | | | | 1.20 | 1.76 | 2.58 | 3.79 | 5.56 | 8.16 |
| 4.7 | 4.7 | 4.7 | 4.7 | 1.21 | 1.78 | 2.61 | 3.83 | 5.62 | 8.25 | 1.21 | 1.78 | 2.61 | 3.83 | 5.62 | 8.25 | 1.21 | 1.78 | 2.61 | 3.83 | 5.62 | 8.25 |
| | | | 5.1 | | | | | | | | | | | | | 1.23 | 1.80 | 2.64 | 3.88 | 5.69 | 8.35 |
| | | 5.6 | 5.6 | | | | | | | 1.24 | 1.82 | 2.67 | 3.92 | 5.76 | 8.45 | 1.24 | 1.82 | 2.67 | 3.92 | 5.76 | 8.45 |
| | | | 6.2 | | | | | | | | | | | | | 1.26 | 1.84 | 2.71 | 3.97 | 5.83 | 8.56 |
| | 6.8 | 6.8 | 6.8 | 1.27 | 1.87 | 2.74 | 4.02 | 5.90 | 8.66 | 1.27 | 1.87 | 2.74 | 4.02 | 5.90 | 8.66 | 1.27 | 1.87 | 2.74 | 4.02 | 5.90 | 8.66 |
| | | | 7.5 | | | | | | | | | | | | | 1.29 | 1.89 | 2.77 | 4.07 | 5.97 | 8.76 |
| | | 8.2 | 8.2 | | | | | | | 1.30 | 1.91 | 2.80 | 4.12 | 6.04 | 8.87 | 1.30 | 1.91 | 2.80 | 4.12 | 6.04 | 8.87 |
| | | | 9.1 | | | | | | | | | | | | | 1.32 | 1.93 | 2.84 | 4.17 | 6.12 | 8.98 |
| | | | | 1.33 | 1.96 | 2.87 | 4.22 | 6.19 | 9.09 | 1.33 | 1.96 | 2.87 | 4.22 | 6.19 | 9.09 | 1.33 | 1.96 | 2.87 | 4.22 | 6.19 | 9.09 |
| | | | | | | | | | | | | | | | | 1.35 | 1.98 | 2.91 | 4.27 | 6.26 | 9.20 |
| | | | | | | | | | | 1.37 | 2.00 | 2.94 | 4.32 | 6.34 | 9.31 | 1.37 | 2.00 | 2.94 | 4.32 | 6.34 | 9.31 |
| | | | | | | | | | | | | | | | | 1.38 | 2.03 | 2.98 | 4.37 | 6.42 | 9.42 |
| | | | | 1.40 | 2.05 | 3.01 | 4.72 | 6.49 | 9.53 | 1.40 | 2.05 | 3.01 | 4.72 | 6.49 | 9.53 | 1.40 | 2.05 | 3.01 | 4.42 | 6.49 | 9.53 |
| | | | | | | | | | | | | | | | | 1.42 | 2.08 | 3.05 | 4.48 | 6.57 | 9.65 |
| | | | | | | | | | | 1.43 | 2.10 | 3.09 | 4.53 | 6.65 | 9.76 | 1.43 | 2.10 | 3.09 | 4.53 | 6.65 | 9.76 |
| | | | | | | | | | | | | | | | | 1.45 | 2.13 | 3.12 | 4.59 | 6.73 | 9.88 |

ここで少し疑問に思われるのは，④がなぜ3.3になったのかです．ぞろ目の好きな人が決めたのでしょうか？

## 0.3　回路定数以外に大切なこと

「回路定数だけ決まってしまえば，それで回路設計はおしまい」ではありません．その他にも，以下のようなたくさんの条件を考慮しなければなりません．ここでは，抵抗を例にあげて，それらの条件が部品を選ぶときにどのような意味をもつかについて紹介します．

表2に示したのは各種抵抗器の種類と特性で，表3に示したのはJIS規格で定められた抵抗のカラー・コードと記号です．

● 抵抗で消費する電力

当然のことながら，抵抗に電流が流れれば，両端に電圧が生じ，電力が消費されてジュール熱が発生します．このため，抵抗にはこれ以上消費できないという最大定格電力が定められています．

## 表2 抵抗器の種類と特性

| 種類 | 製作可能な抵抗値 [Ω] | 定格電力 [W] | 許容差 [%] | 温度係数 [ppm/℃] | 外観 |
|---|---|---|---|---|---|
| 電力用巻き線抵抗器 | 10m〜3k | 3〜1k | ±1〜±10 | ±30〜±300 | |
| 精密用巻き線抵抗器 | 10m〜1M | 0.1〜1 | ±0.005〜±1 | ±3〜±30 | |
| 炭素皮膜抵抗器 | 1〜3M | 0.1〜3 | ±2〜±10 | ±100〜±200 | |
| 金属皮膜抵抗器 | 100m〜10M | 0.1〜3 | ±0.5〜±5 | ±10〜±200 | |
| 金属箔抵抗器 | 10m〜100k | 0.1〜1 | ±0.005〜±5 | ±0.4〜±10 | |
| 金属酸化物皮膜抵抗器 | 100m〜100k | 1〜10 | ±2〜±10 | ±200〜±500 | |

## 表3 抵抗のカラー・コードと記号

| 色名 | 数字 | 10のべき数 | 抵抗値許容差 [%] | 記号 | 抵抗温度係数 [ppm/℃] | 記号 |
|---|---|---|---|---|---|---|
| 銀 | — | $10^{-2}$ | ±10 | K | — | |
| 金 | — | $10^{-1}$ | ±5 | J | | |
| 黒 | 0 | 1 | — | — | ±250 | K |
| 茶 | 1 | 10 | ±1 | F | ±100 | H |
| 赤 | 2 | $10^2$ | ±2 | G | ±50 | G |
| 黄赤 | 3 | $10^3$ | | — | ±15 | D |
| 黄 | 4 | $10^4$ | | — | ±25 | F |
| 緑 | 5 | $10^5$ | ±0.5 | D | ±20 | E |
| 青 | 6 | $10^6$ | ±0.25 | C | ±10 | C |
| 紫 | 7 | $10^7$ | ±0.1 | B | ±5 | B |
| 灰 | 8 | $10^8$ | | | ±1 | A |
| 白 | 9 | $10^9$ | | | — | |
| 無色 | — | — | ±20 | M | | |

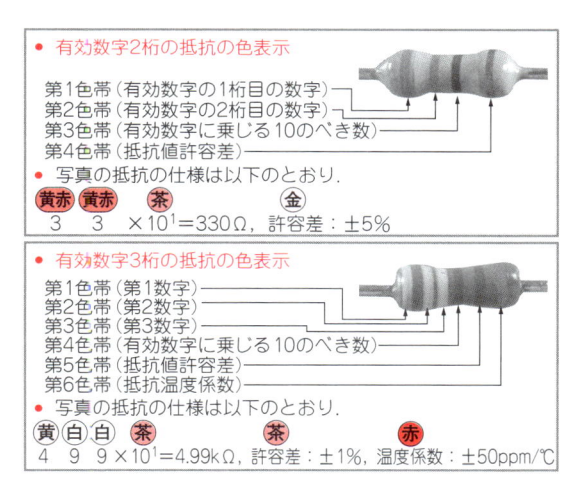

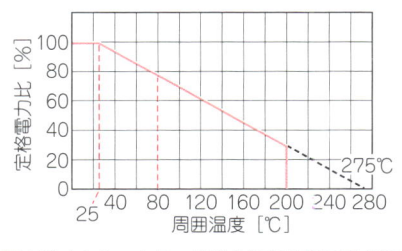

- 有効数字2桁の抵抗の色表示
  - 第1色帯(有効数字の1桁目の数字)
  - 第2色帯(有効数字の2桁目の数字)
  - 第3色帯(有効数字に乗じる10のべき数)
  - 第4色帯(抵抗値許容差)
- 写真の抵抗の仕様は以下のとおり.

黄赤 黄赤 茶　　金
3　　 3　 ×$10^1$=330Ω, 許容差:±5%

- 有効数字3桁の抵抗の色表示
  - 第1色帯(第1数字)
  - 第2色帯(第2数字)
  - 第3色帯(第3数字)
  - 第4色帯(有効数字に乗じる10のべき数)
  - 第5色帯(抵抗値許容差)
  - 第6色帯(抵抗温度係数)
- 写真の抵抗の仕様は以下のとおり.

黄 白 白　茶　　　　赤
4　9　9 ×$10^1$=4.99kΩ, 許容差:±1%, 温度係数:±50ppm/℃

図2 電力型メタル・クラッド巻き線抵抗器の電力軽減曲線

## コンデンサ，抵抗，コイルの電子回路における役割

そして，この最大定格電力は温度によって変化します．**図2**は，電力型巻き線抵抗器の最大定格電力の温度特性です．このように，抵抗で消費できる最大電力は抵抗が実装される場所の温度，つまり周囲環境最高温度＋機器内部の温度上昇によって制限を受けます．

また，この最大定格電力の選定基準はアプリケーションによっても異なります．当然ながら，電子部品は最大定格付近で使用するほど故障率が上がります．このため，航空機や列車の制御など，人命に関わるような電子機器を設計する場合は最大定格に対して使用定格に余裕を持たせる，ディレーティング(derating)が行われます．

たとえば，あるシステムにおいて，抵抗は定格電力の1/2にディレーティングして使用すると決められていたとします．10 Wの抵抗を80℃以内で使用する場合の最大消費電力は，**図2**の軽減曲線から8 W以下です．したがって，このシステムにおける抵抗の許容電力は，8 Wを1/2にディレーティングして4 W以下になります．

### ● 確度——抵抗器の許容誤差

増幅器の利得などには，誤差範囲が規定されています．多くの増幅器には負帰還が施され，その利得はほぼ抵抗値で決定できるので，増幅器の利得誤差の仕様を満足するためには，抵抗の許容誤差を考慮しなくてはなりません．一般に，1％誤差の金属皮膜抵抗までは比較的安価なのでよく使いますが，さらに精度を上げたいときは，**図3**に示すように半固定抵抗 $VR_1$ などを使って調整します．

抵抗値が1 MΩ以上の高抵抗を使う回路の場合は，湿度によるプリント基板の絶縁抵抗の変化が特性

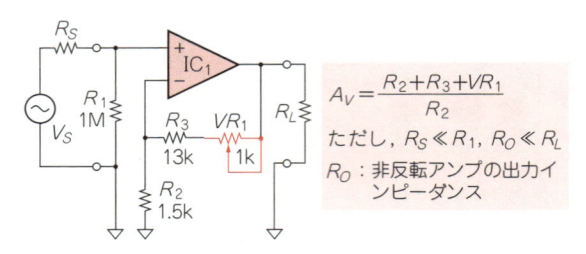

$$A_V = \frac{R_2 + R_3 + VR_1}{R_2}$$

ただし，$R_S \ll R_1$，$R_O \ll R_L$
$R_O$：非反転アンプの出力インピーダンス

**図3** 1％精度の金属皮膜抵抗を使ってもゲイン精度が十分でない場合は半固定抵抗を使う

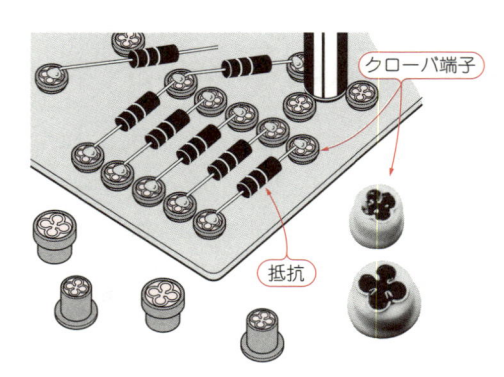

**図4** クローバ端子の外観

**写真1** 4端子金属皮膜抵抗PBシリーズの外観
（アルファ・エレクトロニクス）

に影響するので，図4のようなテフロン製のクローバ端子などを使用します．逆に，1Ω以下の場合は，温度変化によるプリント基板の銅箔パターンの抵抗値の変化が影響してくるので，4端子抵抗(**写真1**)などを使用します．

● **温度特性――精度を上げる方法**

図3の場合，半固定抵抗を使っても，周囲温度の変化による抵抗値の変化は調整できないので，温度特性の仕様を満足するためには，抵抗の温度特性を考慮する必要があります．

たとえば，図5に示すアンプには，利得を決定する抵抗が4本($R_2 \sim R_5$)使われています．仮に，この4本の抵抗の温度特性を±50 ppm/℃とすると，利得の温度変化は最大で4倍の±200 ppm/℃(0.02%/℃)ですから，周囲温度が-10℃から+40℃に変化すると，利得変動は±1%となります．

このように，利得誤差の仕様が厳しい回路には，抵抗を二つ内蔵して温度特性の偏差が規定されているモジュールを使います．図6に示したのは，アルファ・エレクトロニクスのSMシリーズ(**写真2**)の相対温度特性と接続の方法です．ここで，抵抗値1 kΩ/9 kΩのものを選べば，図6(c)から相対温度特性は±1 ppm/℃(max)なので，2組使用したときの利得誤差は±2 ppm/℃(max)です．これなら，

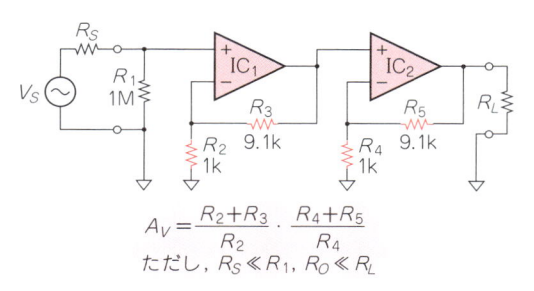

$$A_V = \frac{R_2 + R_3}{R_2} \cdot \frac{R_4 + R_5}{R_4}$$

ただし，$R_S \ll R_1, R_O \ll R_L$

**図5** 4つの抵抗でゲインが決められている増幅器の精度を上げるには

**写真2** 高精度抵抗SMシリーズの外観
(アルファ・エレクトロニクス)

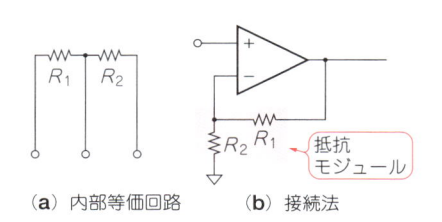

(a) 内部等価回路　　(b) 接続法

抵抗モジュール

| 抵抗値比[$R_2/R_1$] | 相対温度特性[ppm/℃] |
|---|---|
| $R_2/R_1 = 1$ | ±0.5 |
| $1 < R_2/R_1 \leq 10$ | ±1 |
| $10 < R_2/R_1 \leq 100$ | ±2 |
| $100 < R_2/R_1$ | ±3 |

(c) 相対温度特性

**図6** 抵抗モジュールSMシリーズの仕様

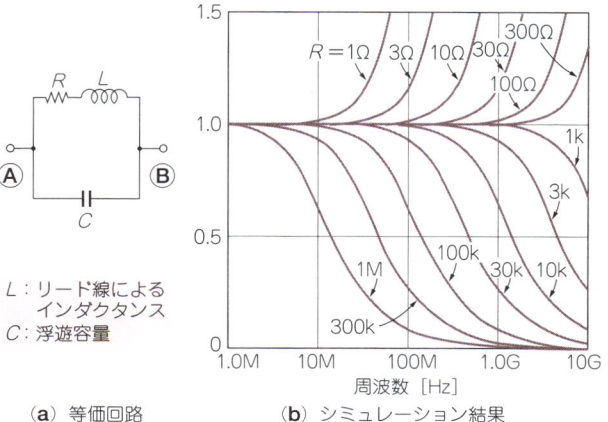

$L$: リード線によるインダクタンス
$C$: 浮遊容量

(a) 等価回路　　(b) シミュレーション結果
($C$: 0.02 pF, $L$: 2.9 nH)

**図7** 抵抗の等価回路とシミュレーション

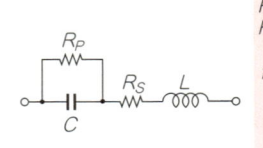

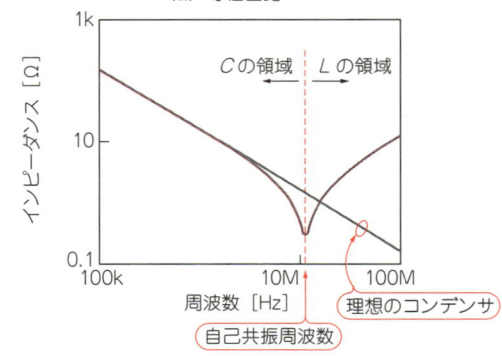

## コンデンサ，抵抗，コイルの電子回路における役割

**図8（a）等価回路**

- $R_P$：絶縁抵抗
- $R_S$：主に誘電体による直列抵抗
- $L$：主に電極によるインダクタンス
- $f_0$：自己共振周波数

$$f_0 = \frac{1}{2\pi\sqrt{LC}}$$

$$Q = \frac{1}{2\pi f_0 C R_S}$$

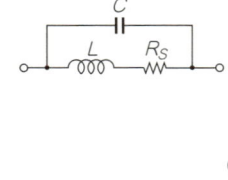

**図9（a）等価回路**

- $C$：巻き線によって生じる浮遊容量
- $R_S$：巻き線とコアによって生じる等価直列抵抗
- $f_0$：自己共振周波数

$$f_0 = \frac{1}{2\pi\sqrt{LC}}$$

$$Q = \frac{2\pi f_0 L}{R_S}$$

(b) シミュレーション結果（$C$：10nF, $L$：20nH, $R_S$：0.3Ω）

(b) シミュレーション結果（$L$：10mH, $R_S$：80Ω, $C$：4pF）

**図8 コンデンサの等価回路とシミュレーション**

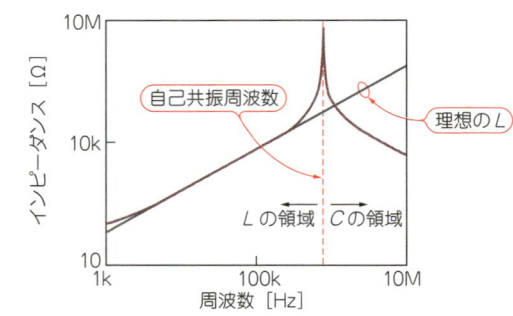

**図9 コイルの等価回路とシミュレーション**

周囲温度が－10℃から＋40℃まで変化しても，増幅器の利得変化を±0.01%以内に抑えることができます．

● 抵抗，コンデンサ，コイルの周波数特性

抵抗の等価回路は，図7（a）のように表されます．ここで，$C$は浮遊容量分，$L$は抵抗のリード線などによって生じるインダクタンス分です．0.02 pFと2.9 nHという値は，これ以上小さくできない限界に近い値で，プリント基板に実装すると，さらに大きな値になると予想されます．

図7（b）は，図7（a）の$R$を変えながらシミュレーションしたⒶ-Ⓑ間のインピーダンスの周波数特性の変化です．図からわかるように，抵抗値が高い場合は，周波数が高くなると浮遊容量の影響でインピーダンスが下がり，抵抗値が低い場合は，周波数が高くなるとリード・インダクタンスの影響でインピーダンスが上がります．**表2**の中では，巻き線型の抵抗はインダクタンスを多く含むので高周波回路には使用できません．

参考までに，図8と図9にコンデンサとコイルの等価回路とその周波数特性のシミュレーション結果を示します．図8からわかるように，コンデンサは抵抗に比べて，理想に近い値で動作する周波数範囲が狭くなります．また，図9からは，コイルはさらにその周波数範囲が狭くなることがわかります．

〈遠坂俊昭〉

# 第一部 コンデンサの基礎と応用

# 第1章 セラミック・チップ・コンデンサ

　最近は，パソコンや携帯電話などの情報通信機器市場が飛躍的に成長し，電子部品の需要が増加しています．これらの電子部品には集積回路のような能動部品と，コンデンサのような受動部品とがあります．受動部品に分類されるコンデンサは，電子回路の平滑・安定化・ノイズ除去・カップリングなどさまざまな用途があり，情報通信機器をはじめとするあらゆる電子機器に欠くことのできない基本的な部品の一つです．
　一言でコンデンサといってもその種類はさまざまですが，本章では現在の電子機器においてもっとも多く使用されているセラミック・チップ・コンデンサの性能および使用例について解説します．

## 1.1 積層セラミック・チップ・コンデンサ

　爆発的に市場が伸びている携帯電話やノート・パソコンにおけるコンデンサの使用状況を調べてみると，携帯電話には200〜300個のコンデンサが使われており，ノート・パソコンには約1000個も使用されています．このうちの9割以上が積層セラミック・チップ・コンデンサと呼ばれる表面実装型で占められています．
　積層セラミック・チップ・コンデンサがモバイル・タイプの小型電子機器に適しているだけでなく，信頼性に優れ，極性がなく，しかも幅広く静電容量を選択できるという優れた特徴があるためです．

### 1.1.1 コンデンサの基礎知識

● コンデンサの分類

　図1.1に示したように，コンデンサにはさまざまな種類のものがあります．大きくは，静電容量を変えることができない固定コンデンサと，静電容量を調整できる半固定・可変コンデンサに分類されます．

# 第1章

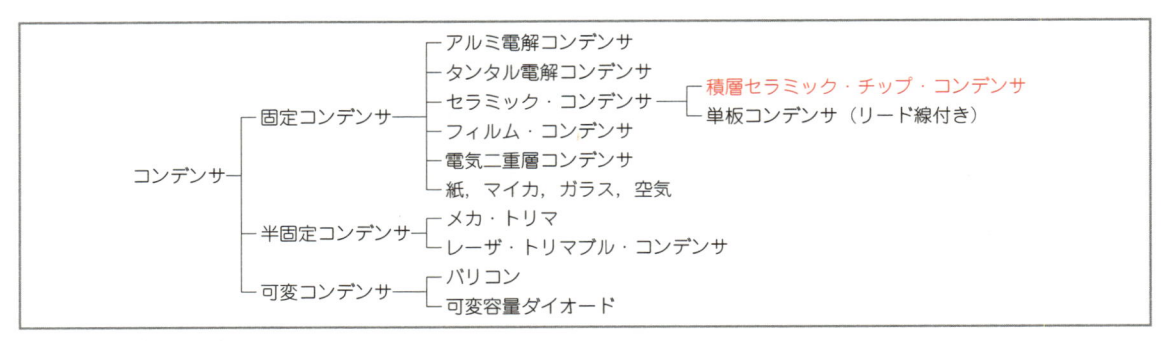

図1.1　コンデンサの種類

```
コンデンサ ─┬─ 固定コンデンサ ─┬─ アルミ電解コンデンサ
           │                 ├─ タンタル電解コンデンサ
           │                 ├─ セラミック・コンデンサ ─┬─ 積層セラミック・チップ・コンデンサ
           │                 │                        └─ 単板コンデンサ（リード線付き）
           │                 ├─ フィルム・コンデンサ
           │                 ├─ 電気二重層コンデンサ
           │                 └─ 紙，マイカ，ガラス，空気
           ├─ 半固定コンデンサ ─┬─ メカ・トリマ
           │                  └─ レーザ・トリマブル・コンデンサ
           └─ 可変コンデンサ ─┬─ バリコン
                             └─ 可変容量ダイオード
```

写真1.1　各種サイズのセラミック・チップ・コンデンサ（TDK）

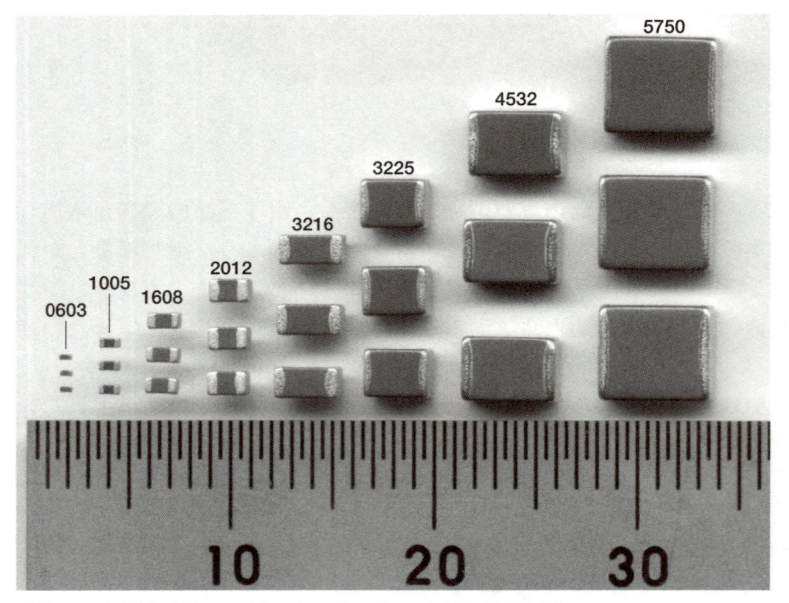

表1.1　サイズ名と寸法

| サイズ名 | 寸法 [mm] |
|---|---|
| 0603 | 0.6 × 0.3 |
| 1005 | 1.0 × 0.5 |
| 1608 | 1.6 × 0.8 |
| 2012 | 2.0 × 1.25 |
| 3216 | 3.2 × 1.6 |
| 3225 | 3.2 × 2.5 |
| 4532 | 4.5 × 3.2 |
| 5750 | 5.7 × 5.0 |

注：寸法は長辺×短辺

　固定コンデンサは，誘電体の種類によって図1.1のように分類されます．この中でセラミック・コンデンサは，セラミックスを誘電体に利用したコンデンサで，リード線型（単板コンデンサ）と，表面実装型（積層セラミック・チップ・コンデンサ）に区分されます．

　積層セラミック・チップ・コンデンサは，さらに誘電率がおよそ10〜200の常誘電体材料を使用した「種類Ⅰ」と1000〜20000の強誘電体材料を使用した「種類Ⅱ」に分類されます．種類Ⅰは主に温度補償用に，種類Ⅱは主に大きな静電容量が必要な回路にそれぞれ使われます．

● 積層セラミック・チップ・コンデンサの外観と構造

　写真1.1に示したのは，一般的な積層セラミック・チップ・コンデンサの外観です．一般的に使用されている形状を表1.1にまとめました．

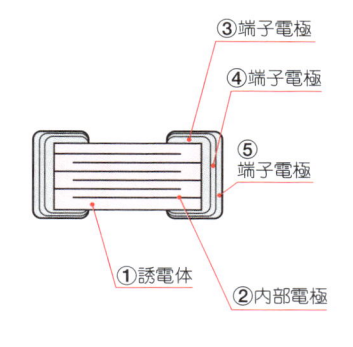

## 1.1 積層セラミック・チップ・コンデンサ

| 番号 | 名称 | 材料 種類Ⅰ | 材料 種類Ⅱ |
|---|---|---|---|
| ① | 誘電体 | 酸化チタン系またはジルコン酸系 | チタン酸バリウム系 |
| ② | 内部電極 | PdまたはNi | |
| ③ | | AgまたはAg-PdまたはCu | |
| ④ | 端子電極 | Ni（めっき） | |
| ⑤ | | Sn（めっき） | |

(a) 内部構造　　(b) 等価回路

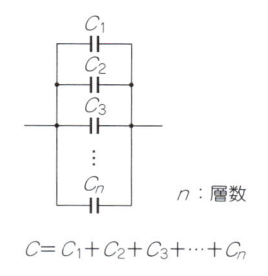

$$C = C_1 + C_2 + C_3 + \cdots + C_n$$

$n$：層数

**図1.2** 積層セラミック・チップ・コンデンサの構造と等価回路

　形状は1005や1608サイズが主流ですが，最近はVCOやパワー・アンプなどのモジュールに0603と呼ばれるサイズが超小型の積層セラミック・チップ・コンデンサが使用され始めています．

　**図1.2**に，積層セラミック・チップ・コンデンサの構造と等価回路を示します．

　積層セラミック・チップ・コンデンサは，誘電体材料として1000℃以上の高温で焼結させたチタン酸バリウム系や酸化チタン系などを使用しています．内部電極にはPd（パラジウム，貴金属）またはNi（ニッケル，卑金属）を使用し，セラミック誘電体層と交互に形成されており，端子電極で並列に接続されています．端子電極は，下地にAg（銀）またはCu（銅）からなる電極を形成し，一般的にはその上にNiとSn（錫）を電気めっきしています．

　積層セラミック・チップ・コンデンサが開発された当初は，内部電極にPdが多く使用されていましたが，特性面や価格面（Niの数1000倍）の問題から，高容量製品を中心にNiが内部電極に使用されるようになってきました．

　以前は，端子電極の電気めっきに関してはんだめっき（Ni + Sn/Pb）がされていましたが，昨今の鉛フリー化という流れを受けて，ほとんどがNi + Snめっきに移行しています．

● **コンデンサの静電容量**

　一般的に，コンデンサの静電容量値は3桁の数字で表されます．第1数字および第2数字はpF（ピコ・ファラド）を単位とした静電容量の有効数字とし，第3数字はこれに続くゼロの数を表します．ただし，小数点がある場合は小数点をRで表し，この場合はすべて有効数字となります．

　（例）**2R2**：2.2 pF
　　　　**106**：$10 \times 10^6$ pF = 10000000 pF（10 $\mu$F）

　また，静電容量値の許容差は，一般的に**表1.2**に示した記号で表されます．**図1.3**に，各種コンデンサの静電容量範囲を示します．

　積層セラミック・チップ・コンデンサは薄層化が進み，小型で静電容量も大きくなってきています．現在では，0.25 p～220 $\mu$Fまで，低容量のものから高容量のものまで幅広い静電容量範囲で製品化されています．

## 第1章

表1.2 静電容量と許容差

| 記号 | 許容差 | 静電容量 |
|---|---|---|
| C | ± 0.25 pF | 10 pF以下の場合 |
| D | ± 0.5 pF | |
| J | ± 5% | 10 pFを越える場合 |
| K | ± 10% | |
| M | ± 20% | |
| Z | + 80%, − 20% | |

表1.3 定格電圧の記号

| 記号 | 値 |
|---|---|
| A | 1 |
| B | 1.25 |
| C | 1.6 |
| D | 2 |
| E | 2.5 |
| F | 3 |
| G | 4 |
| H | 5 |
| J | 6.3 |

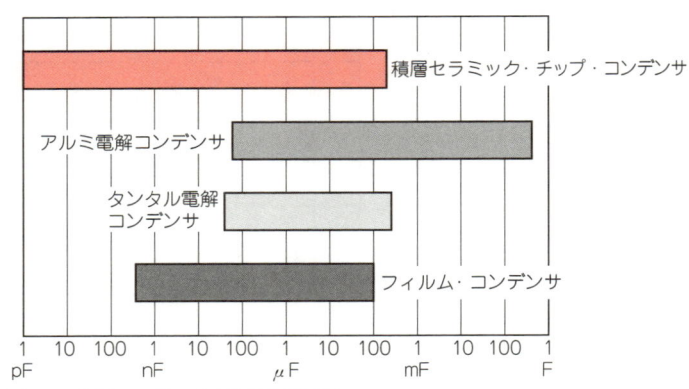

図1.3 各種コンデンサの静電容量範囲

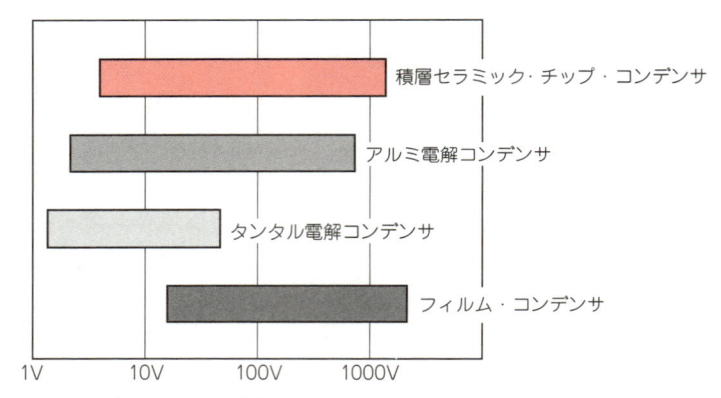

図1.4 各種コンデンサの定格電圧範囲

● コンデンサの定格電圧

　図1.4に，各種コンデンサの定格電圧範囲を示します．定格電圧は，コンデンサに連続して加えることができる直流電圧の最高電圧，またはパルス電圧の最大ピーク電圧値として規定されています．

　一般的に，定格電圧は2文字の記号で表されます．1文字目の数字は10の$n$乗を表し，2文字目の記号は表1.3に示した値に相当し，これらを乗じた値が定格電圧です．

　　（例）**0J**：DC6.3 V
　　　　　**1C**：DC16 V

　積層セラミック・コンデンサの中には電圧によって静電容量が変化するものがあり，実際に使用する電圧は，この定格電圧より小さくなければなりません．

● 積層セラミック・チップ・コンデンサの温度特性

　積層セラミック・チップ・コンデンサは，温度によって静電容量が大きく変化するものがあります．
　温度特性はEIA規格やJIS規格により，温度範囲における静電容量変化率の補償範囲が定められてい

表1.4　EIA規格とJIS規格の温度特性

(a) EIA規格

| EIA規格 | 温度範囲 | 容量変化率・温度係数 |
|---|---|---|
| C0G | −55〜+125℃ | 0 ± 30 ppm/℃ |
| X8R | −55〜+150℃ | ±15% |
| X7R | −55〜+125℃ | ±15% |
| X5R | −55〜+85℃ | ±15% |
| Y5V | −30〜+85℃ | +22%, −82% |

(b) JIS規格

| JIS規格 | 温度範囲 | 容量変化率・温度係数 |
|---|---|---|
| CH | −25〜+85℃ | 0 ± 60 ppm/℃ |
| UJ | −25〜+85℃ | −750 ± 120 ppm/℃ |
| BJ(B) | −25〜+85℃ | ±10% |
| FJ(F) | −25〜+85℃ | +30%, −80% |

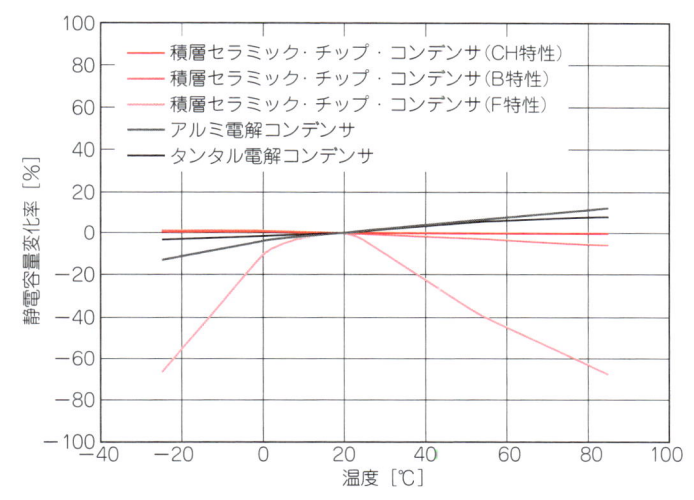

図1.5　各種コンデンサの静電容量の温度特性

ます．表1.4に代表的な温度特性の一覧を示します．

図1.5は，各種コンデンサの静電容量の温度特性を比較したものです．一般的に，温度特性は，CH特性，B特性，F特性がよく使われます．CH特性やUJ特性を示す種類Ⅰのコンデンサは温度補償用とも呼ばれ，B特性やF特性（種類Ⅱ）を示すコンデンサに比べて温度による静電容量の変化がほとんどありません．F特性のコンデンサは，温度による静電容量の変化が大きく，使用環境温度を考慮しなければなりません．

● コンデンサの絶縁抵抗と漏れ電流

誘電体は完全な絶縁体ではないため，コンデンサに直流電圧を加えると，少なからず電流が流れます．この電流を漏れ電流といいます．積層セラミック・チップ・コンデンサは，約100 M〜10 TΩの絶縁抵抗値をもっています．

● 誘電正接

実際のコンデンサの等価回路を，図1.6に示します．ここで，$L_s$を等価直列インダクタンス（Equivalent Series Inductance，以下ESLと略），$R_s$を等価直列抵抗（Equivalent Series Resistance，

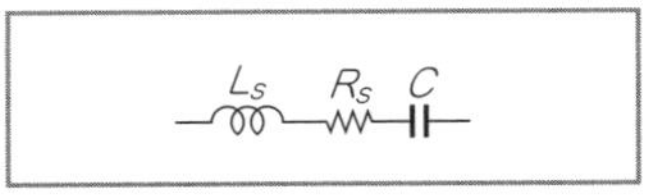

**図1.6 実際のコンデンサの等価回路**

以下ESRと略)といいます．ESLは内部電極およびリード線のもつインダクタンスで，ESRは誘電体と内部電極およびリード線のもつ抵抗です．

コンデンサを交流回路で使用した場合，直列抵抗$R_s$によりエネルギの損失が生じます．このときの誘電体損失を誘電正接($\tan\delta$)で表し，式(1)に示す関係があります．

$$Q = \frac{1}{\tan\delta} = \frac{1}{\omega C R_s} \quad \cdots \quad (1)$$

ただし，$C$：静電容量 [F]，$\omega$：角周波数($2\pi f$)

温度補償用では$\tan\delta$の値が非常に小さいため，損失係数$Q$の値が一般的に使われます．この$\tan\delta$が小さいほど，理想的なコンデンサといえます．

● 積層セラミック・チップ・コンデンサの耐電圧

積層セラミック・チップ・コンデンサは，電解コンデンサに比べて直流破壊電圧が約10倍ほど高く，耐電圧に優れ信頼性が高いことが特徴です．

● コンデンサの寿命

一般的に，電解コンデンサは電解質が使われているため寿命が短いといわれています．とくに，アルミ電解コンデンサは電解質が液体であるため，ドライアップ(電解液の蒸発)によって静電容量が低下します．このため，寿命は10年程度といわれています．

積層セラミック・チップ・コンデンサは，構造上電解質が使われていないため，電解コンデンサと比べて寿命が極めて長いという特徴をもっています．

● インピーダンスの周波数特性

図1.6の等価回路において，実際のインピーダンス$|Z|$は式(2)で表されます．

$$|Z| = \sqrt{R_s^2 + \left(2\pi f L_s - \frac{1}{2\pi f C}\right)^2} \quad \cdots \quad (2)$$

式(2)の( )内がゼロになったときを自己共振といい，共振周波数$f_0$は式(3)で示されます．

$$f_0 = \frac{1}{2\pi \sqrt{L_s C}} \quad \cdots \quad (3)$$

図1.7に，各種コンデンサ(静電容量10 μF)のインピーダンス-周波数特性を示します．
インピーダンスは，低周波領域においては静電容量$C$で決まり，周波数が高くなるにつれてESRや

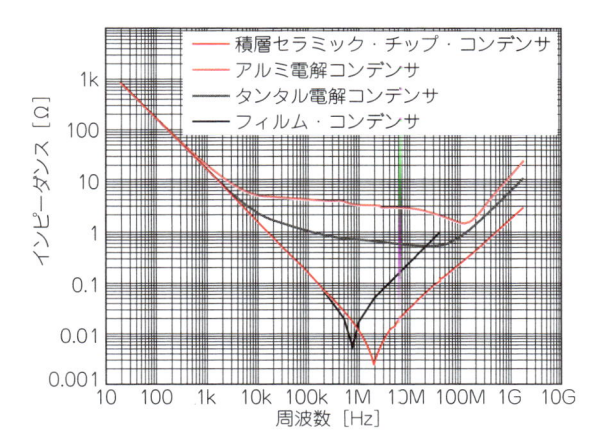

図1.7 容量10 μFの各種コンデンサのインピーダンス-周波数特性

ESLの影響を受けます．コンデンサの種類によってESRの大きさが異なるため，インピーダンス-周波数特性は変わってきます．

とくに電解コンデンサは，電解質のもつ抵抗成分が大きいのでESRが大きく，高周波になるとインピーダンスが十分に下がりません．したがって，電解コンデンサと比べて積層セラミック・チップ・コンデンサのほうが，高周波で使用する場合に効果的といえます．

## 1.1.2 積層セラミック・チップ・コンデンサの実装上の注意

● 包装形態

積層セラミック・チップ・コンデンサは，**写真1.2**のようなテーピング（リール）またはバルクの2通りの包装形態があり，装着機（マウンタ）に搭載して実装が可能です．

また，積層セラミック・チップ・コンデンサは，電解コンデンサのような極性がないため実装方向は問いません．

● 適正なはんだ量

積層セラミック・チップ・コンデンサを基板に実装した場合，はんだ量が多くなるにしたがって積層セラミック・チップ・コンデンサに加わるストレスが大きくなり，破損およびクラック発生や割れなどの原因になります．

また，はんだ量が不足すると固着力が弱く，接続不良，脱落の恐れがあります．**図1.8**に，適正はんだ量の目安を示します．

● パターン

共通ランドに，2個以上の積層セラミック・チップ・コンデンサや，ほかの部品などを実装する場合は，ソルダー・レジストで各々を分離する必要があります．

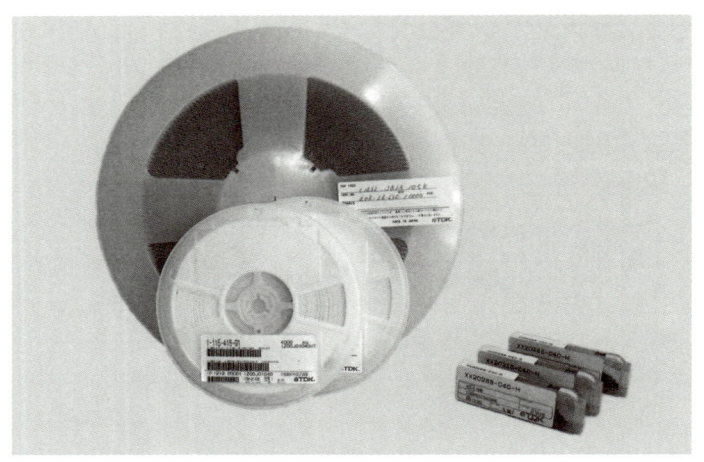

# 第1章

写真1.2　テープ（リール）包装とバルク包装

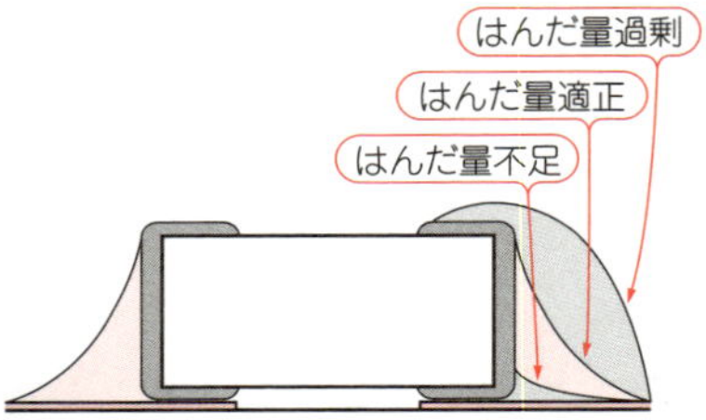

図1.8　適正なはんだ量

● はんだ付け方法

　はんだ付けの方法には，フロー，リフロー，はんだごてなどの方法があります．とくに，はんだごてによるはんだ付けを行う場合には，はんだのこて先温度を確認することと，積層セラミック・チップ・コンデンサ本体に直接はんだのこて先が接触しないように注意が必要です．

● チップ立ち現象

　小型チップ（0603，1005，1608形状）をリフローではんだ付けする場合，マンハッタン現象あるいはツーム・ストーン現象と呼ばれる図1.9のような「チップ立ち」が発生する確率が高くなります．
　これを防止する方法としては，余熱を十分に与える，実装ずれを小さくする，はんだ量を最適にする，はんだ付け時に左右端子電極の熱不均衡が発生しないようにするなどが挙げられます．

● 実装後

　基板の応力によって，積層セラミック・チップ・コンデンサにクラックなどが発生する恐れがある

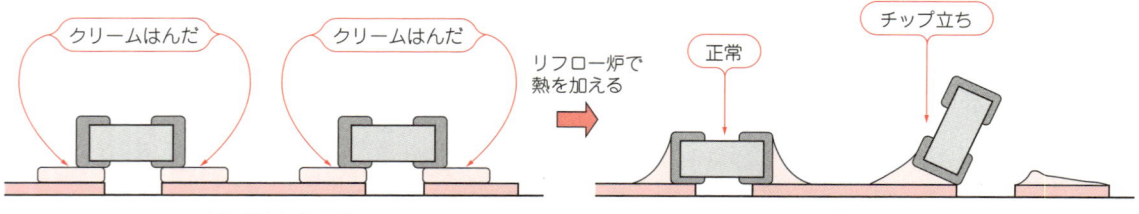

（a）熱を加える前　　　　（b）熱を加えた後

図1.9　リフローはんだ時のチップ立ち現象

ので，基板にできるだけたわみや曲げなどのストレスをかけないよう細心の注意が必要です．

● **今後も積層セラミック・チップ・コンデンサの需要は増える**

　今後もディジタル機器の高周波化，高速化が進み，大容量，低ESR，低ESLのコンデンサの要求が高まると予想されます．たとえば，高容量のB特性のコンデンサは，技術的な発展により誘電体層間の薄層化(現在は2～3μmだが将来的には1μmくらいになる)や多層化(約400～500層)が進んでいます．

　また，機能性や特性面を考慮し，多端子構造の製品や低ESL製品など，各メーカとも品揃えが豊富になってきています．

　このように，小型で信頼度の高い積層セラミック・チップ・コンデンサは，今後も需要がますます増大していくと予想されます．

〈山本真範〉

## 1.2 温度補償型セラミック・コンデンサ

　セラミック・コンデンサは，セラミックの種類によって低誘電率型(種類Ⅰ)，高誘電率型(種類Ⅱ)，半導体型(種類Ⅲ)の三つがあります．低誘電率型は温度補償型とも呼ばれ，誘電体の材料を調整することによって，図1.10に示すように温度係数を任意に選ぶことができます．

　このほか，容量の温度係数とtanδが小さく，絶縁抵抗が非常に高いという優れた特徴があります．欠点は誘電体の誘電率が小さいので，容量が大きいと形状が大きくなることです．

　容量の許容差は，表1.5のように表示します．容量が10 pF以下と小さい場合には許容差をpFで表し，それ以上の容量では%で表します．一般に，許容差は5%がよく使用されますが，場合によっては1%またはそれ以下の場合もあります．

　表1.6に，温度補償型セラミック・コンデンサの一例を示します．ここでは，一般的によく使用されるCG特性(温度係数0±30 ppm/℃)とCH特性(温度係数0±60 ppm/℃)のものだけを示します．

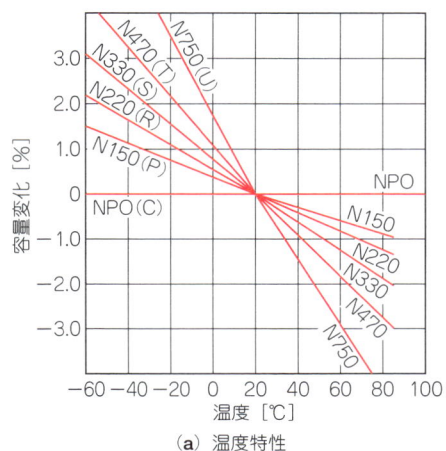

| 記号 | 温度係数<br>[ppm/℃] |
|---|---|
| A | ＋100 |
| C | 0 |
| L | －80 |
| P | －150 |
| R | －220 |
| S | －330 |
| T | －470 |
| U | －750 |
| SL | ＋350～－1000 |

| 記号 | 温度係数許容差<br>[ppm/℃] |
|---|---|
| G | ±30 |
| H | ±60 |
| J | ±120 |
| K | ±250 |

例：CG→0±30ppm/℃
　　LH→－80±60ppm/℃

(a) 温度特性　　　　　　　　(b) 温度係数の表示方法

**図1.10　温度補償型セラミック・コンデンサ(種類Ⅰ)の特性**

表1.5 容量許容差の表示方法

| 記号 | C | D | F | J | K | M | Z | P |
|---|---|---|---|---|---|---|---|---|
| 許容差 | 0.25 pF | 0.5 pF | 1 pF | 5% | 10% | 20% | +80<br>−20 | +100<br>0 |

10 pF以下: C, D, F / 10 pF以上: J, K, M, Z, P

表1.6 温度補償型セラミック・コンデンサの一例

| シリーズ名 | 特性 | 容量値(F) | 許容差 | 定格電圧(V) | 寸法($L \times W$ mm) | メーカ | 備考 |
|---|---|---|---|---|---|---|---|
| 0603〜2225 | C0G | 0.5 p〜0.1 μ | F〜M | 16〜50/63 | 1.6×0.8 〜 5.7×6.3 | SYFER | J(5%), K(10%), M(20%)の他にF(1%), G(2%)の高精度品も入手可能 |
| 0603〜2225 | C0G | 10 p〜0.1 μ | F〜M | 25〜200 | 1.6×0.8 〜 5.7×6.3 | UTC | F(1%), G(2%)の高精度品も入手可能 |
| C0603 C3216 | CH/C0G | 0.5 p〜0.033 μ | J | 25/50 | 0.6×0.3 〜 3.2×1.6 | TDK | |
| GRM | CH/C0G | 0.5 p〜0.1 μ | J | 25/50 | 0.6×0.3 〜 3.2×0.8 | 村田製作所 | |
| MCH | CH/C0G | 0.5 p〜820 p | J | 25/50 | 0.6×0.3 〜 3.2×1.6 | ローム | |

注1：SYFER, UTCはMTGジャパン（TEL：03-5367-6117）扱い

● **V-Fコンバータへの応用**

図**1.11**に$V$-$F$コンバータ回路を示します．$V$-$F$コンバータICにはAD650（アナログ・デバイセズ）を使用して，0〜+10 Vの入力電圧を0〜100 kHzのパルス周波数に変換できるように定数を選んでいます．

AD650はチャージ・バランス方式の$V$-$F$コンバータであり，その精度はワンショット・コンデンサ$C_{OS}$に依存します．したがって，$C_{OS}$には温度係数およびtan δの小さいコンデンサが適しています．とくに，tan δは$V$-$F$コンバータの非直線誤差に影響するので，高い精度が必要となる用途ではポリエステル・コンデンサを使用するのは避けたほうがよいでしょう．

図**1.11**に示した回路のワンショット・コンデンサ$C_{OS}$をポリエステル・コンデンサと温度補償型セラミック・コンデンサで取り替えて，非直線誤差を測定したときの結果を図**1.12**に示します．この図からわかるように，ポリエステル・コンデンサの場合はおよそ0.2% of RD（パーセント・リーディング，読み取り値誤差）の誤差が生じていますが，温度補償型セラミック・コンデンサの場合は0.03% of RD程度の誤差に収まっています．

このときに使用した温度補償型セラミック・コンデンサの仕様を表**1.7**に示します．温度係数は0±30 ppm/℃ですので，図**1.13**に示すように10℃の温度変化でわずか0.03%しか感度変化が生じません．

一方，積分コンデンサ$C_{INT}$ = 2000 pFのほうは精度にあまり影響しないので，ポリエステル・フィルム・コンデンサでかまいません．

1.2 温度補償型セラミック・コンデンサ

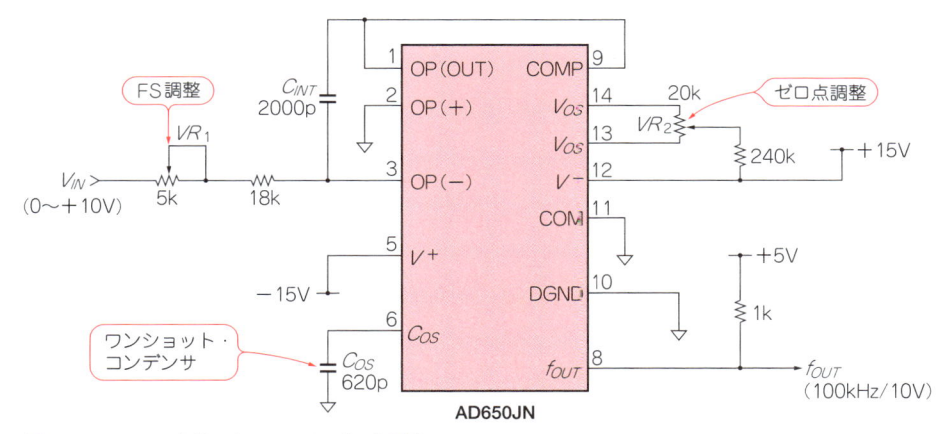

**図1.11 AD650を使ったV-Fコンバータ回路**

**表1.7 温度補償型セラミック・チップ・コンデンサ（C0Gタイプ）の仕様**

| 項　目 | 仕　様 |
|---|---|
| 温度係数(ppm/℃) | 0 ± 30 |
| tan δ (%) | 0.1 (max) |
| 絶縁抵抗(MΩ) | $10^5$ (min) |
| 動作温度範囲(℃) | −55 〜 +125 |
| 容量範囲(F) | 1 p 〜 0.1 μ 注 |
| 定格電圧(V) | 50/100/200/500/1000 |

注：容量範囲は定格電圧で異なる

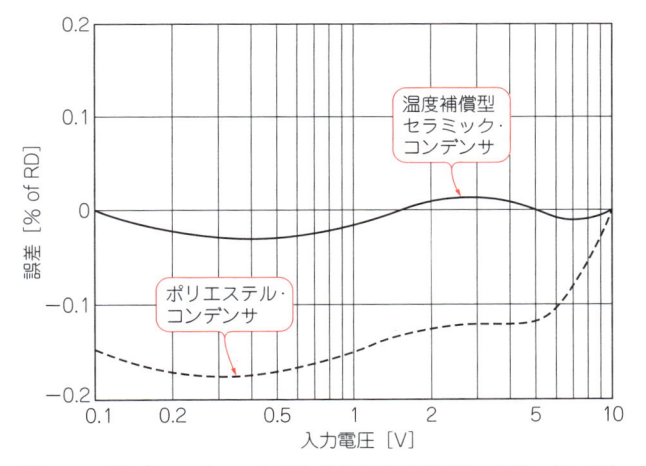

**図1.12 ワンショット・コンデンサには温度補償型セラミック・コンデンサを使用する**

● チャージ・アンプ回路への応用

図1.14にチャージ・アンプ回路を示します．チャージ・アンプ回路は，光センサあるいは放射線センサなどが検出する出力電荷$Q_S$を出力電圧$V_{OUT}$に変換するための回路です．$V_{OUT}$は，

$$V_{OUT} = -Q_S/C_F \quad \cdots\cdots (4)$$

で表されます．

式(4)からわかるように，この回路の特性は帰還コンデンサ$C_F$の性能で決まってしまうので，ここでは温度係数の小さな温度補償型セラミック・コンデンサが適しています．

容量が100 pF以上を必要とする場合は形状の小さなマイカ・コンデンサも使用されますが，形状が大きくなる点を除けば温度補償型セラミック・コンデンサのほうが安価です．

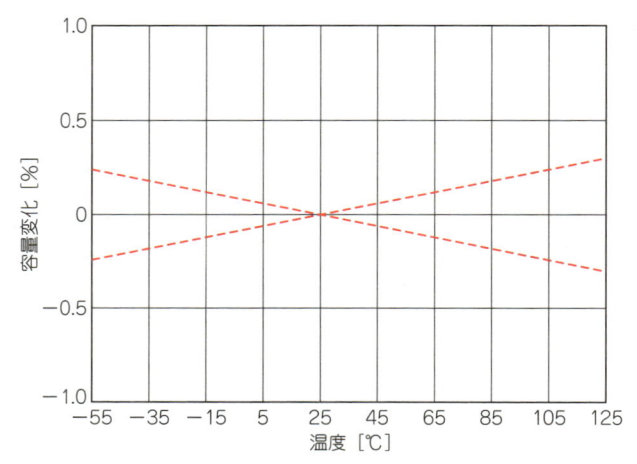

**図1.13 温度補償型セラミック・コンデンサ(C0Gタイプ)の温度特性**

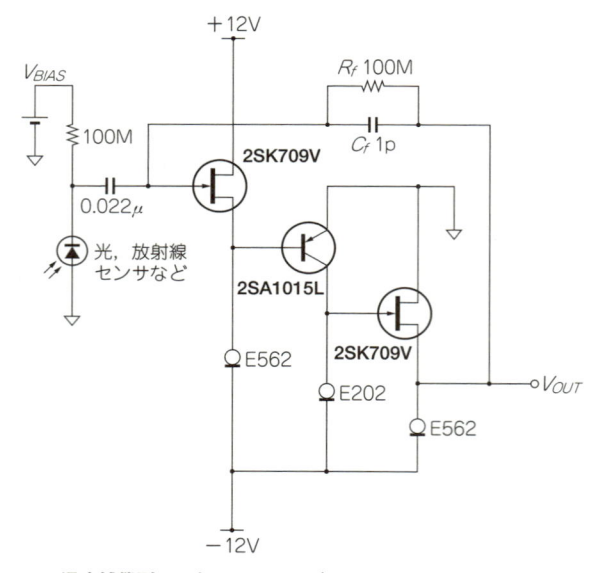

**図1.14 温度補償型セラミック・コンデンサを使ったチャージ・アンプ回路**

● フィルタ回路で使うコンデンサの選択

　低周波用フィルタ回路ではコンデンサの容量が大きくなってしまうので，フィルム・コンデンサ(たとえば，ポリエステル・コンデンサ)でも形状が大きくなってしまい，小型化には適しません．たとえば，**図1.15**示すノッチ・フィルタ回路を例に考えてみましょう．

　この回路は，ノッチ周波数$f_N=1\,\mathrm{kHz}$の回路です．コンデンサの容量は$0.01\,\mu\mathrm{F}$とそれほど大きくないのですが，使用する個数が4個と多いために，意外と基板の実装面積を取ってしまいます．

　フィルタ回路というとまず初めに思いつくのが，前述したポリエステル・フィルム・コンデンサで

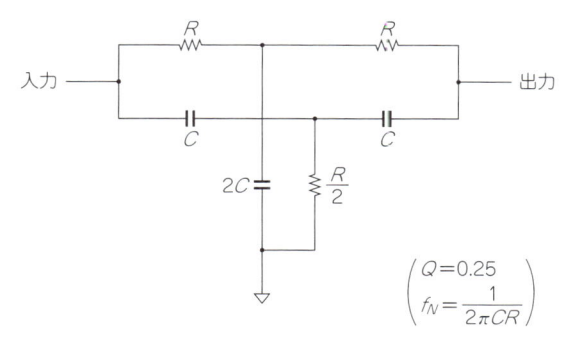

図1.15 ツインT型ノッチ・フィルタ回路（$f_N = 1\,\text{kHz}$, $R = 16\,\text{k}\Omega$, $C = 0.01\,\mu\text{F}$）

$$\begin{pmatrix} Q = 0.25 \\ f_N = \dfrac{1}{2\pi CR} \end{pmatrix}$$

表1.8 フィルタ回路でも使える大容量セラミック・コンデンサ

| シリーズ名 | 特性 | 容量値(F) | 許容差 | 定格電圧(V) | 寸法($L \times W$ mm) | メーカ | 備考 |
|---|---|---|---|---|---|---|---|
| GRM31MIX | SL | 560 p～0.1 $\mu$ | J | 25～200 | 3.2 × 1.6 | 村田製作所 | |
| TMK107 | SL | 1000 p～0.022 $\mu$ | K | 10～50 | 1.6 × 0.8 | 太陽誘電 | J(5%)品も入手可能 |
| TMK212 | | 3900 p～0.1 $\mu$ | | 10～50 | 2 × 1.25 | | |
| TMK316 | | 0.033 $\mu$～0.1 $\mu$ | | 25/35 | 3.2 × 1.6 | | |

す．もちろん，性能的には他のフィルム・コンデンサ，たとえばPPS（ポリフェニレン・スルファイド）コンデンサやポリプロピレン・コンデンサ，ポリスチレン・コンデンサなどが優れていますが，形状が大きくなって小型化には不利です．

そのため，小型化を考えると，フィルム・コンデンサではポリエステル・コンデンサを選ぶことになるケースが多くなってしまいます．

もし精度がそれほど必要でない応用では，ポリエステル・コンデンサの代わりに，表1.8に示すSL特性のセラミック・コンデンサを使うという方法があります．容量誤差ではJ(5%)品も入手可能ですし，0.1 $\mu$Fで3216サイズといえば非常に小型の部類に入ります．

余談ですが，あるときどうしてもフィルタを小型化する必要が生じ，大容量のセラミック・チップ・コンデンサの中で比較的特性の良好なB特性またはX7R特性のコンデンサを使ったことがありました．この特性では，0.1 $\mu$F程度の容量なら1005あるいは1608サイズの形状ですんでしまいます．

ただし，国内品では容量誤差がK(10%)またはM(20%)品が標準になっているため，海外品のJ(5%)品を購入しました．

なお，次数の高いフィルタ回路では，性能的にポリエステル・コンデンサや大容量セラミック・コンデンサでは無理で，容量誤差の小さなPPSコンデンサやポリプロピレン・コンデンサなどを使用することになります．形状と性能のバランスから考えるとPPSコンデンサが一番よいでしょう．PPSコンデンサでは，容量誤差G(2%)品の入手が可能です．

しかしながら，もっと次数が高い高精度フィルタでは容量誤差でF(1%)品が必要になることがあります．5%品のコンデンサを使って，あとはVR（ボリューム）あるいはVC（バリコン）で調整するという

第1章

方法もありますが，やってみると意外とこれが大変です．ネットワーク・アナライザという高価な測定器も必要です．

このような場合は，容量誤差の小さなコンデンサを選択するに限ります．前述した**表1.6**に，高精度コンデンサの一例を示しています．ここで紹介しているのは，温度補償型の積層セラミック・コンデ

---

### ●●● 積分コンデンサの選定ミス ●●●  コラム 1.A

これは筆者の失敗談です．**図1.A**のような$I$-$V$変換回路を作ったときの話です．**図1.A**の$I$-$V$変換回路には積分用コンデンサ$C = 1000$ pFのほかに，積分コンデンサの放電用スイッチSW$_2$と出力ホールド用スイッチSW$_1$が追加されています．入力電流として，$I_{sig} = 1$ nAをダミー信号として入力して，その出力電圧$V_{out}$を測定しました．コンデンサには，フィルム・コンデンサでは形状が大きくなってしまうため，温度補償型の積層セラミック・コンデンサを使いました．

すると，測定するごとに微妙に出力電圧が変化してしまいます．このままでは，目的の0.1％の精度を達成できません．そこで，「もしや，誘電分極のせいでは」と思い，コンデンサを別のメーカに変えてみました．すると，効果覿面(てきめん)，測定値が非常に安定するようになったではありませんか．

誘電分極があると，**図1.B**に示すように，$C_i$に充電されていた電荷は時定数$C_i \times R_i$で放電していくため，完全にゼロになるまで時間がかかってしまいます．そのため，測定値が安定しなかったのでしょう．

このあと，手元にあるメーカの異なるコンデンサをすべて交換して測定してみました．すると，1社だけが悪くてあとはすべてOKでした．とはいえ，その1社は安価であることを売りにしているメーカなので，このいうクリティカルな応用に使うことがそもそも問題だったのです．

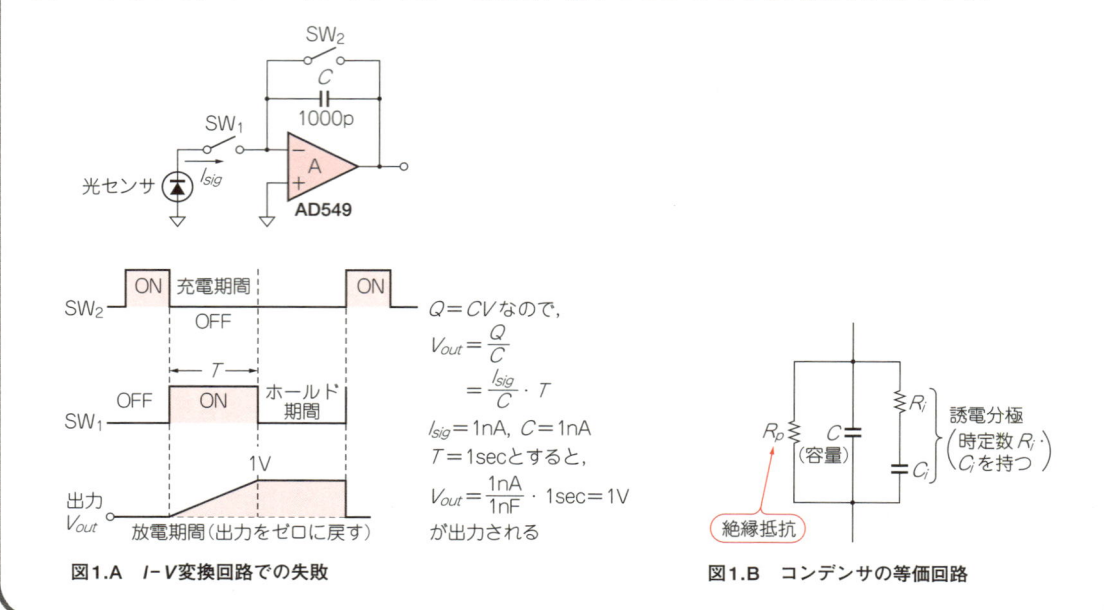

$Q = CV$なので，
$$V_{out} = \frac{Q}{C} = \frac{I_{sig}}{C} \cdot T$$
$I_{sig} = 1$nA, $C = 1$nA
$T = 1$secとすると，
$$V_{out} = \frac{1\text{nA}}{1\text{nF}} \cdot 1\text{sec} = 1\text{V}$$
が出力される

**図1.A** $I$-$V$変換回路での失敗

**図1.B** コンデンサの等価回路（$R_p$：絶縁抵抗，$C$：容量，$R_i$，$C_i$：誘電分極（時定数$R_i \cdot C_i$を持つ））

ンサです．国内品では容量誤差は5%が標準品なのですが，海外品では1%以下のものも入手が可能です．

気になるコンデンサの温度係数ですが，
- C0G特性：温度係数が±30 ppm/℃
- CH特性　：温度係数が±60 ppm/℃

ですから，温度係数が問題になるようなことはまずありません．なお，前述したSL特性の温度係数は＋350～－1000 ppm/℃です．

このように，温度補償型セラミック・コンデンサの温度係数は非常に優秀ですので，こんなに特性のよいコンデンサを使わない手はありません．

（松井邦彦）

## 1.3 高誘電率セラミック・コンデンサ

高誘電率型セラミック・コンデンサは，温度補償型に比べると小型で大容量のコンデンサを作ることができますが，図1.16に示すように温度特性はあまりよくありません．そのため，耐圧の必要な電源回路や小型化が要求されるパソコンや携帯機器などに使用されています．

● スイッチング・ノイズ除去回路への応用

セラミック・コンデンサの大きな応用の一つに，バイパス・コンデンサ（パスコン）があります．ノイズ除去が目的ですが，DC-DCコンバータなどでは図1.17に示すように$LC$フィルタを使って積極的にスイッチング・ノイズを取り除きます．

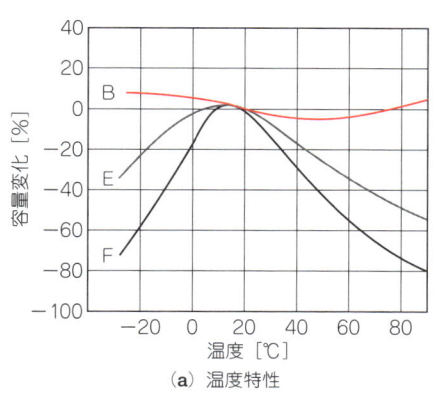

| 記号 | [%] |
|---|---|
| B | ±10 |
| R | ±15 |
| E | －55～＋20 |
| F | －80～＋30 |

温度係数許容差

（a）温度特性　　　　　（b）温度特性の表示方法

図1.16　高誘電率型セラミック・コンデンサの特性例

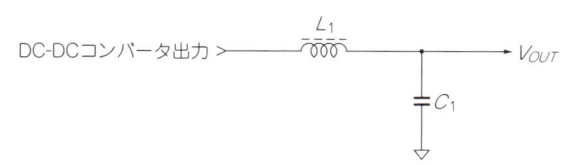

図1.17　$LC$フィルタ回路

# 第1章

**(a) インピーダンス＆ESRの周波数特性**

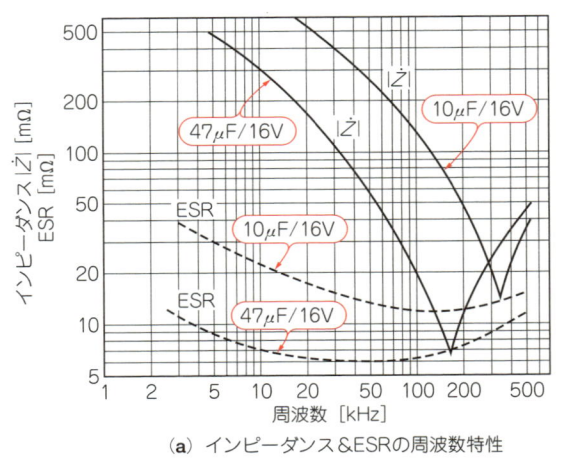

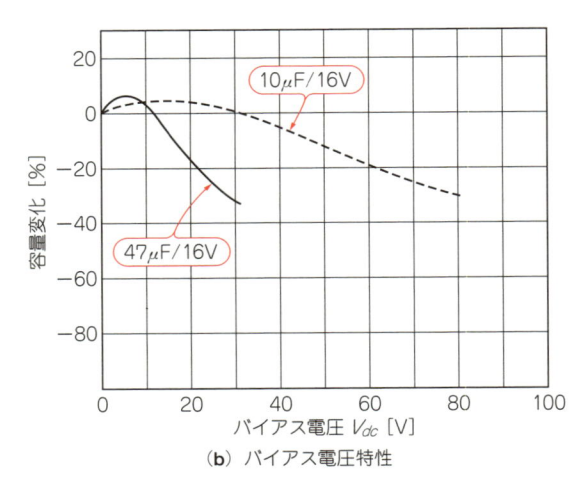

**(b) バイアス電圧特性**

**図1.18 大容量セラミック・コンデンサの特性例**

　場合によっては，$C_1$には数十μFという大きな容量が必要になりますが，アルミ電解コンデンサでは思ったほど効果が得られません．それは，アルミ電解コンデンサでは等価直列抵抗ESRが大きく，インピーダンスの下限がそれで決まってしまうからです．

　表1.9に大容量セラミック・コンデンサの例を示します．また，図1.18に，大容量セラミック・コンデンサのインピーダンスとESRの周波数特性例を示します．セラミック・コンデンサはESRが10 mΩ以下と非常に小さいため，大きなノイズ除去効果が期待できます．

　なお，図1.18(b)に示すように，高誘電率型セラミック・コンデンサではバイアス電圧を大きくしていくと容量が減少していくので，それを見越して容量を大きめに設定しておきます．

● 高速ディジタル回路のパスコンへの応用

　コンピュータやディジタルICのクロック周波数は年々高くなっていますが，それにともなってパスコン用のコンデンサにも高周波対応品を使用する必要があります．また，高周波ではコンデンサのリード線やプリント基板のパターン配線によるインダクタンス成分が大きく効いてくるので，コンデンサにはチップ・コンデンサを使用し，パターンもコンデンサと最短距離で配線するようにします．

　最近，高周波対応のコンデンサとして，形状を1206サイズのように横長タイプから0612サイズのよ

**表1.10 低インダクタンス積層セラミック・チップ・コンデンサの一例**

| シリーズ名 | 特性 | 容量値(F) | 許容差 | 定格電圧(V) | 寸法 ($L \times W$ mm) | メーカ | 備考 |
|---|---|---|---|---|---|---|---|
| LLL18 | B/R | 2200 p～0.1 μ | | | 0.8 × 1.6 | | |
| LLL21 | B/R | 4700 p～0.47 μ | M | 10～50 | 1.25 × 2 | 村田製作所 | |
| LLL31 | B/R | 0.01 μ～2.2 μ | | | 1.6 × 3.2 | | |
| 0508 | X7R | ～0.22 μ | M | 16～100 | 1.25 × 2 | SYFER | ESLは約400～ |
| 0612 | X7R | ～0.68 μ | | | 1.6 × 3.2 | | 600 pH (typ) |
| VJ0612 | X7R | 0.082～0.33 μ | K | 25/50 | 1.6 × 3.2 | Vishay | ESLは500 pH |

表1.9 大容量セラミック・コンデンサの例

| シリーズ名 | 特　性 | 容量値(F) | 許容差 | 定格電圧(V) | 寸法(L×W×H mm) | メーカ | 備　考 |
|---|---|---|---|---|---|---|---|
| C3225 | B/X7R | 0.68 μ〜47 μ | M/K | 6.3〜50 | 3.2×2.5×(1.6〜2.5) | TDK | |
| | F | 4.7 μ〜47 μ | Z | 10〜50 | | | |
| C4532 | B/X7R | 2.2 μ〜100 μ | M/K | 6.3〜50 | 4.5×3.2×(1.6〜2.8) | | |
| | F | 10 μ〜100 μ | Z | 10〜50 | | | |
| C5750 | B/X7R | 4.7 μ〜100 μ | M/K | 6.3〜50 | 5.7×5×(2〜2.8) | | |
| | F | 2.2 μ〜100 μ | Z | 16〜50 | | | |
| CKG45D | X5R | 10 μ〜68 μ | M | 10〜50 | 6×4.5×5.5 | | |
| | X7R | 0.22 μ〜22 μ | M | 16〜630 | 6×4×5.5 | | |
| CKG57D | X5R | 22 μ〜150 μ | M | 10〜50 | 7×6×5.5 | | |
| | X7R | 0.47 μ〜33 μ | M | 16〜630 | 7×5.5×5.5 | | |
| THC | E | 0.047 μ〜47 μ | M/Z | 25〜200 | 2×1.25×1.25〜7.5×6.3×3 | 日本ケミコン | |
| THP | E | 0.45 μ〜100 μ | M/Z | 25〜200 | 4.8×3.5×5.5〜7.8×6.6×6.5 | | |
| KC | E | 0.1 μ〜47 μ | M | 16〜50 | 1.6×0.8×0.8〜5.7×5×2.5 | MARUWA | |
| KS | E | 11 μ〜100 μ | M | 16〜50 | 1.6×0.8×0.8〜5.7×5×2.5 | | |
| VS | E | 2 μ〜7.5 μ | M | 100〜250 | 5.1×3.2×5.8〜6.2×5×7.5 | | 高耐圧 |
| | R | 0.1 μ〜0.3 μ | M/K | 250/630 | | | 高耐圧 |
| CC | R | 100p〜0.47 μ | M/K | 25/50 | 1.6×0.8×0.8〜2×1.25×1.35 | | 汎用 |
| | F | 0.01 μ〜22 μ | Z | 10〜50 | 1.6×0.8×0.8〜3.2×1.6×1.8 | | 汎用 |
| GRM | B | 10 μ〜100 μ | M/K | 6.3 | 3.2×1.6×0.85〜5.7×5×3.2 | 村田製作所 | |
| | B | 2.2 μ〜10 μ | K | 6.3 | 1.6×0.8×0.8〜2×1.25×1.25 | | 小型 |
| | X7R | 1 μ〜4.7 μ | K | 100 | 3.2×2.5×2.5〜5.7×5×2.5 | | 高耐圧 |
| MK107 | B/X5R/X7R B/C/F | 0.033 μ〜2.2 μ | M/K/Z | 6.3〜35 | 1.6×0.8×(0.45〜0.8) | 太陽誘電 | |
| MK212 | | 0.022 μ〜4.7 μ | | 6.3〜50 | 2×1.25×(0.45〜1.25) | | |
| MK316 | | 0.15 μ〜10 μ | | 6.3〜50 | 3.2×1.6×(0.85〜1.6) | | |
| MK325 | | 1 μ〜100 μ | | 6.3〜50 | 3.2×2.5×(0.85〜2.5) | | |
| MK432 | | 10 μ〜100 μ | | 6.3〜25 | 4.5×3.2×(1.9〜3.2) | | |
| 0603〜2225 | X7R/Y5V | 1 p〜10 μ | J/K/M | 16〜53/63 | 1.6×0.8〜5.7×6.3 | SYFER | 100 V〜5 kV耐圧もあり |
| 0805〜2225 | X8R | 1000 p〜1.8 μ | J/K/M | 20〜200 | 2×1.25〜5.7×6.3 | | 150 ℃耐熱 |

うに縦長タイプに変えたチップ・コンデンサも市販されています(図1.19参照).

　表1.10は，低インダクタンス積層セラミック・コンデンサとして市販されているコンデンサの仕様です．インダクタンスが0.5 nH(max)と非常に小さくなっています．

　図1.20は，低インダクタンス・タイプのチップ・セラミック・コンデンサ(0.082 μF)の特性です．共振周波数が30 MHz以上のところにあり，高い周波数まで低インピーダンスを保っていることがわかります．

　また，図1.21は形状の違いによるインダクタンスの大きさを表したものです．低インダクタンスのものでは，およそインダクタンスが1/3に改善されていることがわかります．

〈松井邦彦〉

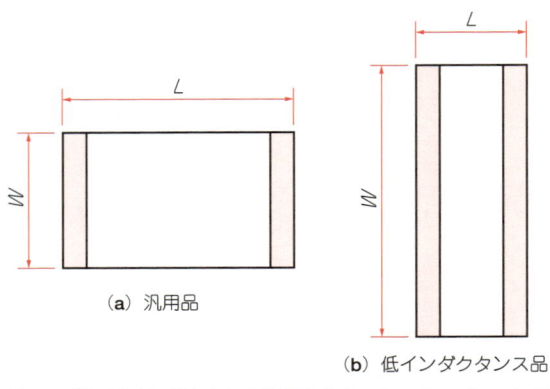

# 第1章

(a) 汎用品

(b) 低インダクタンス品

図1.19[6] 低インダクタンス積層セラミック・チップ・コンデンサの一例（$LW$逆転型）

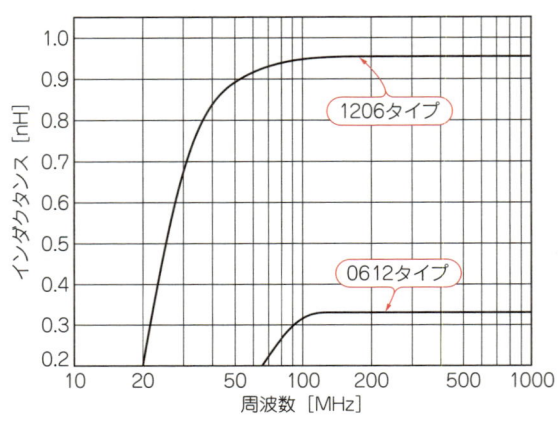

図1.21[6] 形状によるインダクタンス分の差

(a) 容量変化

(b) インピーダンス＆ESRの周波数特性

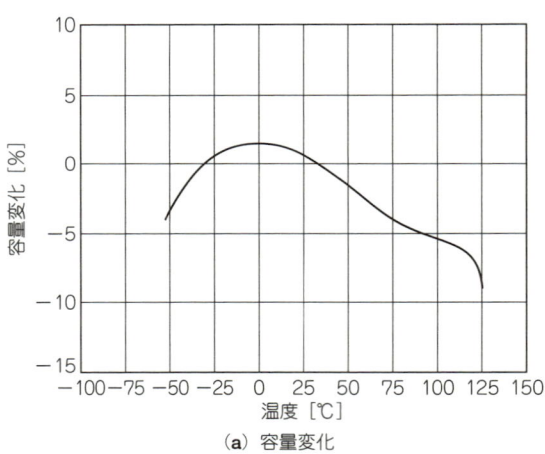

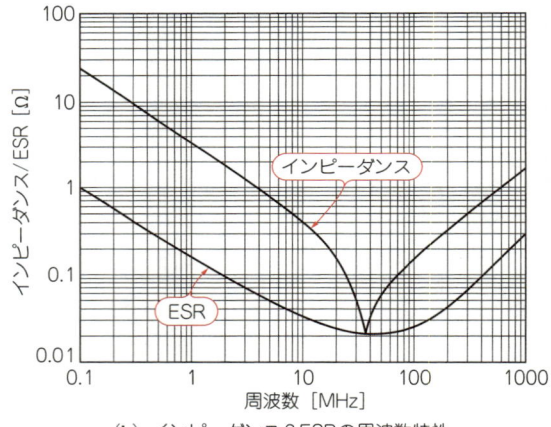

図1.20[6] 低インダクタンス積層セラミック・チップ・コンデンサの特性

**参考・引用＊文献**

(1) 薊利明/竹田俊夫；わかる電子部品の基礎と活用，第7版(2000)，pp.59～61，CQ出版㈱．
(2) トランジスタ技術編集部編；電子回路部品活用ハンドブック，第23版(1998)，pp.30～39，CQ出版㈱．
(3) 特集2000年版電子部品ガイドブック，電子技術10月号，第42巻第11号(2000)，日刊工業新聞社．
(4) 電気化学便覧，第5版(2000)，pp.561～582，丸善㈱．
(5) JIS C 5101 電子機器用固定コンデンサ通則，JISハンドブック，電子部品編，（財）日本工業規格協会．
(6) ＊Vishay，Vj0612 Style Low Inductance Ceramic Chip Capacitors．
(7) 松井邦彦；マッチィ先生と生徒2人の楽しい勉強会⑭，回路に応じたフィルタとコンデンサの選択，ADM Selection No.15，エー・ディ・エム㈱，2003年．
(8) ＊各社カタログ

## コラム 1.B ●●● セラミック・トリマ・コンデンサ ●●●

調整用のコンデンサとして一般的によく使用されているのは，セラミック・トリマ・コンデンサです．

TZR1シリーズ（村田製作所）は，1.5×1.7×0.85 mmと非常に小さなトリマ・コンデンサです．外観を**写真1.A**に，仕様を**表1.A**に示します．

TZR1Z010の自己共振周波数は6.2 GHz（1 pFに設定時）ですので，高周波回路に使用することができます．**図1.C**にTZR1Z010のQ値の周波数特性を示します．

TZR1シリーズの静電容量の最大値は，TZR1Z080の8 pFです．大きな静電容量が必要なときには，**図1.D**のようにサイズは大きくなりますが，最大20 pFまでの容量が用意されています．**表1.B**はTZ03シリーズの仕様です．**図1.E**に外形図（Fタイプ）を示します．

なお，トリマ・コンデンサに極性はありませんが，**図1.E**の外形図で⊕および⊖マークが表記されています．これは金属製ドライバなどで調整する場合に，浮遊容量の影響を抑えるために，−側を回路のアースに落として調整できるようにしているためです．＋（ホット）側と−（アース）側を逆に接続しても問題はありません．

（山崎健一）

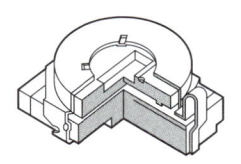

写真1.A　セラミック・トリマ・コンデンサ TZR1シリーズの外観

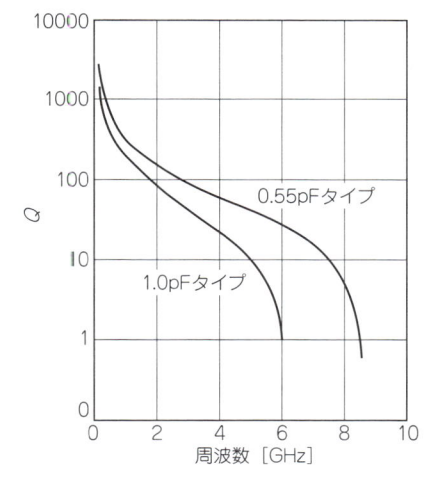

図1.C　TZR1Z010の特性

表1.A　セラミック・トリマ・コンデンサTZR1シリーズの仕様（村田製作所）

| 型　名 | 静電容量最小値（以下）(pF) | 静電容量最大値 (pF) | 温度係数 | Q | 定格電圧 | 耐電圧 |
|---|---|---|---|---|---|---|
| TZR1Z010A001 | 0.55 | 1.0+100/−0% | NP0 ±300 ppm/℃ | 200(min)@200 MHz, C(max) | 25V$_{DC}$ | 55V$_{DC}$ |
| TZR1Z1R5A001 | 0.7 | 1.5+100/−0% | NP0 ±300 ppm/℃ | 200(min)@200 MHz, C(max) | 25V$_{DC}$ | 55V$_{DC}$ |
| TZR1Z040A001 | 1.5 | 4.0+100/−0% | NP0 ±500 ppm/℃ | 300(min)@1 MHz, C(max) | 25V$_{DC}$ | 55V$_{DC}$ |
| TZR1R080A001 | 3.0 | 8.0+100/−0% | N750 ±500 ppm/℃ | 300(min)@1 MHz, C(max) | 25V$_{DC}$ | 55V$_{DC}$ |

絶縁抵抗：10000 MΩ　回転トルク：0.1〜0.1 mNm　使用温度範囲：−25〜+85℃

# 第1章

## ●●●● セラミック・トリマ・コンデンサ ●●●● （つづき）

表1.B　TZ03シリーズの仕様（村田製作所）

| 型名 | 静電容量最小値(以下)(pF) | 静電容量最大値(pF) | 温度係数 | Q | 定格電圧 | 耐電圧 | 外形色 |
|---|---|---|---|---|---|---|---|
| TZ03Z2R3□169 | 1.25 | 2.3 +50/−0% | NP0 ±200 ppm/℃ | 300(min)@1MHz, C(max) | 100V$_{DC}$ | 220V$_{DC}$ | 黒 |
| TZ03Z050□169 | 1.5 | 5.0 +50/−0% | NP0 ±200 ppm/℃ | 500(min)@1MHz, C(max) | 100V$_{DC}$ | 220V$_{DC}$ | 青 |
| TZ03Z070□169 | 2.0 | 7.0 +50/−0% | NP0 ±200 ppm/℃ | 500(min)@1MHz, C(max) | 100V$_{DC}$ | 220V$_{DC}$ | 青 |
| TZ03N100□169 | 2.1 | 10.0 +50/−0% | N200 ±200 ppm/℃ | 500(min)@1MHz, C(max) | 100V$_{DC}$ | 220V$_{DC}$ | 白 |
| TZ03Z100□169 | 2.7 | 10.0 +50/−0% | NP0 ±200 ppm/℃ | 500(min)@1MHz, C(max) | 100V$_{DC}$ | 220V$_{DC}$ | 青 |
| TZ03T110□169 | 3.0 | 11.0 +50/−0% | N450 ±300 ppm/℃ | 500(min)@1MHz, C(max) | 100V$_{DC}$ | 220V$_{DC}$ | 白 |
| TZ03R200□169 | 4.2 | 20.0 +50/−0% | N750 ±300 ppm/℃ | 500(min)@1MHz, C(max) | 100V$_{DC}$ | 220V$_{DC}$ | 赤 |
| TZ03T200□169 | 4.2 | 20.0 +50/−0% | N450 ±300 ppm/℃ | 500(min)@1MHz, C(max) | 100V$_{DC}$ | 220V$_{DC}$ | 薄赤 |
| TZ03R300□169 | 5.2 | 30.0 +50/−0% | N750 ±300 ppm/℃ | 500(min)@1MHz, C(max) | 100V$_{DC}$ | 220V$_{DC}$ | 緑 |
| TZ03P450□169 | 6.8 | 45.0 +50/−0% | N1200 ±500 ppm/℃ | 300(min)@1MHz, C(max) | 100V$_{DC}$ | 220V$_{DC}$ | 黄 |
| TZ03P600□169 | 9.8 | 60.0 +50/−0% | N1200 ±500 ppm/℃ | 300(min)@1MHz, C(max) | 100V$_{DC}$ | V220V$_{DC}$ | 茶 |
| TZ03Z500□169 | 6.0 | 50.0 +100/−0% | NP0 ±300 ppm/℃ | 300(min)@1MHz, C(max) | 50V$_{DC}$ | 110V$_{DC}$ | 橙 |
| TZ03R900□169 | 9.0 | 90.0 +100/−0% | N750 ±300 ppm/℃ | 300(min)@1MHz, C(max) | 50V$_{DC}$ | 110V$_{DC}$ | 黒＋ドット |
| TZ03R121□169 | 10.0 | 120.0 +100/−0% | N750 ±300 ppm/℃ | 300(min)@1MHz, C(max) | 50V$_{DC}$ | 110V$_{DC}$ | 黒 |

絶縁抵抗：10000 MΩ　　回転トルク：2.0〜15.0 mNm　　使用温度範囲：−25〜+85℃　　□は端子形状を示す記号が入る．

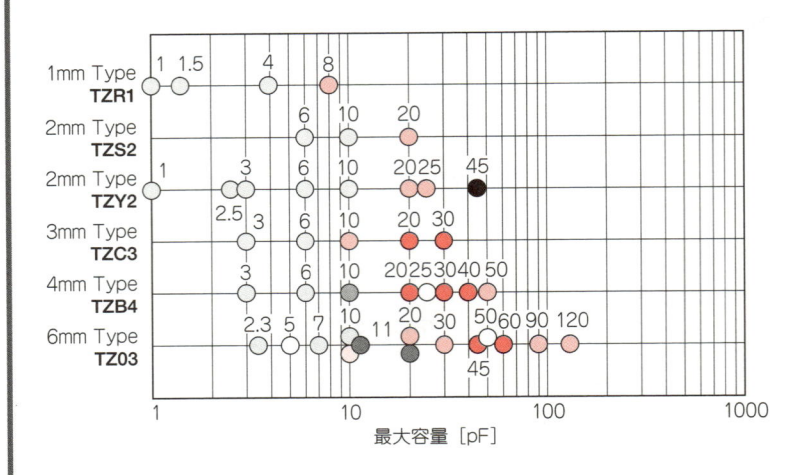

図1.D　トリマ・コンデンサの容量値（村田製作所）

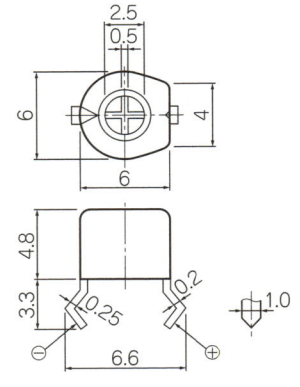

温度係数
- ○ NP0（0ppm/℃）
- ● N150（−150ppm/℃）
- ● N1000（−1000ppm/℃）
- ○ N200（−200ppm/℃）
- ● N450（−450ppm/℃）
- ○ N750（−750ppm/℃）
- ● N1200（−1200ppm/℃）

図1.E　Fタイプの寸法図

# 第一部 コンデンサの基礎と応用

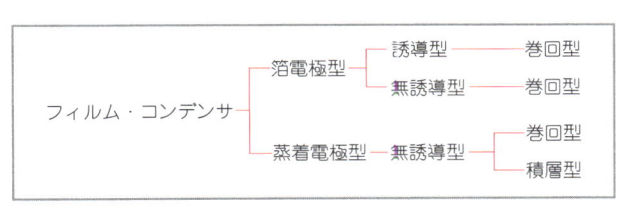

# 第2章 フィルム・コンデンサ

　フィルム・コンデンサは，厚さ数 $\mu$m のプラスチック・フィルムを誘電体に使用するコンデンサで，ほかのコンデンサに比べて絶縁性と低損失，そして周波数や温度に依存する容量の安定性の点でとくに優れています．フィルムの比誘電率が2～3程度と低いために，ほかのコンデンサに比べて体積が大きくなりがちですが，その優れた特性や極性をもたないという使い勝手の良さもあって，家電製品から車載電子機器まで幅広く使用されています．

　本章では，このフィルム・コンデンサの性能および使用例について解説します．

## 2.1　フィルム・コンデンサの基礎知識

　フィルム・コンデンサの誘電体には，ポリエチレン・テレフタレート（PET）やポリプロピレン（PP），ポリフェニレン・スルファイド（PPS）などが使用されています．また，素子構造は図2.1に示すように，箔電極型，蒸着電極型（メタライズド），誘導型，無誘導型，巻回型，積層型などがあり，これらによって分類されています．

　各種フィルム・コンデンサの外観を，写真2.1に示します．

図2.1　フィルム・コンデンサの分類

(a) ポリエチレン・テレフタレート・フィルム・コンデンサ(503型)

(b) ポリプロピレン・フィルム・コンデンサ(602型)

(c) ポリフェニレン・スルファイド・フィルム・コンデンサ(802型)

(d) メタライズド・ポリエチレン・テレフタレート・フィルム・コンデンサ(553型)

(e) メタライズド・ポリプロピレン・フィルム・コンデンサ(651型, 652型)

写真2.1　各種フィルム・コンデンサ(松尾電機)

● フィルム・コンデンサの動作原理と定格

　フィルム・コンデンサは，誘電体フィルムを内部電極の薄膜金属で挟んだ平行平板コンデンサで，これらを巻き取りまたは積層することで容量を得ています．

　フィルム・コンデンサの定格範囲は，電圧50〜1000 V，静電容量0.001〜10 μFが一般的です．静電容量の許容差は，標準的な±10％や±5％のほかに，高精度の±2％や±1％のものもあります．

● 誘電体の特徴

　ポリエチレン・テレフタレート(PET)は，広い使用温度範囲と安価であることから，フィルム・コンデンサの誘電体としてもっとも一般的で，広く使用されています．

　ポリプロピレン(PP)はもっとも誘電正接が低い誘電体で，大電流用に適しています．しかし，軟化点が約170℃と熱に対して弱いという欠点があります．

　ポリフェニレン・スルファイド(PPS)は融点が約280℃と高く，耐熱性に優れることから，過酷なはんだ付け条件が要求されるチップ品の誘電体としてよく使用されます．また，誘電正接が低いことや静電容量の温度安定性に優れています．しかし，コストが高いという欠点があります．

**2.1 フィルム・コンデンサの基礎知識**

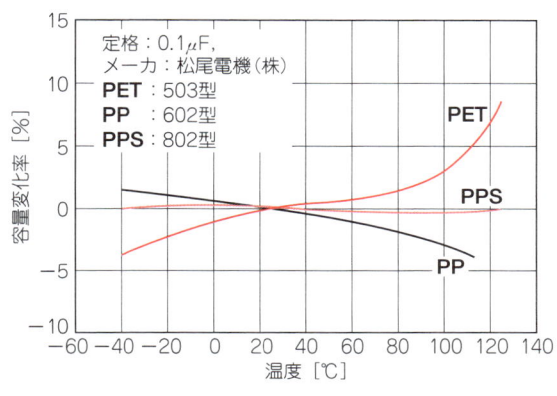

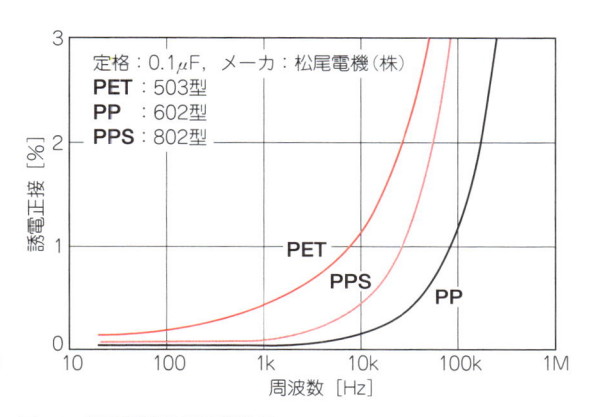

**図2.2** 静電容量の温度特性

**図2.3** 誘電正接の周波数特性

**表2.1 各誘電体のフィルム・コンデンサの特徴**

| 項 目 | PET | PP | PPS |
|---|---|---|---|
| 耐熱性 | ○ | △ | ◎ |
| 静電容量の温度安定性 | △ | ○ | ◎ |
| 誘電正接 | △ | ◎ | ○ |
| コスト | ◎ | ○ | △ |

図2.2に，各誘電体を使用したフィルム・コンデンサPET（503型），PP（602型），PPS（802型）の静電容量の温度特性を示します．PETは温度に対して正の係数を，PPは負の係数をもちます．また，PPSは非常に安定していることがわかります．

図2.3も同様に，各誘電体を使用したフィルム・コンデンサの誘電正接の周波数特性です．縦軸の誘電正接は，コンデンサに電流が流れたときに発熱に寄与する抵抗分で，この値が低いほど大きな電流を流すことができます．図2.3から誘電正接はPPがもっとも低く，大電流を流すことができることがわかります．

以上について，各項目の優劣を表2.1にまとめました．

● フィルム・コンデンサの構造

▶ 箔電極型フィルム・コンデンサ

箔電極型フィルム・コンデンサは，内部電極にアルミニウムや錫などの金属箔を使用しています．$0.1\,\mu F$程度までの小さな容量の製品に多い構造です．図2.4（a）に誘導型の箔電極型フィルム・コンデンサの構造を示します．リード線を接続した金属箔を誘電体フィルムとともに巻き取る構造です．

図2.4（b）は，無誘導型の箔電極型フィルム・コンデンサの構造です．誘導型と同様に金属箔と誘電体フィルムを巻き取りますが，金属箔はフィルムの端面からはみ出すように巻き取られ，このはみ出した部分にリード線を接続する構造です．

図2.5に，誘導型フィルム・コンデンサと無誘導型フィルム・コンデンサの誘電正接の周波数特性を示します．誘導型は無誘導型に比べて，箔抵抗により誘電正接が高くなります．

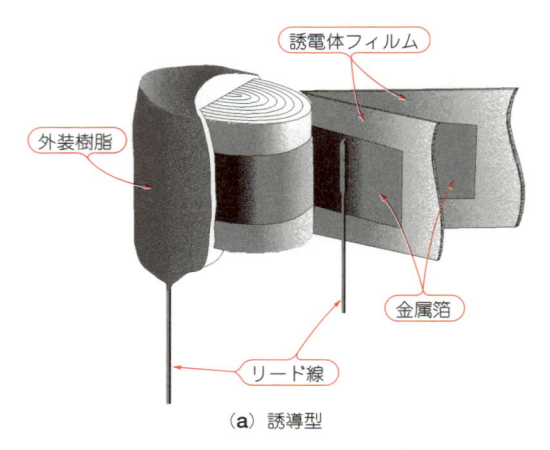

図2.4 箔電極型フィルム・コンデンサの構造

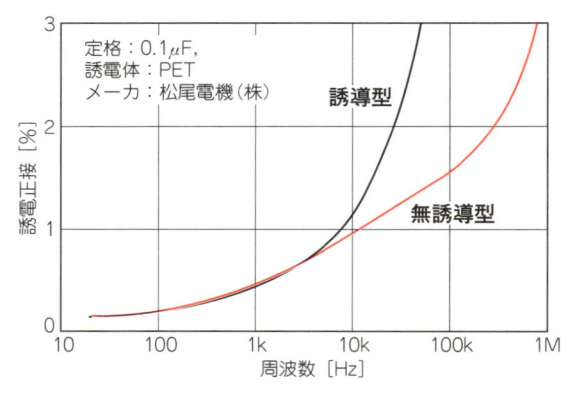

図2.5 誘導型フィルム・コンデンサと無誘導型フィルム・コンデンサの誘電正接の周波数特性

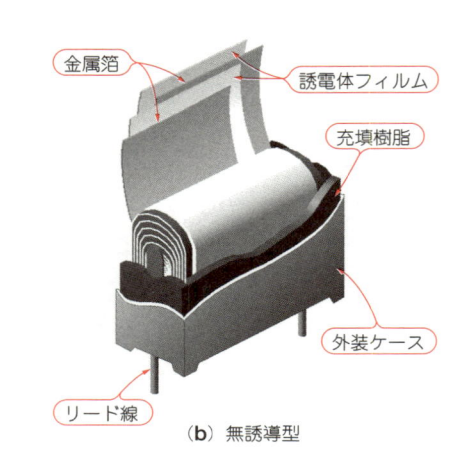

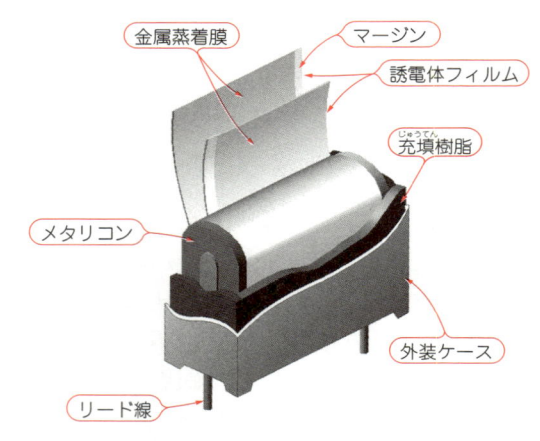

図2.6 蒸着電極型フィルム・コンデンサの構造

▶蒸着電極型フィルム・コンデンサ

　蒸着電極型フィルム・コンデンサは，内部電極に金属箔ではなく，フィルム表面に金属を蒸着して内部電極を形成する構造を採用したものです．

　**図2.6**に，蒸着電極型フィルム・コンデンサの構造を示します．マージンと呼ばれる絶縁部を設けて，蒸着されたフィルムは箔電極型と同様に巻き取られています．

　蒸着金属は厚さが数十nmと非常に薄く，直接リード線を接続できないので，亜鉛やはんだなどの金属を溶射することで（一般に「メタリコン」と呼ばれる）メタル・コンタクト部を設け，ここにリード線を接続します．チップ・タイプの製品では，メタリコン層を外部電極として利用しているものもあります．

　蒸着電極型フィルム・コンデンサは，上述したように内部電極（蒸着金属）の厚さが誘電体に比べて無視できるほど薄いので，箔電極型フィルム・コンデンサに比べて小型化できます．

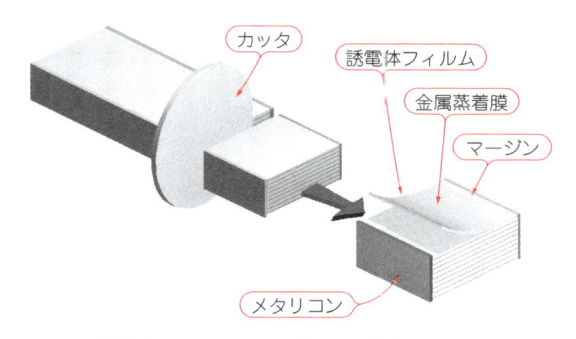

**図2.7 積層型フィルム・コンデンサの構造**

また，蒸着電極型の最大の特徴は，セルフ・ヒーリング機能があることです．これはフィルムの電気的弱点部が絶縁破壊を起こすと，その周囲の蒸着膜を消失させ，対向電極がなくなることで，コンデンサとして正常な絶縁状態に回復させる機能をいいます．

蒸着電極型は箔電極型に比べて，許容パルス電流が低くなります．急峻なパルスが加えられると，メタリコンと接続している部分の蒸着金属が放電エネルギーやジュール熱により消失します．これが進行すると，接触抵抗が上がり，誘電正接の上昇やオープン故障に至ることがあります．

▶ 積層型フィルム・コンデンサ

フィルムを内部電極とともに巻き取る，いわゆる「巻回型」のほかにシート状のフィルムを積み重ねた構造の「積層型」があります．

図2.7に，積層型フィルム・コンデンサの構造図を示します．その製造方法は，細長いスティック状のコンデンサを規定の容量に切断することから，小型品を量産するのに適した構造といえます．

● フィルム・コンデンサの外装

樹脂ディップ外装，テープ・ラップ外装，プラスチック・ケース外装，金属ケース外装などがあります．また，面実装用チップなどでは，外装を行わないものもあり，用途に合わせて使い分けられています．

## 2.2 フィルム・コンデンサの使用上の注意

● 定格電圧

フィルム・コンデンサには，AC定格品とDC定格品があります．DC定格品にAC電圧を加える場合は，AC電圧とDC電圧の和の尖頭値を定格電圧以下にしてください．さらに，AC電圧は各コンデンサ・メーカで規定された値を越えないように使用してください．

なお，定格電圧は，温度により軽減する必要がある場合があります．

# 第2章

● 自己発熱

フィルム・コンデンサに定常的な電流が流れる使用条件では，自己発熱に注意しなければなりません．自己発熱は，製品や定格ごとに許容値が決められていますが，およそ5〜10℃以内というのが一般的です．この許容電流は，周波数により異なります．

自己発熱はコンデンサの耐圧性能を低下させるため，メーカの許容値以上で使い続けると，ショート故障を起こす可能性があります．使用条件に見合ったコンデンサを選ぶか，または並列接続して電流を分けて使用する必要があります．

● パルス電圧

箔電極型は急峻なパルスにも使用可能ですが，蒸着電極型は前述したように注意しなければなりません．使用できるパルスについては，製品や定格ごとに電圧上昇率などで許容値が設定されています．

● コロナ放電

これは絶縁物の内部ボイド，または表面上で気体が局部的な電界集中のため，電離放電を生じる現象です．これが直ちにコンデンサの不具合に至ることはまれですが，連続的に発生すると損傷が蓄積し，コンデンサがショート故障することがあります．

なお，コロナ放電は，数百VのAC電圧で発生します．また，DC成分は無視して差し支えありません．

（東原 聡）

## 2.3　ポリエステル・フィルム・コンデンサ（マイラ・コンデンサ）

ポリエステル・フィルム・コンデンサはマイラ・コンデンサの名前で親しまれ，安価で使いやすいため幅広く利用されています．ただし，高い精度が必要になる用途には適していません．**図2.8**にポリエステル・フィルム・コンデンサの特性を，また**表2.2**に製品の例とその定格を示します．

一般に，ポリエステル・フィルム・コンデンサは薄いポリエステル・フィルムを両側から金属で挟

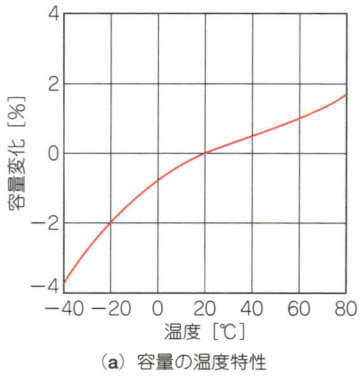

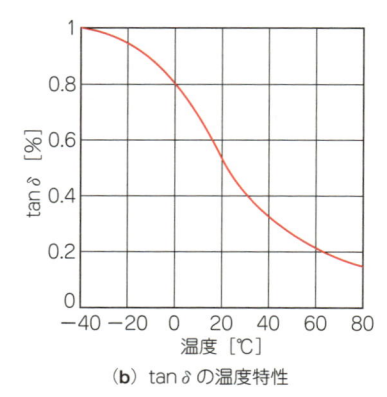

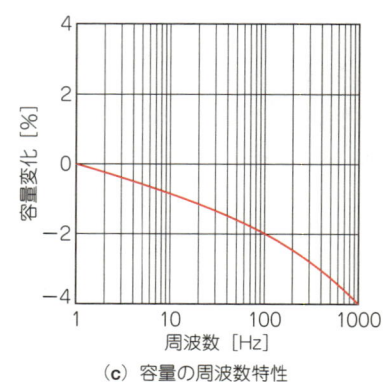

(a) 容量の温度特性　　(b) tan δ の温度特性　　(c) 容量の周波数特性

図2.8 [5]　ポリエステル・フィルム・コンデンサの特性

## 2.3 ポリエステル・フィルム・コンデンサ(マイラ・コンデンサ)

表2.2 ポリエステル・フィルム・コンデンサの例

| 型　名 | ECQBシリーズ | MMFシリーズ |
|---|---|---|
| 容量範囲(F) | 100 p〜0.47 μ | 0.01〜3.3 μ |
| 定格電圧(V) | 50/63/100/200 | 50/63/100/250 |
| tanδ (%) | 1(max) | 1.0(max) |
| 許容差(%) | 5/10 | 5 |
| メーカ | 松下電器産業 | ニッセイ電機 |

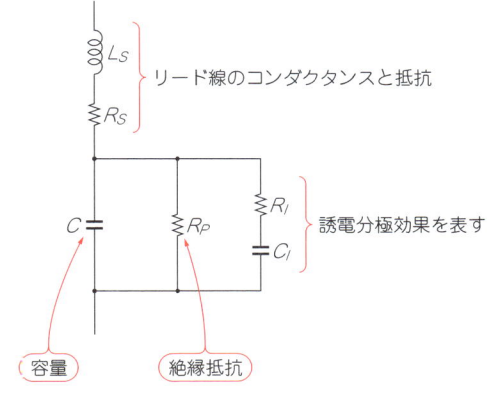

図2.9 コンデンサの等価回路

み,円筒状に巻き込んだ構造になっています.

電極には金属箔を使ったものと,蒸着金属皮膜を用いたものがあります.蒸着金属皮膜を使ったものはメタライズド・フィルム・コンデンサと呼ばれ,電極が薄いぶんだけ容量/体積比が大きくとれます.また,自己回復作用といって,金属電極の微小部分が短絡しても電極が溶融,蒸着して機能を回復してくれます.これを自己回復性があるといいます.

● コンデンサの等価回路

図2.9に,一般的なコンデンサの等価回路を示します.容量$C$と並列に入っている抵抗$R_P$は絶縁抵抗です.通常は$10^4$ MΩ以上の高い抵抗値があるので,ほとんどの場合,これが問題になることはありません.

ポリエステル・コンデンサが高精度回路に向かない大きな理由は,tanδが1%(max)と大きいためです.コンデンサに交流電圧を加えると電流が流れますが,その位相がわずかですが90°からずれます.その位相ずれ(90°−δ)をtanδで表し,これが大きいほど理想的なコンデンサから離れていきます.これは,図2.9の$R_I$と$C_I$で時定数をもってしまうからで,これを誘電分極効果と呼んでいます.この時定数が大きいと,V-Fコンバータやサンプル&ホールド回路のように,急峻な充放電を繰り返す用途では精度が悪くなります.また,フィルタや正弦波発振回路ではひずみが発生する原因にもなります.

電極を含んだリード線のインダクタンス$L_S$と抵抗$R_S$は高周波におけるコンデンサの使用限界を決めますが,もともとポリエステル・フィルム・コンデンサは容量の周波数特性がよくないので,これが問題になることはあまりありません.

● 3 1/2桁A-Dコンバータへの応用

積分型A-Dコンバータは,電圧表示用として数多く使われています.図2.10に,MAX138(マキシム)を使用した3 1/2桁ディジタル・ボルトメータの回路を示します.

積分型A-Dコンバータでは積分コンデンサ$C_{INT}$の良否が変換精度に影響を与えるので,できるだけ

## 第2章

**図2.10** 3 1/2 桁表示のディジタル・ボルトメータの回路

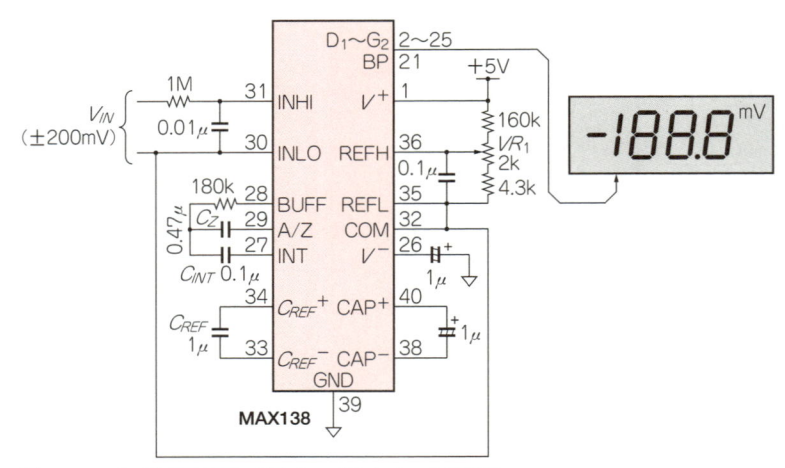

**表2.3** 図2.10の回路の特性

| $V_{IN}$(mV) | 表　示 |
|---|---|
| ± 190.0 | + 190.0/− 190.0 |
| ± 100.0 | + 100.0/− 100.0 |
| ± 50 | + 50.0/− 50.0 |

　$\tan\delta$の小さなコンデンサを使うように心がけたいところです．しかし，3 1/2 桁A−Dコンバータでは分解能がたかだか1/2000 = 0.05%ですから，ポリエステル・フィルム・コンデンサが使用される場合がほとんどです．

　また，オートゼロ・コンデンサ$C_Z$ = 0.47 $\mu$Fとリファレンス・コンデンサ$C_{REF}$ = 1 $\mu$Fは精度にはあまり影響しないので，これもポリエステル・フィルム・コンデンサでかまいません．

　**表2.3**に，図2.10の回路特性を示します．積分コンデンサにはポリエステル・フィルム・コンデンサを使用していますが，精度は±1カウント内に収まっています．

　このように，ポリエステル・フィルム・コンデンサは分解能が0.05%程度までなら，積分型A−Dコンバータの積分コンデンサとして使用できます．分解能がもっと高くなるとポリエステル・フィルム・コンデンサではもう無理で，後述するポリプロピレン・コンデンサを使用することになります．

● フィルタ回路への応用

　**図2.11**に，フォト・ダイオードのアンプ（電流−電圧変換）回路を示します．これは照度測定を目的としているので，出力電圧は直流電圧になります．ところが，蛍光灯からの外乱光が交流成分として入ってくるので，これを除去するためにコンデンサ$C_1$を入れています．

　精度が要求されるフィルタ回路ではなく，たんなるAC電圧除去用のリプル・フィルタ回路などではポリエステル・フィルム・コンデンサを使用することができます．

## 2.4　ポリプロピレン・コンデンサ

● ポリプロピレン・コンデンサの特性

　ポリプロピレン・コンデンサは誘電体材料にポリプロピレンを使用したコンデンサで，$\tan\delta$が小さいのが大きな特徴です．

2.4 ポリプロピレン・コンデンサ

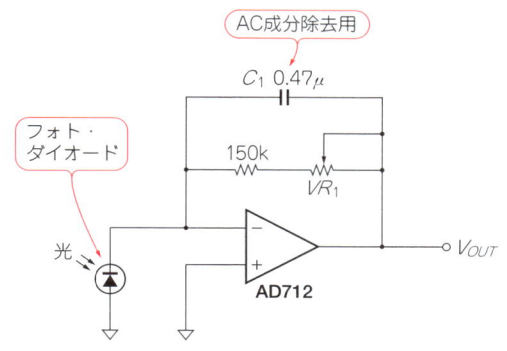

**図2.11 フォト・ダイオード用アンプ回路**

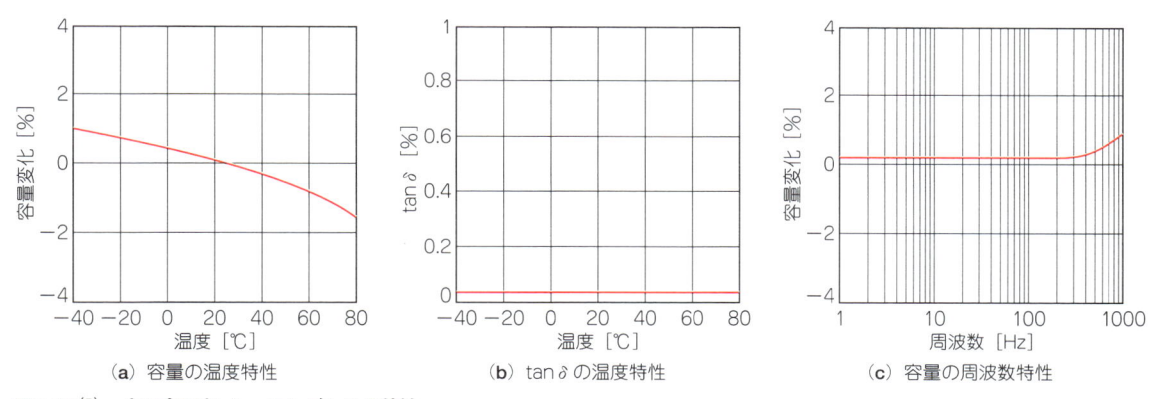

**図2.12**[5] **ポリプロピレン・コンデンサの特性**
(a) 容量の温度特性
(b) tanδの温度特性
(c) 容量の周波数特性

図2.12にポリプロピレン・コンデンサの特性例を，また表2.4に製品の一例とその定格を示します．一般に，温度係数は－200〜－400 ppm/℃とよくありませんが，tanδは0.1%以下と優秀です．また，周波数特性も良好で，100 kHz以下で使用する場合はほとんど容量の変化はありません．

容量許容差も1%，2%，5%が標準品として用意されているので，後述するPPS(ポリフェニレン・スルファイド)コンデンサとともにフィルタ回路や発振回路などへの応用に適しています．

なお，容量の温度特性が逆極性のポリエステル・フィルム・コンデンサと組み合わせると，図2.13のように容量の温度変化を小さくすることができます．ただし，tanδ特性のよくないポリエステル・フィルム・コンデンサと組み合わせるわけですから，tanδは悪化してしまいポリプロピレン・コンデンサのメリットが薄れてしまいます．

表2.5に，複合コンデンサのポリエステル・ポリプロピレン・コンデンサの例とその定格を示します．

● 4 1/2桁表示の積分型A-Dコンバータへの応用

前述したように，通常3 1/2桁表示のA-Dコンバータにはポリエステル・フィルム・コンデンサを使

## 第2章

表2.4 ポリプロピレン・コンデンサの例

| 型　名 | ECQP シリーズ | APS シリーズ | CQM-92PP シリーズ |
|---|---|---|---|
| 容量範囲(F) | 100 p～0.47 μ | 0.001 μ～0.22 μ | 100 p～0.1 μ |
| 定格電圧(V) | 100 | 100/250/400 | 100 |
| 許容差(%) | 2/5/10 | 1/2/5/10 | 1/2/5 |
| tanδ (%) | 0.1 (max) | 0.1 (max) | |
| メーカ | 松下電器産業 | ニッセイ電機 | 岡谷電機産業 |

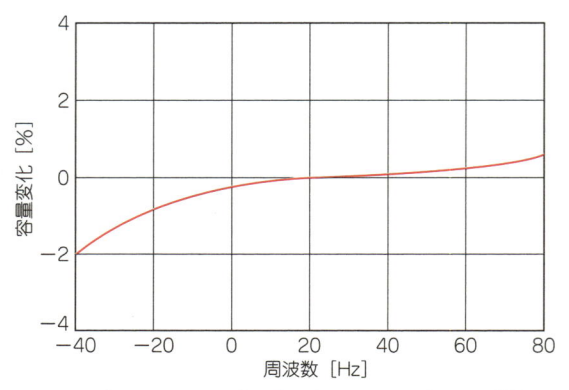

図2.13 ポリエステル・ポリプロピレン・コンデンサの特性

表2.5 ポリエステル・ポリプロピレン・コンデンサの例

| 型　名 | ECHSシリーズ | AHSシリーズ | HSCシリーズ |
|---|---|---|---|
| 容量範囲(F) | 100 p～0.47 μ | 470 p～0.47 μ | 0.001 μ～0.1 μ |
| 定格電圧(V) | 50/100 | 50/100 | 100 |
| tanδ (%) | 0.3 (max) | 0.3 (max) | |
| 許容差(%) | 1/2/5 | 2/5 | 1/2/5 |
| メーカ | 松下電器産業 | ニッセイ電機 | 岡谷電機産業 |

用することができましたが，はたして4 1/2桁に分解能が上がっても使用できるでしょうか．

　というのは，3 1/2桁の分解能は0.05%ですが，4 1/2桁の分解能は1/20000＝0.005%にもなってしまうからです．

　**図2.14**に，ICL7135(マキシム)を使用した4 1/2桁表示ディジタル・ボルトメータの回路を示します．この回路で，積分コンデンサ $C_{INT}$ ＝0.47 μFをポリプロピレン・コンデンサにした場合とポリエステル・フィルム・コンデンサにした場合とで直線性を比べてみました．

　**図2.15**に，その実験結果を示します．ポリプロピレン・コンデンサではほとんど誤差が生じていませんが，ポリエステル・フィルム・コンデンサでは0.025%の誤差が見られます．ということは，3 1/2桁の分解能が0.05%ですから，はじめにも述べたようにポリエステル・フィルム・コンデンサが使用できるのは3 1/2桁までということになります．

　このように，高精度A-Dコンバータの積分コンデンサには，ポリプロピレン・コンデンサのようなtanδの小さなコンデンサを使用する必要があります．

　なお，誘電体の材料はポリプロピレンよりポリスチレンのほうが良好ですが，0.47 μFという大きな容量では形状が大きくなりすぎてしまいます．そのため，ポリプロピレン・コンデンサのほうをおすすめします．

　**図2.14**の中で，オートゼロ・コンデンサ $C_Z$ ＝1 μFとリファレンス・コンデンサ $C_R$ ＝1 μFは精度への影響が小さいので，ポリエステル・フィルム・コンデンサでかまいません．

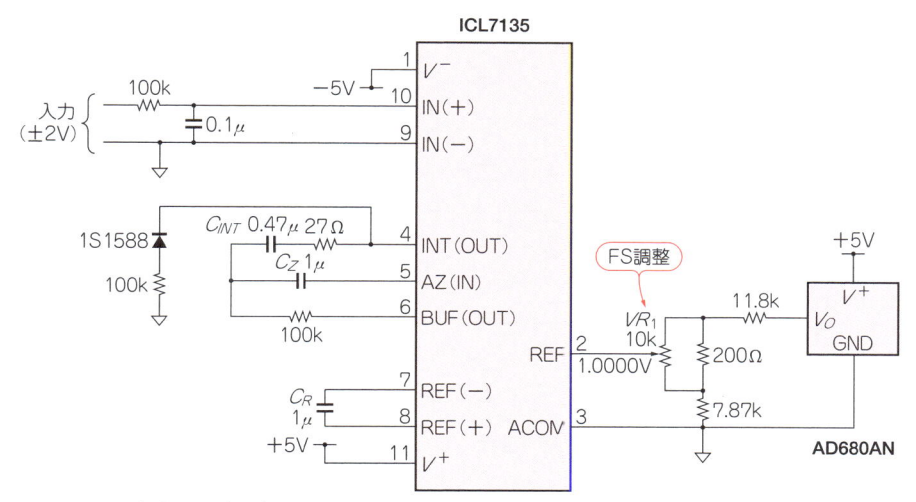

図2.14 4 1/2 桁表示のディジタル・ボルトメータ回路

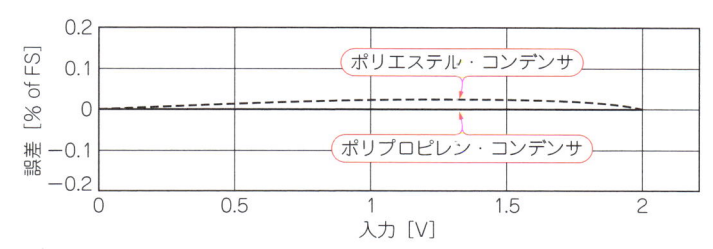

図2.15 ポリエステル・フィルム・コンデンサとポリプロピレン・コンデンサの比較

## 2.5 ポリフェニレン・スルファイド・コンデンサ

誘電体にポリフェニレン・スルファイドを使用したポリフェニレン・スルファイド・コンデンサ（PPSコンデンサ）は，図2.16に示したように温度係数が約 −100 ppm/℃とほかのフィルム・コンデンサに比べると小さくなっています．また，tanδ もポリエステル・フィルム・コンデンサに比べると小さいので，ポリプロピレン・コンデンサと同様にフィルタ回路や発振回路に使用されています．

表2.6にポリフェニレン・スルファイド・コンデンサの例とその定格を示します．表2.7は，チップ・タイプの例です．

● 正弦波発振回路への応用

図2.17に，正弦波発振回路を示します．ポリフェニレン・スルファイド・コンデンサは温度係数が小さいので，周波数安定性の高い回路を実現することができます．この回路の発振周波数 $f$ は，

$$f = 1/(2\pi C_1 \cdot R_1) \quad \cdots\cdots(1)$$

## 第2章

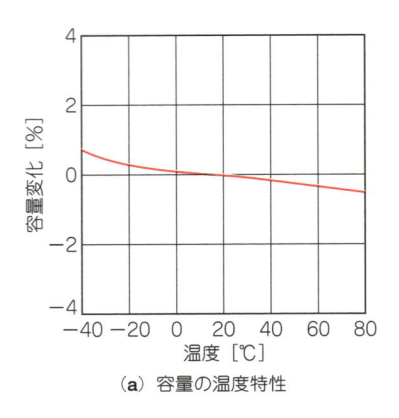

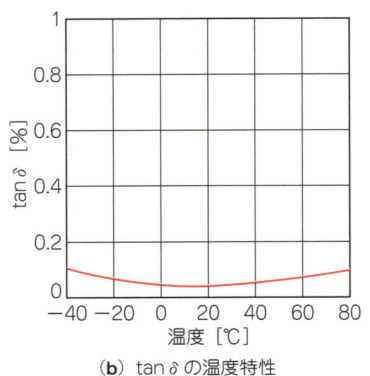

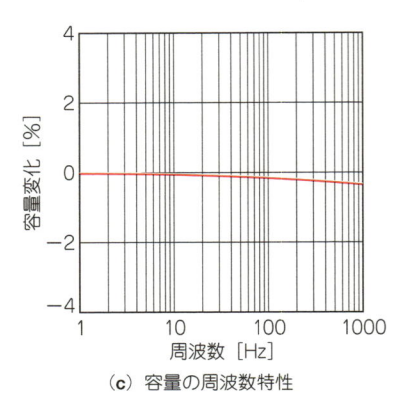

(a) 容量の温度特性

(b) tan δ の温度特性

(c) 容量の周波数特性

図2.16(5) ポリフェニレン・スルファイド・コンデンサの特性

表2.6 PPSコンデンサの例

| 型　名 | ECQK(Z) |
|---|---|
| 容量範囲(F) | $0.001\mu \sim 0.47\mu$ |
| 定格電圧(V) | 100 |
| tan δ (%) | 0.6(max) |
| 許容差(%) | 2/5/10 |
| メーカ | 松下電器産業 |

表2.7 PPSコンデンサの例(チップ・タイプ)

| シリーズ名 | 特性 | 容量値(F) | 許容差 | 定格電圧(V) | 寸法 $L \times W$(mm) | メーカ | 備考 |
|---|---|---|---|---|---|---|---|
| CHA | PPS | $100p \sim 1\mu$ | G/J | 16/50 | $2 \times 1.25 \sim 8.2 \times 7.1$ | ニッセイ電機 | CHN(ポリエチレン・ナフタレート)シリーズもある |
| ECHU | PPS | $100p \sim 0.1\mu$ | G/J | 16/50 | $2 \times 1.25 \sim 3.2 \times 2.5$ | 松下電器産業 | ECWU(ポリエチレン・ナフタレート)シリーズもある |
| RFG | PPS | $1000p \sim 0.22\mu$ | J/K | $50 \sim 100$ | $8 \times 5.1 \sim 8 \times 7$ | ルビコン | RFE(ポリエステル)シリーズもある |

になります．

式(1)からわかるように，発振周波数の安定性は$C_1$と$R_1$で決まります．なお，図の定数は$f = 10$ kHzになるように選んであります．

● フィルタ回路への応用

高次のフィルタを作るときは，通常，2次フィルタと1次フィルタを組み合わせて構成します．そのため，それぞれのフィルタの特性が合っていないと，全体のフィルタの特性がずれてきます．

ここで，カットオフ周波数$f_C = 757$ Hzの6次ローパス・フィルタが必要であるとします．フィルタの特性はバタワース特性です．

そのような場合は，図2.18に示すように2次フィルタ3段の構成で作ることになります．これで全体の次数は，$2 \times 3 = 6$になります．

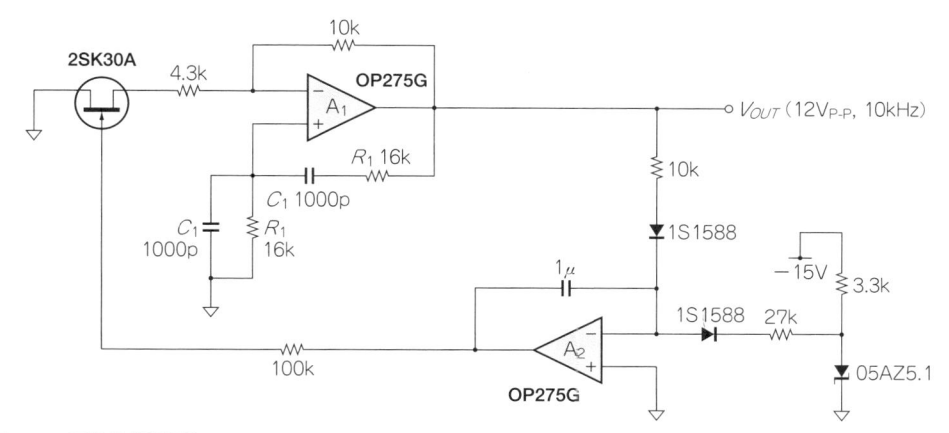

**図2.17** 正弦波発振回路

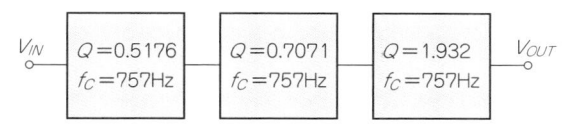

**図2.18** 6次バタワース特性のローパス・フィルタの構成
（$f_C$=757 Hz）

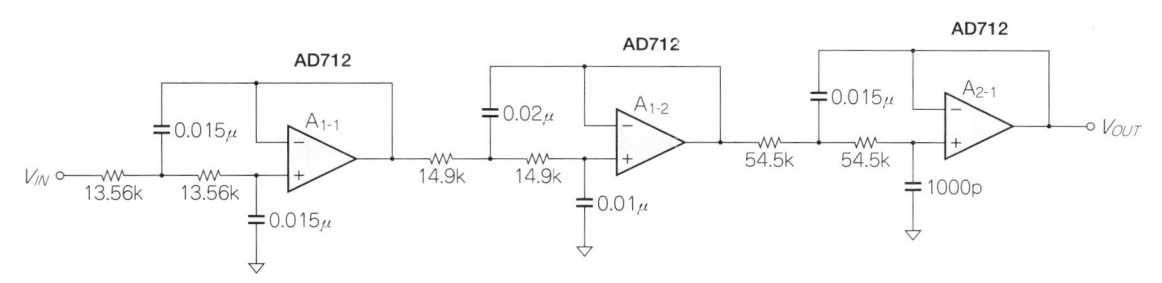

**図2.19** 6次バタワース特性のローパス・フィルタ回路

　図2.18のフィルタ構成を回路で置き換えたのが，図2.19です．図のそれぞれのコンデンサにはポリフェニレン・スルファイド・コンデンサを使い，許容差はコンデンサおよび抵抗とも1%を使用しています．

　図2.20と図2.21に，できあがったフィルタの特性を示します．図2.20が減衰特性，図2.21が通過域のリプル特性です．フィルタの特性をバタワース特性にしたため，リプルはほとんど見られません．

　ポリエステル・コンデンサで高次のフィルタを構成すると，周囲温度の変化でフィルタ特性が大きく変化する場合があります．そのようなときは，ポリフェニレン・スルファイド・コンデンサを使用すると，容量の温度係数が小さいのでフィルタの特性変化を小さく抑えることができます．

〈松井邦彦〉

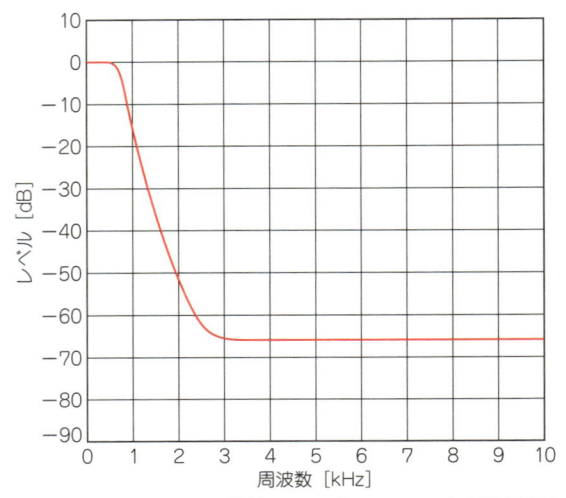

図2.20 6次バタワース特性のローパス・フィルタの減衰特性 ($fc$=757 Hz)

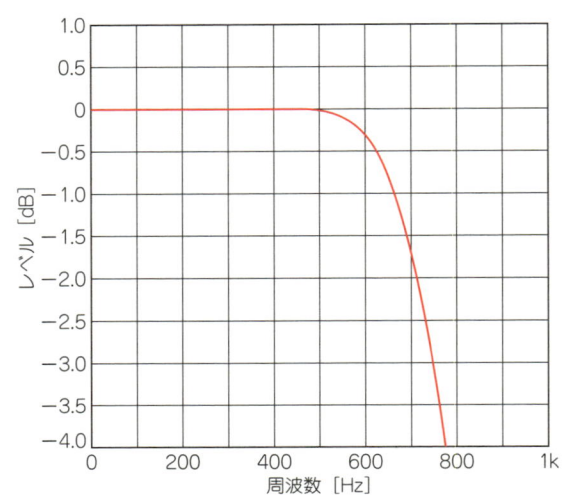

図2.21 6次バタワース特性のローパス・フィルタのリプル特性 ($fc$=757 Hz)

● **今後のフィルム・コンデンサについて**

　パワー・エレクトロニクスの分野で，車の環境対策や省資源化のために，フィルム・コンデンサの大容量品が使用されることが多くなってきていますが，一方で小型化も同時に求められています．フィルム・コンデンサを小型化する代表的な手法は，誘電体フィルムの厚さを薄くすることですが，これはコンデンサの耐電圧を下げてしまうことになるため，材料，製法の改良や，蒸着部にヒューズ機構を設けるなどの工夫が必要になってきます．

　また，表面実装向けのチップ化も動向の一つにあげられます．チップ品は高耐熱性が必要であり，誘電体にはほとんどの場合PPSが使用されます．その他，ポリエチレン・ナフタレート（PEN）もチップ品の誘電体として使用されますが，今のところあまり一般的ではありません．

　材料自身も高耐熱化されてきており，従来は最高使用温度が85℃だったPPが，最近では105℃まで使用できるようになってきました．

　さらに環境対策として，ほかのコンデンサ同様に鉛フリー化が求められています．フィルム・コンデンサは，リード線のめっきやメタリコン金属の一部に鉛が含まれている場合があり，この全廃に向かっています．鉛フリー化によって実装条件が厳しくなるので，耐熱性の向上も必要となります．

〈東原　聡〉

**参考・引用＊文献**
(1) 特集 電子回路部品の活用ノウハウ，トランジスタ技術SPECIAL No.40，第6版(1998)，初版(1993)，CQ出版㈱．
(2) トランジスタ技術編集部編；受動部品の選び方と活用ノウハウ，ハードウェア・デザイン・シリーズNo.11，CQ出版㈱，2000．
(3) 薊 利明/竹田俊夫；わかる電子部品の基礎と活用法，ハードウェア・デザイン・シリーズNo.1，CQ出版㈱，1996．
(4) 松尾電機㈱，フィルム・コンデンサEngineering Bulletin No.E-400-001B, Dec.1984．
(5) ＊松下電器産業㈱，フィルム・コンデンサ・カタログ，1992年．

# 第一部 コンデンサの基礎と応用

# 第 3 章 電解コンデンサ

電解コンデンサは，電気分解によって陽極にできる酸化被膜を誘電体として利用するコンデンサの総称です．アルミ電解コンデンサ，タンタル電解コンデンサが主として使われています．誘電体をきわめて薄くできるので，非常に大きな容量/体積比が得られますが，その代わりに特性は悪く，コンデンサに極性があるので交流では使用できないという欠点があります．

電解コンデンサとしては，アルミ電解コンデンサとタンタル電解コンデンサがポピュラですが，最近は有機半導体を陰極に使用したアルミ電解コンデンサも市販されています．有機半導体電解コンデンサは，ほかの電解コンデンサに比べて高周波特性や温度特性が優れているので，これから応用範囲も広がっていくものと思われます．

## 3.1 電解コンデンサの特性

表3.1～表3.3に，各種の電解コンデンサの仕様を示します．また，図3.1に電解コンデンサの特性を

表3.1 アルミ電解コンデンサの例(低ESR品)

| シリーズ名 | 容量値($\mu$F) | 定格電圧(V) | 寸法($\phi \times L$)(mm) | 耐久性 | | メーカ | 備考 |
|---|---|---|---|---|---|---|---|
| V型FK | 3.3～6800 | 6.3～100 | $\phi 4 \times 5.8 \sim \phi 18 \times 16.5$ | 105℃ | 2000～5000H | 松下電子部品 | $\phi \leq 10$は2000H |
| MVY | 4.7～8200 | 6.3～100 | $\phi 4 \times 5.2 \sim \phi 18 \times 21.5$ | 105℃ | 1000～5000H | 日本ケミコン | $4 \leq \phi \leq 6.3$は1000H |
| UD | 1～1500 | 6.3～50 | $\phi 4 \times 5.8 \sim \phi 10 \times 10$ | 105℃ | 1000H | ニチコン | 低インピーダンス |
| UU | 4.7～470 | 4～35 | $\phi 4 \times 6.8 \sim \phi 8 \times 12$ | 105℃ | 1000H | ニチコン | 低インピーダンス |
| UL | 0.1～1000 | 6.3～50 | $\phi 4 \times 5.8 \sim \phi 10 \times 10$ | 105℃ | 5000H | ニチコン | 長寿命 |
| RVZ | 4.7～1000 | 6.3～35 | $\phi 4 \times 5.3 \sim \phi 10 \times 10$ | 105℃ | 1000H | エルナー | |
| RVH | 47～470 | 6.3～35 | $\phi 8 \times 10 \sim \phi 10 \times 10$ | 105℃ | 2000H | エルナー | |
| TZV | 0.1～220 | 4～50 | $\phi 4 \times 4.5 \sim \phi 10 \times 10.5$ | 105℃ | 2000H | ルビコン | 低インピーダンス |
| CV-AX | 4.7～6800 | 6.3～50 | $\phi 4 \times 6 \sim \phi 16 \times 16.5$ | 105℃ | 2000H | 三洋電機 | |
| CV-GA | 0.47～100 | 6.3～35 | $\phi 4 \times 5.4 \sim \phi 6.3 \times 5.4$ | 105℃ | 1000H | 三洋電機 | |

表3.2 タンタル・コンデンサの例(低ESR品)

| シリーズ名 | 容量値($\mu$F) | 定格電圧(V) | 寸法($L \times W \times H$)(mm) | 耐久性 | | メーカ | 備考 |
|---|---|---|---|---|---|---|---|
| 281 | 3.3〜470 | 4〜35 | 3.2×1.6×1.6〜7.3×4.4×4.1 | 85℃ | 1000H | 松尾電機 | 251/267/278/277/271/269シリーズがある |
| SV/Z | 10〜330 | 4〜10 | 3.5×2.8×1.9〜7.3×4.3×2.8 | 85℃ | 1000H | NEC/TOKIN | E/SV, SV, M/SV, SV/S, SV/H, SV/Fシリーズがある |
| F91 | 68〜470 | 2.5〜10 | 6×3.2×2.5〜7.3×4.3×2.8 | 85℃ | 2000H | ニチコン | F92/F93/F97/F95/F72/F75/F98シリーズがある |
| SKL | 3.3〜150 | 6.3〜16 | 2×1.25×1.2〜7.3×4.3×2.8 | 85℃ | 2000H | エルナー | SKF/SKシリーズがある |

表3.3 導電性高分子チップ・コンデンサの例(低ESR品)

| | シリーズ名 | 容量値($\mu$F) | 定格電圧(V) | 寸法($L \times W \times H, \phi \times L$)(mm) | 耐久性 | | メーカ |
|---|---|---|---|---|---|---|---|
| POSCAP | TPE | 68〜1000 | 2.5〜10 | 6×3.2×2.5〜7.3×4.3×3.8 | 105℃ | 2000H | 三洋電機 |
| | TPD | 150〜1000 | 2.5〜10 | 7.3×4.3×3.8 | 105℃ | 2000H | |
| | TQC | 5.6〜68 | 16〜25 | 3.5×2.8×1.9〜7.3×4.3×2.8 | 105℃ | 1000H | |
| | TPC | 33〜330 | 2.5〜16 | 6×3.2×1.4〜7.3×4.3×1.9 | 105℃ | 2000H | |
| | APC/APD | 10〜33 | 4〜6.3 | 7.3×4.3×1.4〜7.3×4.3×2.0 | 105℃ | 2000H | |
| | TH | 68〜1000 | 2.5〜10 | 7.3×4.3×1.8〜7.3×4.3×3.8 | 125℃ | 1000H | |
| OS-CON | SVP | 33〜1500 | 2.5〜25 | $\phi 4 \times 5.5 \sim \phi 10 \times 12.7$ | 105℃ | 2000H | |
| | SVQP | 22〜220 | 4〜20 | $\phi 6.3 \times 6 \sim \phi 8 \times 7$ | 125℃ | 1000H | |
| | SVPA | 39〜820 | 2.5〜16 | $\phi 5 \times 6 \sim \phi 10 \times 8$ | 105℃ | 2000H | |
| | SVPC | 100〜1500 | 2.5〜6.3 | $\phi 5 \times 6 \sim \phi 8 \times 12$ | 105℃ | 1000H | |
| NPCAP | PXA | 10〜1000 | 2.5〜25 | $\phi 6.3 \times 5.5 \sim \phi 10 \times 8$ | 105℃ | 2000H | 日本ケミコン |
| | PXE | 3.3〜1200 | 2.5〜16 | $\phi 5 \times 5.8 \sim \phi 10 \times 7.7$ | 105℃ | 2000H | |
| | PXC | 27〜470 | 2.5〜16 | $\phi 5 \times 5.7 \sim \phi 8 \times 6.7$ | 105℃ | 1000H | |
| | PXH | 22〜1000 | 2.5〜20 | $\phi 6.3 \times 5.7 \sim \phi 10 \times 7.7$ | 125℃ | 1000H | |
| | PSC | 330〜2700 | 2.5〜16 | $\phi 8 \times 8 \sim \phi 10 \times 12.5$ | 105℃ | 2000H | |
| | PSA | 47〜1000 | 2.5〜16 | $\phi 6.3 \times 10.5 \sim \phi 10 \times 11.5$ | 105℃ | 2000H | |
| | PS | 68〜1500 | 2.5〜25 | $\phi 8 \times 11.5 \sim \phi 10 \times 12.5$ | 105℃ | 2000H | |
| SPCAP | FD | 15〜68 | 2〜12.5 | 7.3×4.3×1.1 | 105℃ | 1000H | 松下電器産業 |
| | CD | 8.2〜120 | 2〜16 | 7.3×4.3×1.8 | | | |
| | UD | 68〜270 | 2〜8 | 7.3×4.3×2.8 | | | |
| | UE | 100〜390 | 2〜8 | 7.3×4.3×4.2 | | | |
| | PS/L | 2.2〜470 | 4〜10 | 1.6×0.8×0.8〜7.3×4.3×2.8 | 105℃ | 1000H | NEC/TOKIN |
| | LF | 270〜1000 | 2.5〜16 | $\phi 8 \times 9 \sim \phi 10 \times 13$ | 105℃ | 2000H | ニチコン |
| | CF | 33〜1500 | 2.5〜16 | $\phi 6.3 \times 6 \sim \phi 10 \times 10$ | | | |

示します．

　**図3.1(a)**は，容量の温度特性です．三つの電解コンデンサの中で，タンタル電解コンデンサがいちばん良い特性を示しています．アルミ電解コンデンサは，0℃以上で使用するときは容量変化が小さいのですが，低温域では容量がかなり減少します．

　**図3.1(b)**は，インピーダンスの周波数特性です．アルミ電解コンデンサは直列等価抵抗(ESR)が大きいので，インピーダンスを小さくしようとすると大きな容量が必要になります．ここで使用しているアルミ電解コンデンサは低インピーダンス・タイプですので，汎用型のアルミ電解コンデンサでは

## 3.1 電解コンデンサの特性

**(a) 容量の温度特性(0.47μF, 120Hz)**

**(b) インピーダンス特性**

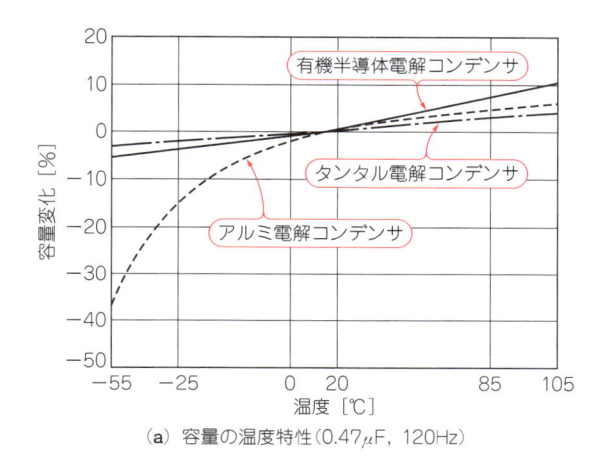

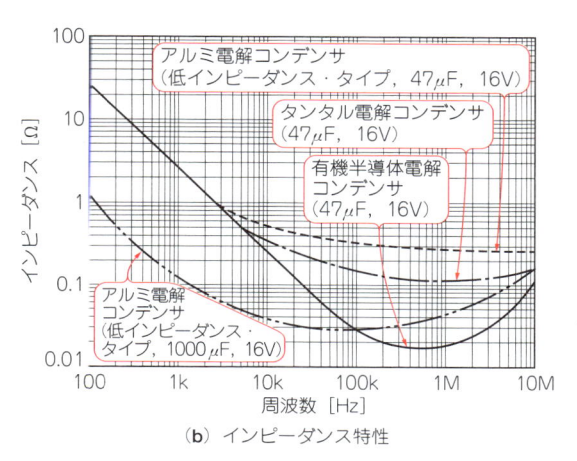

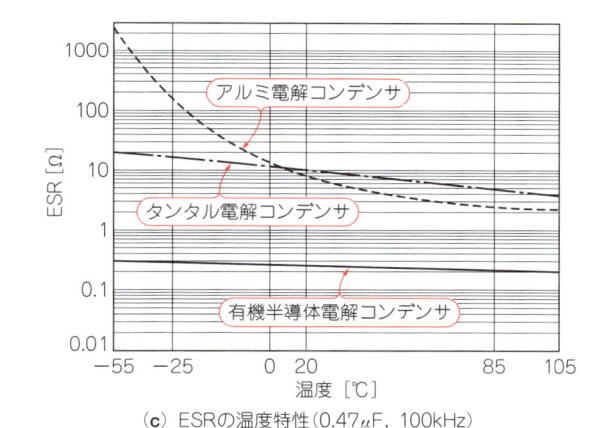

**(c) ESRの温度特性(0.47μF, 100kHz)**

図3.1 電解コンデンサの特性

もっと悪い値になります．

　有機半導体電解コンデンサは，もっとも良好なインピーダンス特性を示しています．したがって，DC‐DCコンバータのように，高周波のスイッチング電流が流れる用途には最適なコンデンサです．

　図3.1(c)は，等価直列抵抗(ESR)の温度特性です．有機半導体電解コンデンサとタンタル電解コンデンサのESRの変化はわずかですが，アルミ電解コンデンサでは0℃以下で急にESRが大きくなっています．この点でも，アルミ電解コンデンサを低温で使用する場合には注意を要します．　　　**(松井邦彦)**

● コンデンサの構造

　絶縁体を挟んだ1対の電極間に電圧を加えると，内部の電極表面にその正負と反対の電気が誘起されます．これを誘電作用といい，誘電作用のある物質を誘電体と呼びます．

　誘起された電気は導体の場合と異なり，内部との結び付きが強く，電極の正負と反対の電気を中和しないで引っ張り合います．この引っ張り合う力が強いほど，電気はたまりやすくなります．この誘

# 第3章

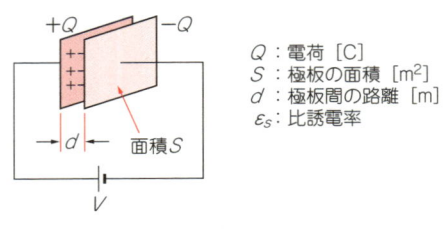

**図3.2** コンデンサの基本構成

$Q$：電荷 [C]
$S$：極板の面積 [m²]
$d$：極板間の距離 [m]
$\varepsilon_s$：比誘電率

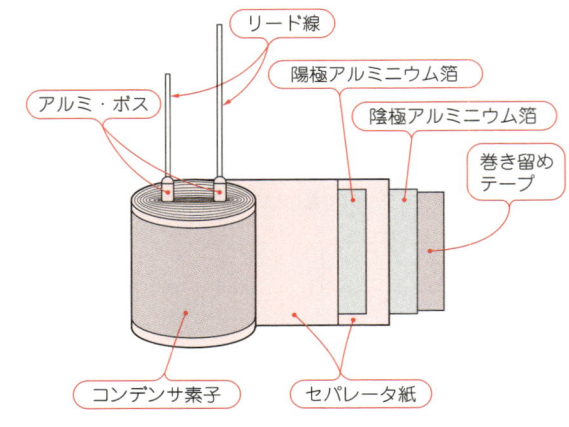

**図3.3** コンデンサの構造

電作用の強さを示すものが誘電率です．

**図3.2**に，コンデンサの基本構造を示します．また，コンデンサの静電容量は，次式で表されます．

$$C = \varepsilon_0 \varepsilon_s \frac{S}{d} \quad \cdots\cdots(1)$$

ただし，$C$：静電容量 [F]
　　　　$\varepsilon_0$：真空の誘電率 ($8.855 \times 10^{-12}$)
　　　　$\varepsilon_s$：比誘電率
　　　　$S$：面積 [m²]
　　　　$d$：極板間の距離 [m]

したがって，誘電体の厚さが薄く，面積が大きく，比誘電率の大きいものを使用すれば静電容量は大きくなります．

## 3.2 アルミ電解コンデンサ

アルミ電解コンデンサは，陽極箔に99.97～99.99％の高純度アルミニウム箔が使用されています．そして通常，塩酸などの水溶液中で電解エッチングをすることで粗面化し，15～90倍に表面積を拡大させてあります．また，陰極箔には純度99.4～99.7％のアルミニウム箔を使用し，陽極と同様に電解エッチングにより表面積を拡大してありますが，通常は化成を行いません．

次に，陽極箔と陰極箔をそれぞれの電極箔が接触してショートしないように，セパレータ紙を挟み込んで巻き取ります．**図3.3**は，素子の構造を示したものです．

素子に真の陰極となる電解液を含浸後，アルミ・ケースと封止材(ゴム・パッキンなど)で封止されます．

**写真3.1**に，アルミ電解コンデンサの外観を示します．電子機器の軽薄短小化が進むなか，アルミ電

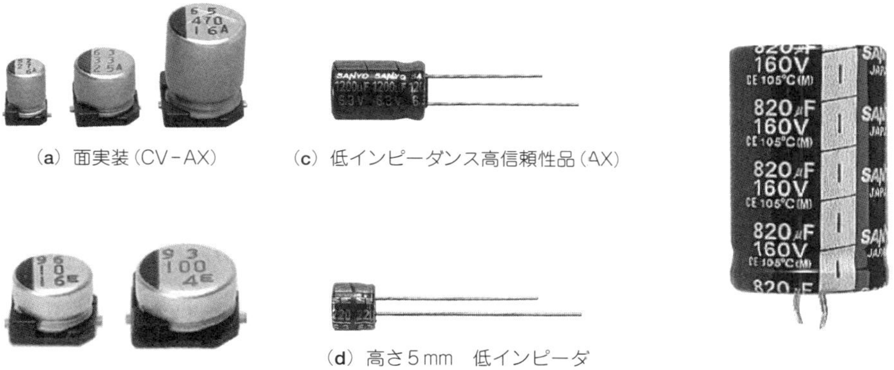

## 3.2 アルミ電解コンデンサ

(a) 面実装（CV-AX）
(b) 面実装用高さ3.9mm（CV-BE）
(c) 低インピーダンス高信頼性品（AX）
(d) 高さ5mm 低インピーダンス高信頼性品（UAX）
(e) 105℃保証の中高圧用標準品（PL-FC）

写真3.1　各種アルミ電解コンデンサ（三洋電機）

解コンデンサも小型化や薄型化の要求が高まっており，さらに面実装化の要求も強くなってきています．これらの要求に応えるため，極細幅電極箔のスリット・ステッチング技術の研究，高耐熱・低透過性封口ゴムの開発，精密巻き取り・組み立て機の開発といった要素技術の開発により，高さ3.9mmの面実装低背化品や直径3.0mmの面実装超小型品など多数の製品を開発されています．

● アルミ電解コンデンサの特徴

アルミ電解コンデンサの特徴は，以下のようになります．

(1) 静電容量が大きい

単位面積当たりの静電容量が大きく，安価です．

(2) 有限寿命（摩耗故障）

電解液のドライアップにより寿命は有限です．

(3) 損失が大きい

誘電体である酸化皮膜に対向させる陰極は電解液となります．電解液は，金属などの良導体に比べて電気抵抗が大きいため，損失は大です．

(4) 周波数による特性変化が大きい

アルミ電解コンデンサは，一般的に陽極箔と陰極箔の間にセパレータ紙を挟んで巻き取った巻回構造をとるため，インダクタンスをもち，高周波ではインピーダンスが大きくなります．

(5) 温度による特性変化が大きい

電解液はイオン伝導により電気が流れるため，低温では電解液の粘度が高くなり電導度が低くなります．このため，低温で特性が悪くなります．

● アルミ電解コンデンサの寿命

アルミ電解コンデンサは，巻回素子に電解液を含浸した構造のため，電解液の修復作用により，偶発故障が少ない電子部品です．しかし，電解液のドライアップのため，寿命が有限です．したがって，

機器を設計する場合は十分考慮する必要があります．

　アルミ電解コンデンサの寿命は使用条件により大きな影響を受けます．一つは電圧，リプル電流，充放電などの電気的条件であり，もう一つは温度，湿度，振動などの環境条件ですが，寿命にもっとも大きな影響をもつのが温度です．

　温度の寿命に与える影響は，静電容量の減少と損失角の正接（tan$\delta$）の増大となって現れます．これは電解液が封口体を通して拡散し，消失することにより起こります（ドライアップ）．この温度と電解液の喪失量の関係は，アレニウス（Arrhenius）の化学反応速度論に近似することにより，アレニウス則を適用し，次式で表せます．

$$L = L_0 \times 2^{\frac{T-T_0}{10}} \quad\quad\quad\quad\quad\quad\quad\quad\quad\quad\quad\quad\quad\quad\quad\quad\quad\quad\quad\quad\quad\quad (2)$$

ただし，$L_0$：最高使用温度での寿命［時間］
　　　　$L$ ：使用温度（$T$）での推定寿命［時間］
　　　　$T$ ：最高使用温度［℃］
　　　　$T_0$：使用温度（周囲温度＋自己温度上昇）［℃］

　この式は，最高使用温度以下で適用します．最高使用温度を越える温度で使用すると故障モードが変わり，急速に寿命が短くなるので注意を要します．

● リプル電流と充放電

　アルミ電解コンデンサは，ほかのコンデンサに比べて等価直列抵抗（ESR）による熱損失が大きいため，リプル電流が流れると自己発熱して，寿命に影響を与えます．

　一般的なアルミ電解コンデンサを急激な充放電を行う用途に使用すると，静電容量が減少し，内部圧力の上昇により安全装置が動作する場合があります．これは充放電電流により陰極箔が化成され，陰極箔容量が減少しガスが発生すること，また充放電電流と直列抵抗により自己発熱するためです．このような用途では，特別に充放電用に設計した製品を使用する必要があります．

● 使用電圧と逆電圧

　アルミ電解コンデンサは，定格電圧以下の電圧で使用する場合，電圧を低減することにより少しの寿命の延長を期待できます．しかし，小型アルミ電解コンデンサでは電圧軽減による寿命への影響は小さく，温度による影響に比べると無視できるものです．

　有極性アルミ電解コンデンサに逆電圧を加えると，陰極箔の化成や静電容量の減少，tan$\delta$の増大，ガスの発生，自己発熱，内部圧力の上昇により破壊することがあります．

　しかし，わずかではありますが陰極箔には自然酸化皮膜があるので，1～2Ｖ程度ならばほとんど問題はありません．

〈西本博也/小島洋一〉

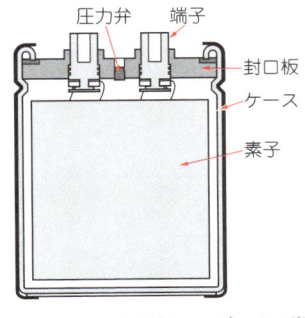

## 3.3 圧力センサ付きアルミ電解コンデンサ

アルミ電解コンデンサは，電気量あたりの体積が小さく，コストが安いため電源回路などに広く使用されています．一般的なアルミ電解コンデンサの断面図を**図3.4**に示します．機器が故障したり誤使用されたときに，定格以上の電圧や逆極性の電圧など，コンデンサに異常な電圧が加わることがあります．アルミ電解コンデンサに異常な電圧が加わると，酸化アルミ皮膜の成長作用や異常発熱が原因で，コンデンサ内部の圧力が上昇します．

また，通常の使用状態でも，長時間電圧を加えると，陽極酸化アルミ皮膜の自己修復作用によりガスが発生し，徐々に内圧が上昇します．

一般的なアルミ電解コンデンサは，内部圧力が一定の圧力を越えると，圧力弁が動作して破裂などの危険を防止する構造になっています．しかし，圧力弁が動作すると，電解液が蒸発して特性が急激に劣化します．

また，電解液の付着による機器の動作不良や，電解液蒸気の飛散による発煙との混同なども懸念されます．

圧力センサ付きねじ端子型アルミ電解コンデンサは，コンデンサの封口板に内部圧力の上昇を検知するセンサを装備したものです．コンデンサの外観を**写真3.2**に，圧力センサを**写真3.3**に示します．

圧力センサのON/OFFを監視することで，内部圧力の異常上昇を検出できます．したがって，センサの信号を機器の自己診断回路に組み込めば，従来は不可能だった圧力弁動作の予測が可能になり，機器が動作不良を起こす前に適切な処置を施すことができます．

なお，大電力のシステムに対応するため，ねじ型端子を採用しています．

● **圧力センサの構造と動作**

従来のアルミ電解コンデンサと比較して，圧力センサを装備していること以外に構造上の違いはありません．つまり，容量や等価直列抵抗，漏れ電流など，電気的特性は従来のコンデンサと同等です．

圧力センサの構造を**図3.5**に，取り付け部分を**写真3.4**に示します．圧力センサは，封口板に設けた

図3.4 アルミ電解コンデンサの断面図

写真3.2 圧力センサ付き電解コンデンサ

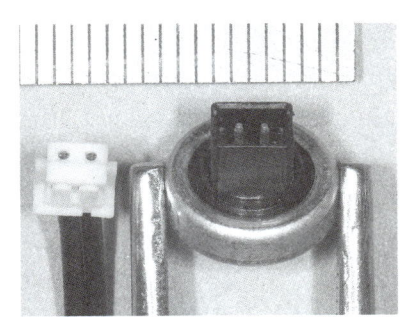

写真3.3 圧力センサの外観

# 第3章

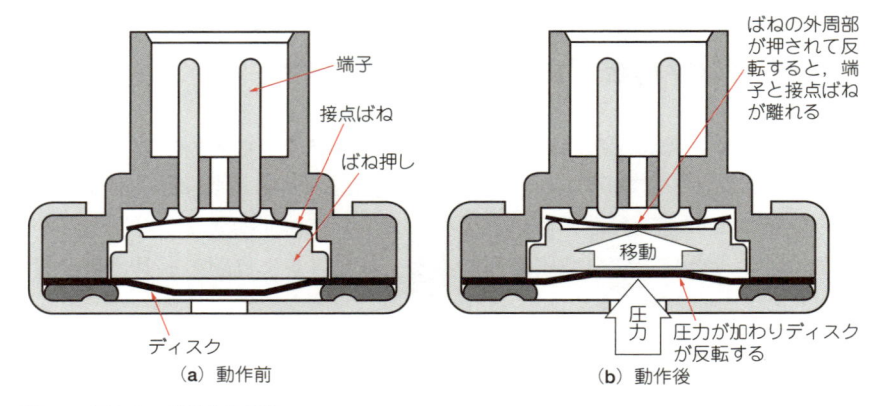

図3.5 圧力センサ部分の構造

(a) 動作前 — 端子／接点ばね／ばね押し／ディスク

(b) 動作後 — ばねの外周部が押されて反転すると，端子と接点ばねが離れる／移動／圧力／圧力が加わりディスクが反転する

貫通孔を通じてコンデンサ内部に接しており，圧力がセンサに直接伝わります．センサの動作を以下に示します．

①異常電圧などでコンデンサの内部圧力が上昇し一定値を越えると，その圧力でディスクが反転する．
②ディスクが反転するとばね押しが持ち上がる．
③ばね押しが接点ばねを押し，接点ばねが反転する．
④接点ばねと端子が離れ，出力がOFFになる．

センサの動作圧力は，圧力弁の動作前にセンサが動作するように，圧力弁の動作圧力よりも低く設定してあります．動作の推移を**図3.6**に示します．

圧力センサは，コンデンサから独立したスイッチになっています．センサが動作した後もコンデンサは機能し続けるため，そのままの状態で使用すると，従来のコンデンサと同様に圧力弁が動作します．センサ動作後は，機器とコンデンサの保守点検をしてください．

● 対応製品とセンサ部分の仕様

圧力センサ付きタイプは，ねじ端子型電解コンデンサのオプション品です．対応製品を以下に示し

写真3.4 圧力センサの取り付け部分

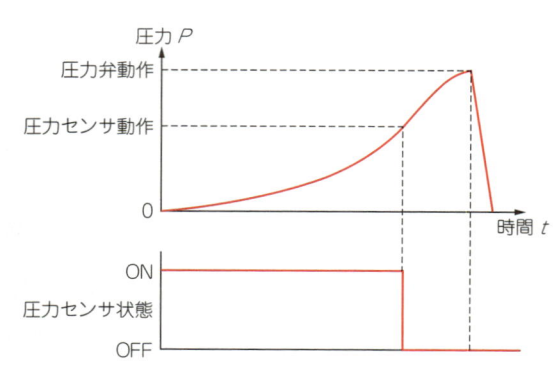

図3.6 圧力センサ動作の推移

(a) 動作前　　　　　　　(b) 動作後

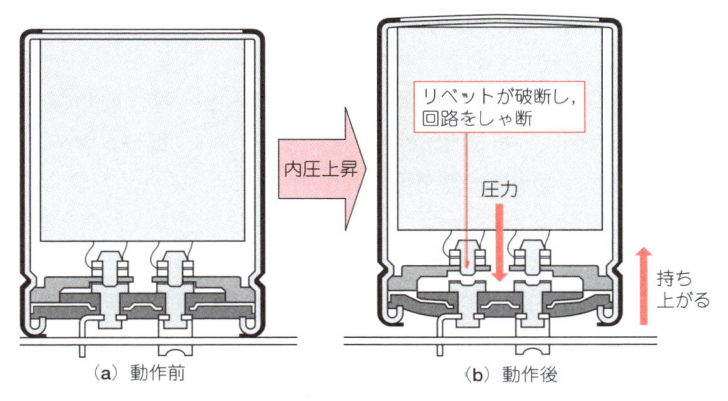

**図3.7　保安機能付き電解コンデンサの構造**

ます．

- 対応製品：SME，KMH，RWE，RWY，RWF，RWL，LXA，LX，LXR，LWY，KWシリーズ
- 対応製品径：$\phi$ 50，63.5，76，89 mm

また，圧力センサの仕様を以下に示します．

- センサ回路抵抗：50 mΩ以下
- センサ許容電圧：12 V
- センサ許容電流：500 mA
- 接点形式　　　：N. C. 接点（定常時ON）

このほかに，内部圧力の上昇を利用して圧力弁が動作する前にコンデンサを回路から機械的に遮断する，保安機能付きアルミ電解コンデンサKSLシリーズもあります．KSLシリーズの構造を図3.7に示します．

内部圧力が上昇すると，内部のリベットが破断し，回路からコンデンサが切り離されます．

（香川寿得）

▶問い合わせ先

日本ケミコン㈱　技術センター設計部
TEL：0248-42-5240，FAX：0248-42-5196
http://www.chemi-con.co.jp/

## 3.4　有機半導体アルミ固体電解コンデンサ OS-CON

### ● OS-CONとは？

従来のアルミ電解コンデンサの電解質には電解液と二酸化マンガンが使用されていますが，OS-CONは従来の電解液に比べて高電導度の材料として有機半導体のTCNQ錯塩を使っています．その結果，次のような特徴があります．

# 第3章

- ほかの電解質に比べて電導度が高い（抵抗値が低い）．
- 高い電導度が温度に対して安定している．

OS-CONは，電解質に高電導度の有機半導体を使用したことと，巻き取り素子を採用したことによる電解質の層の薄さにより，等価直列抵抗（ESR）が大幅に改善され，電解コンデンサでありながら，フィルム・コンデンサ並みの優れた周波数特性が得られます．

● **OS-CONの構造と電気的特性**

OS-CONは，図3.8に示すようにほぼアルミ電解コンデンサと同じ構造をしています．陽極および陰極にはアルミ箔を使用しており，それをセパレータ紙とともに巻き取った巻回素子を使用しています．

アルミ電解コンデンサとの相違点は，電解液の代わりに有機半導体が含浸されていることです．また，封口にはエポキシ樹脂封口とゴム封口のタイプがあります．さらに，高保証品のSZPシリーズはハーメチック・シールを採用しています．

表3.4は，OS-CONの品種一覧表です．OS-CONには，写真3.5に示すようにラジアル・リード・タイプと表面実装タイプ（チップ）があります．定格電圧は2～30 Vまであり，静電容量は1～2200 μFまで用意されています．また，電解質に導電性高分子を採用し，耐熱性，信頼性，リプル特性に優れた製品もあります．

OS-CONは，次に述べるような多くの特徴があります．

**(1) 周波数特性が優れている**

図3.9は，OS-CONを含む各種コンデンサのインピーダンスの周波数特性です．OS-CONの特性は，ほぼ理想的なカーブを描きます．100 kHzで比較するとOS-CONの47 μFと高性能のアルミ電解コンデンサの1000 μFがほぼ同じ値です．周波数が高くなればOS-CONとアルミ電解コンデンサの容量比はもっと大きくなります．

**(2) 温度特性が優れている**

OS-CONの高温および低温特性は，図3.10に示すようにESRが温度に対して変化の少ないことが特

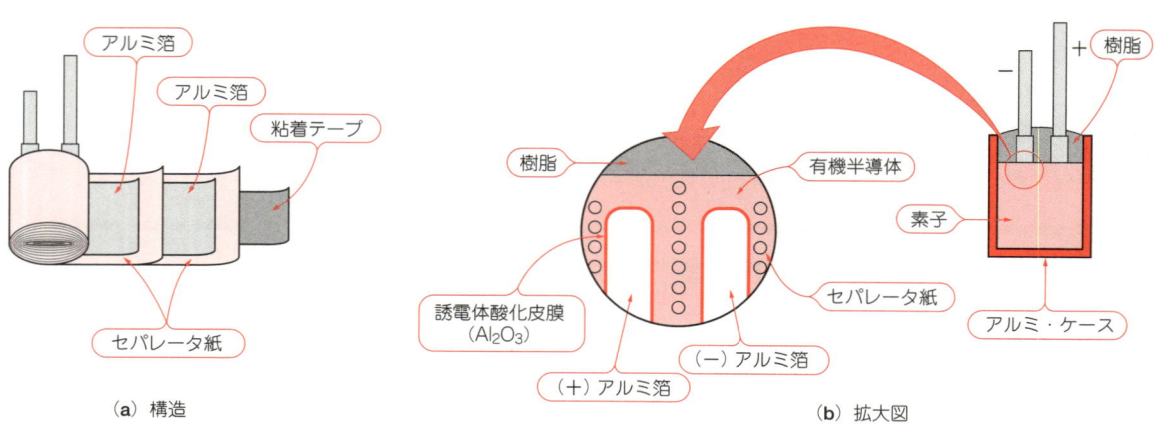

**図3.8 OS-CONの構造**

(a) 構造　　(b) 拡大図

3.4 有機半導体アルミ固体電解コンデンサOS-CON

表3.4 OS-CONの製品一覧(三洋電機)

| 分類 | 電解質 | シリーズ名 | 特徴 | 使用温度範囲 [℃] | 定格電圧範囲 [$V_{DC}$] | 静電容量範囲 [$\mu F$] |
|---|---|---|---|---|---|---|
| 面実装品 | TCNQ錯塩 | SM | 横型表面実装品 | −55〜+105 | 6.3〜20 | 1〜150 |
| | | SN | SMシリーズの小型化品 | −55〜+105 | 4〜20 | 2.2〜330 |
| | | SV | 縦型表面実装品 | −55〜+105 | 2〜25 | 3.3〜820 |
| | 導電性高分子 | SVP | 縦型表面実装・標準品 | −55〜+105 | 2.5〜25 | 3.3〜1500 |
| | | SVQP | 縦型表面実装品(125℃保証) | −55〜+125 | 4〜20 | 22〜220 |
| ラジアル・リード・タイプ | TCNQ錯塩 | SC | 標準品 | −55〜+105 | 6.3〜30 | 1.0〜47 |
| | | SA | 大容量小型化品 | −55〜+105 | 6.3〜20 | 15〜2200 |
| | | SL | 高さ寸法5mm品 | −55〜+105 | 4〜25 | 1.0〜220 |
| | | SH | 長寿命品(105℃×5000hr保証) | −55〜+105 | 6.3〜25 | 1.0〜330 |
| | | SG | オーディオ用 | −55〜+105 | 6.3〜25 | 4.7〜2200 |
| | | SS | SC,SA,SLシリーズの小型化品 | −55〜+105 | 4〜20 | 2.2〜470 |
| | | SP | 大容量・低ESR品 | −55〜+105 | 2〜25 | 6.8〜2200 |
| | 導電性高分子 | SEP | 標準品 | −55〜+105 | 2.5〜25 | 6.8〜1500 |
| | | SZP | 高保証品(ハーメチック・シール品) | −55〜+125 | 2.5〜16 | 39〜1500 |

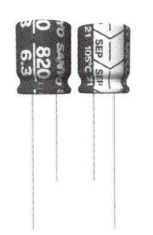

(a) ラジアル・リード(SEP)　(b) 面実装 (SVP)　(c) ハーメチック・シール(SZP)

写真3.5 各種OS-CONの外観(三洋電機)

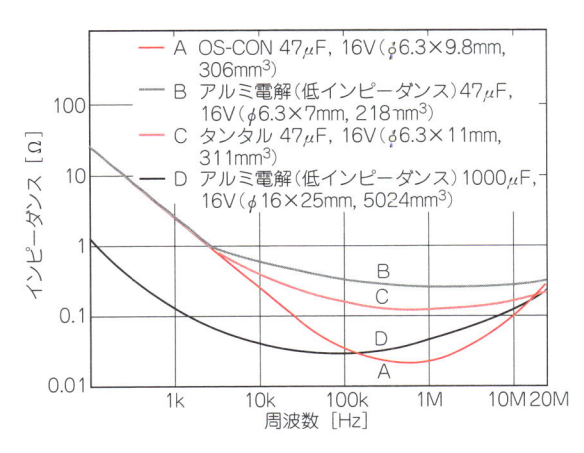

A OS-CON 47$\mu$F, 16V ($\phi$6.3×9.8mm, 306mm$^3$)
B アルミ電解(低インピーダンス)47$\mu$F, 16V ($\phi$6.3×7mm, 218mm$^3$)
C タンタル 47$\mu$F, 16V ($\phi$6.3×11mm, 311mm$^3$)
D アルミ電解(低インピーダンス)1000$\mu$F, 16V ($\phi$16×25mm, 5024mm$^3$)

図3.9 OS-CONと各種コンデンサの周波数特性比較

**図3.10** OS-CONと各種コンデンサのESRの温度特性比較

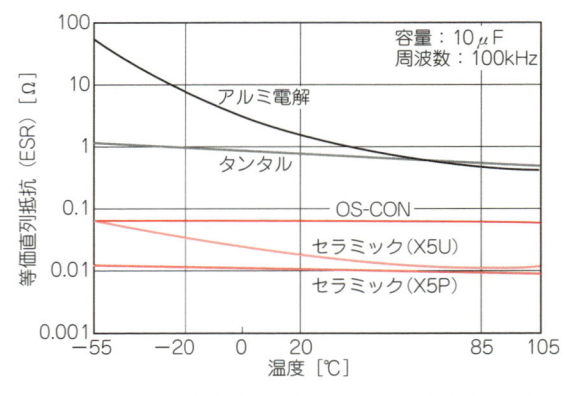

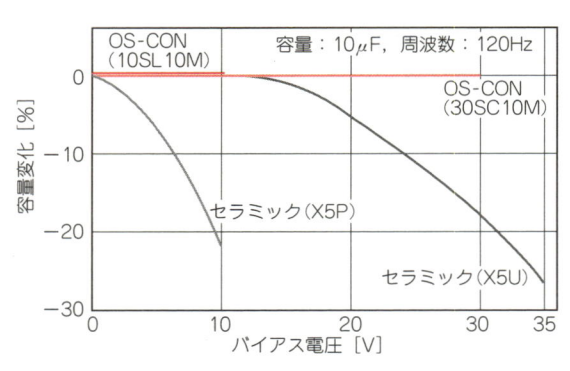

**図3.11** OS-CONとセラミック・コンデンサのバイアス電圧による容量変化特性

徴です．高域でのインピーダンス（共振点付近）はESRが支配的なので，ESRの値がノイズ除去能力に大きく影響を与えます．

ESRが温度に対して変化が少ないということは，ノイズ除去能力が温度に対して変化が少ないので，ノイズ・レベルが低温から高温まで安定して少ないことになります．低温特性の必要なアウトドアの機器などには最適なコンデンサであるといえます．

### (3) バイアス特性が優れている

**図3.11**は，OS-CONとセラミック・コンデンサにバイアス電圧を加えたときの静電容量の変化です．OS-CONは，定格電圧内（一部機種で温度軽減電圧を適用）の使用電圧であれば，ほとんど静電容量の変化のない安定した良好な特性を示します．

このように，セラミック・コンデンサを使う場合に考慮しなければならないバイアス特性についても，OS-CONでは何ら心配なく使用できます．

### (4) 許容リプル電流が高い

電源の平滑用コンデンサを選定するとき，コンデンサの許容リプル電流が選定基準の一つになります．リプル電流の許容値はコンデンサの発熱量で決まりますが，発熱の要因はESRです．ESRが大きいコンデンサは発熱が大きいので，リプル電流を多く流すことはできません．

OS-CONはESRが小さく，**図3.12**のように，ほかの電解コンデンサに比べると多くのリプル電流を流すことができます．

### (5) 逆電圧に強い

OS-CONは有極性コンデンサですが，逆電圧に強いコンデンサです．電源切断やソース切り替えなどによる過渡現象での逆電圧は，定格電圧の20％以内，連続して逆電圧が加えられる場合は，定格電圧の10％以内で使用できます．

**図3.13**は，逆電圧を与えたときの漏れ電流の変化です．

### (6) 寿命が長い

OS-CONは，容量の減少が寿命故障になります．容量を減少させる主要因は温度です．OS-CONの寿命は，周囲温度を20℃軽減すると約10倍になります．

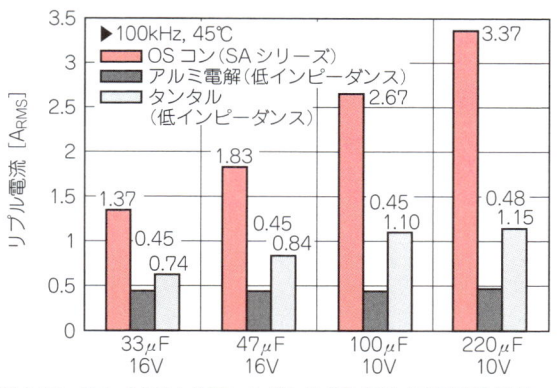

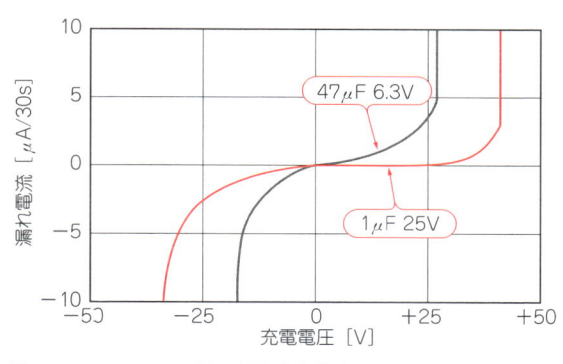

3.4 有機半導体アルミ固体電解コンデンサOS-CON

図3.12 OS-CONと各種コンデンサの許容リプル電流の比較

図3.13 OS-CONの漏れ電流変化特性

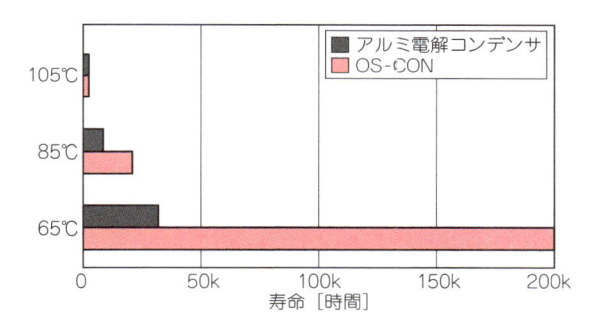

図3.14 OS-CONとアルミ電解コンデンサの推定寿命

一般的に，アルミ電解コンデンサの寿命の温度係数は，10℃軽減で2倍といわれています．たとえば，105℃×2000時間での劣化を85℃や65℃に換算すると図3.14のようになります．このことは，同じ105℃×2000時間保証でも，実用上OS-CONのほうが長寿命を得られることになります．

● 回路設計上の留意点
▶ インラッシュ電流を制御する
　OS-CONはESRが極めて小さいため，回路によっては過大なインラッシュ電流（突入電流）が流れる可能性があるため，設計生産設備などへの配慮や対応が必要になります．
　インラッシュ電流は最大10Aまで，ただしOS-CONの許容リプル電流値の10倍が10Aを越える場合は，許容リプル電流の10倍以下までとなるようにラッシュ電流を制御してください．
▶ OS-CONとアルミ電解コンデンサとの並列接続
　通常，リプル吸収用コンデンサのスペース・ファクタやコスト・パフォーマンス改善策として，アルミ電解コンデンサとOS-CONを並列接続して使うことがあります．このとき，実際に流れるリプル電流はそれぞれのコンデンサのESRの比によって決まります．
　したがって，OS-CONとアルミ電解コンデンサの並列接続使用の際はESRの小さいOS-CONに多

# 第3章

くのリプル電流が流れるので，OS-CONの選定は十分余裕を取るように配慮する必要があります．

## 3.5 導電性高分子電解コンデンサ POSCAP

### ● 導電性高分子とは？

新しい電子材料である導電性高分子を電解質に使った電解コンデンサが，急成長しています．図3.15に示したように，導電性高分子は高い電導度をもつため，コンデンサの電解質に使うと低いESRを実現できます．

導電性高分子は，電気を流すプラスチック(プラスチック製の半導体)のようなものと考えればわかりやすいと思います．導電性高分子には，ポリピロールやポリチオフェン，ポリアニリン，ポリアセチレンなどがありますが，コンデンサに使われているのはほとんどがポリピロールまたはポリチオフェンのようです．

POSCAPは，高い電導度をもつ導電性高分子を電解質に使ったコンデンサです．その優れた高周波特性と低ESRが評価され，スイッチング電源の出力コンデンサに採用される例が増えてきています．三洋電機(旧三洋電子部品)が1997年から"POSCAP"という商品名で量産を開始し，現在ではノート・パソコンや高性能ゲーム機，PDAなどに採用されています．

### ● POSCAPの構造と特徴

図3.16に示すように，POSCAPは基本的には一般のタンタル・コンデンサとほとんど同じ構造ですが，電解質として導電性高分子が使われている点が異なっています．

表3.5にPOSCAPの品種一覧表を，写真3.6に外観を示します．POSCAPには，陽極にタンタル焼結体を使ったTPシリーズとアルミニウム箔を使ったAPシリーズがあります．TPシリーズは，タンタルの高い誘電率を活かして小型ながら大容量を実現しており，TPBシリーズのD4サイズでは1000μF 2.5Vといった大きな静電容量を実現しています．

POSCAPには，以下のような特徴があります．

(1) ショート故障してもタンタル・コンデンサに比べて発火しにくい

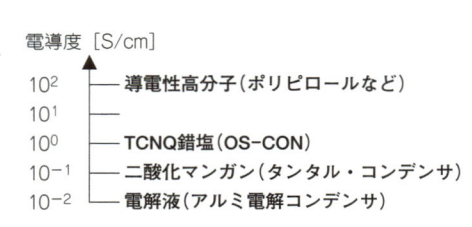

図3.15 各種電解質の電導度の比較

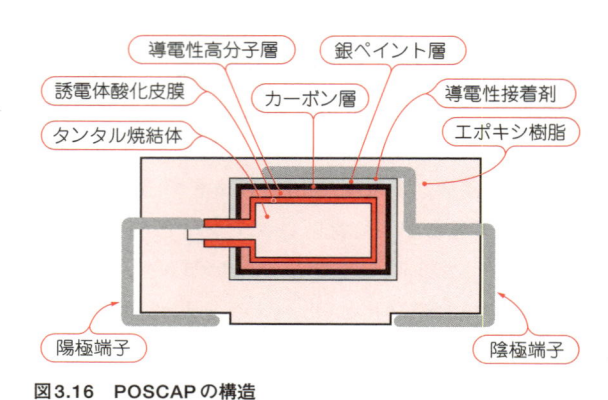

図3.16 POSCAPの構造

## 3.5 導電性高分子電解コンデンサPOSCAP

表3.5　POSCAPの製品一覧（三洋電機）

| シリーズ名 | | TPAシリーズ | TPBシリーズ | TPCシリーズ | APA(B)シリーズ | 単価 |
|---|---|---|---|---|---|---|
| 使用温度範囲 | | \-55〜+105 | | | | ℃ |
| 静電容量範囲（120 Hz） | | 33〜220 | 47〜1000 | 33〜330 | 2.2〜33 | μF |
| 静電容量許容差（120 Hz） | | M：±20 | | | | % |
| 定格電圧 | | 4〜10 | 2.5〜16 | | 4〜16 | V |
| 最大等価直列抵抗 ESR（@100 kHz, 20℃） | | 80〜100 | 30〜70 | 40〜70 | 40〜70 | mΩ |
| サイズ | C | 6.0×3.2×2.8 | — | — | — | mm |
| | D1 | — | — | — | 7.3×4.3×1.4 | |
| | D2 | — | — | 7.3×4.3×1.9 | — | |
| | D2A | — | — | — | 7.3×4.3×2.0 | |
| | D3L | — | 7.3×4.3×2.8 | — | — | |
| | D3 | 7.3×4.3×3.1 | 7.3×4.3×3.1 | — | — | |
| | D4 | — | 7.3×4.3×3.8 | — | — | |

写真3.6　POSCAPの外観（三洋電機）

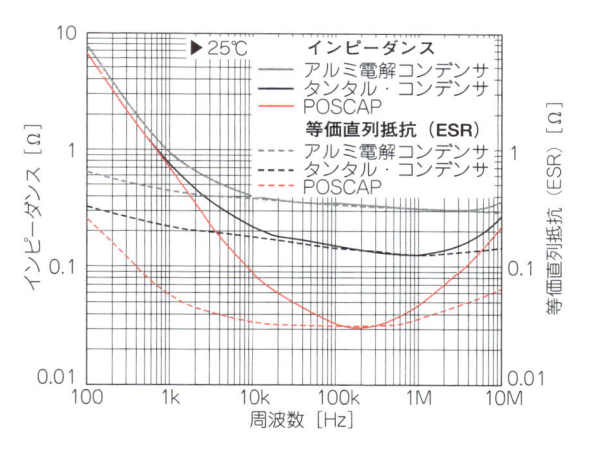

図3.17　POSCAPと各種コンデンサのインピーダンスおよびESRの周波数特性

POSCAPの電解質であるポリピロールには，酸素原子が含まれていないため，万が一ショート故障が起こった場合でも，電解質に酸素原子をもつ二酸化マンガン（$MnO_2$）を使ったタンタル・コンデンサに比べて発火しにくく高い安全性をもっています．

(2) 低ESR，低インピーダンス

高電導度の導電性高分子を電解質に採用したため，低ESRおよびインピーダンスを実現しています．図3.17からわかるように，ほかの静電容量（220 μF）の等しいコンデンサとインピーダンスを比較しても1/3〜1/10程度です．

(3) 温度特性が優れている

POSCAPの電解質の導電性高分子は，電子電導のため低温から高温までほとんど変化がなく一定です．そのため，図3.18に示したようにESRやインピーダンスは温度に依存することなくほぼ一定です．

(4) 寿命が長い

# 第3章

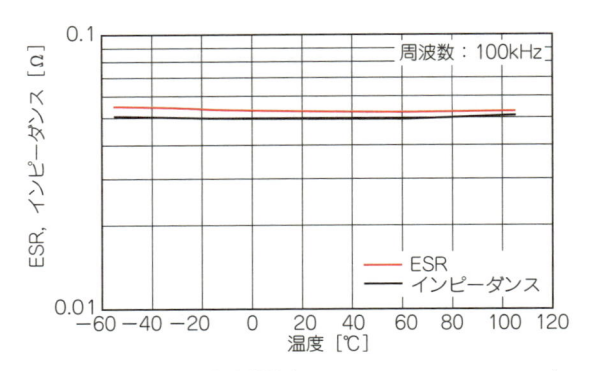

**図3.18 POSCAPの温度特性**(10TPA100M，10 V，100 µF)

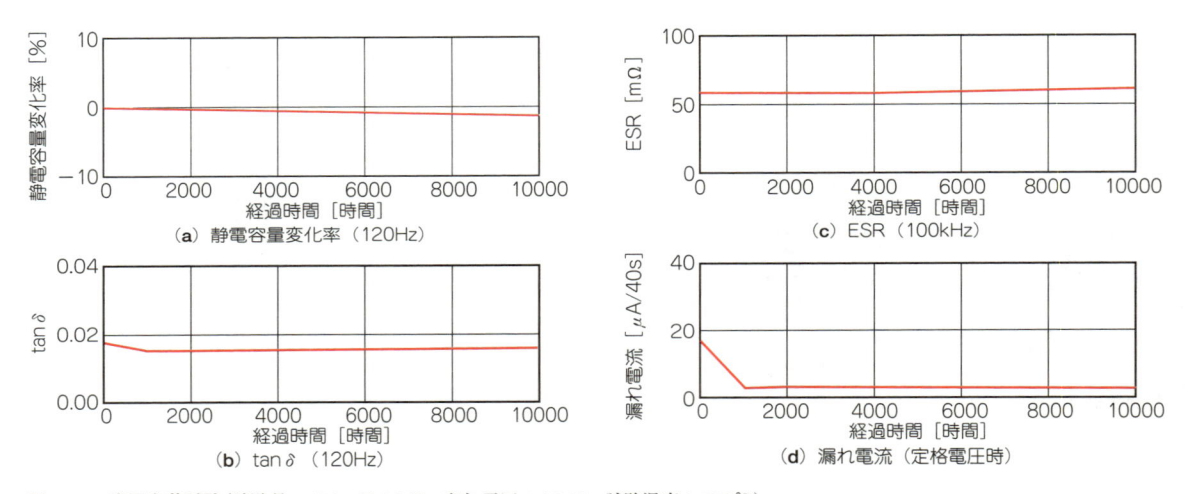

**図3.19 高温負荷試験**(試験品：150 µF 6.3 V，印加電圧：6.3 V，試験温度：105℃)

(a) 静電容量変化率（120Hz）
(b) tan δ （120Hz）
(c) ESR（100kHz）
(d) 漏れ電流（定格電圧時）

　電解質を高分子化して固体化したため，熱安定性に優れ，またアルミ電解コンデンサで使われている電解液のようにドライアップすることがないので長寿命です．

　**図3.19**は，POSCAPの高温負荷試験データです．テスト条件は，テスト温度105℃で定格電圧を加えたものですが，1万時間経過でもESRや静電容量といった特性の変化が極めて少ないことがわかります．

**(5) 自己修復機能がある**

　ポリピロールは有機物質であるため，無機物質の二酸化マンガンと比較して，比較的低温の約300℃で熱分解や絶縁化が起こります．このため，ショートの前兆段階の微小欠陥部分に流れる電流によりジュール熱が発生し，微小欠陥部分上に形成されたポリピロールが絶縁化することにより修復が行われます．

　この自己修復機能により，ショートが起こりにくく，その結果，過大なインラッシュ電流に対してもショートが発生せず，20 Aという大きなインラッシュ電流を保証しています．

**(6) 使用電圧は定格電圧を保証している**

前述したようにショートが起こりにくいという特性のため，使用電圧はタンタル・コンデンサのように50％以下というディレーティングをする必要はなく，定格電圧までの使用を保証しています．
**(7) はんだ耐熱性が高い**
　高耐熱性の導電性高分子を電解質に採用したため，はんだ耐熱性が高く，250℃ピークのリフローはんだに対応しています．

● **回路設計上の留意点**
▶ **極性**
　POSCAPは有極性のため，逆電圧は漏れ電流の増加やショート故障の発生原因となります．
▶ **使用電圧**
　定格電圧までの使用を保証している点がタンタル・コンデンサと大きく異なります．ただし，タンタル・コンデンサと同様に，過電圧はショート故障を引き起こすので，サージ電圧やパルス・ノイズ，リプル電圧などを含めて，定格電圧を越えないようにします．
　なお，より安全に使用するには，定格電圧が8.0 V以下の製品は定格電圧の90％以内，定格電圧が10 V以上では80％以内を推奨しています．
▶ **はんだ付け**
　リフローはんだだけに対応しており，フローやディップなどには対応していません．
▶ **使用が禁止される回路**
　導電性高分子を使ったコンデンサの漏れ電流値は，はんだ付け条件が仕様書の範囲内であっても大きくなることがあります．また，電圧を加えない高温無負荷温度サイクルなどによっても漏れ電流値が大きくなることがあります．このため，以下の回路では使用禁止となっています．
- 高インピーダンス保持回路
- カップリング回路
- 時定数回路
- 漏れ電流が大きく影響する回路
- 定格電圧以上の負担がかかる直列回路

　なお，万一の場合を考えて，故障モードはショートなのでショート電流に応じて発熱や発煙などが起こります．この発煙が起こるまでの時間はショートの条件により異なりますが，数秒から数分かかるので，この間に電源の保護回路が働くようにして使用するとより安全に使用できます．

〈西本博也/小島洋一〉

## 3.6　チップ・タンタル固体電解コンデンサ

　近年の電子機器は小型・軽量化とディジタル化が進み，コンデンサには小型大容量化および高周波での高性能化が要求されています．チップ・タンタル固体電解コンデンサは，これらの要求に応えるため，より微細化したタンタル金属粉末を陽極に使用することにより，容量の拡大と小型化が図られ，

部品寸法は3216サイズから2012サイズへ，さらに1608サイズへと小型化が進み，高密度実装に対応しています．

小型でかつ大容量という特徴を活かして，携帯電話やディジタル・スチル・カメラ，ディジタル・ビデオ・カメラなどの携帯用機器に，さらに使用温度範囲が広く寿命が半永久的である点から自動車電装機器や衛星搭載用機器に至るまで，チップ・タンタル固体電解コンデンサの用途は拡大し，需要は増加しています．

タンタル電解コンデンサは，図3.20に示したように，電解質により固体電解コンデンサと湿式電解コンデンサの2種類があります．

固体電解コンデンサは，当初は金属ケース・タイプや樹脂ディップおよびモールド外装タイプのリード部品が主流でしたが，ICやほかの電子部品と同様にチップ化が進み，現在では95％以上が面実装用チップ部品です．

● タンタル・コンデンサの構造
▶ タンタル固体電解コンデンサ

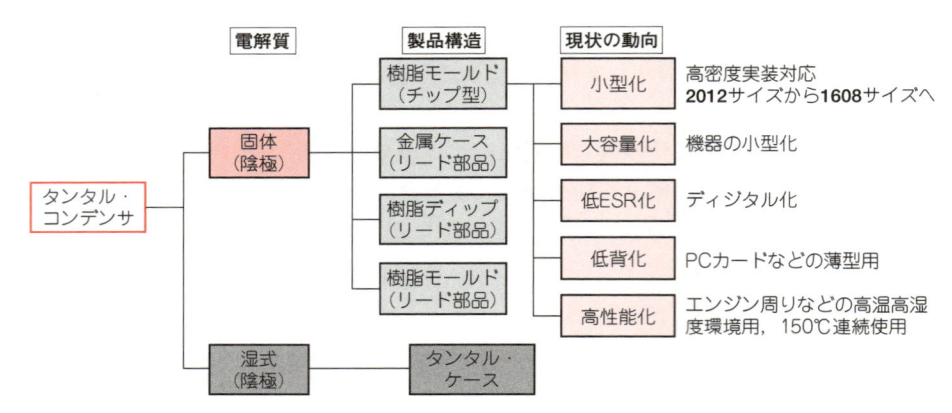

図3.20 タンタル・コンデンサの種類と今後の動向

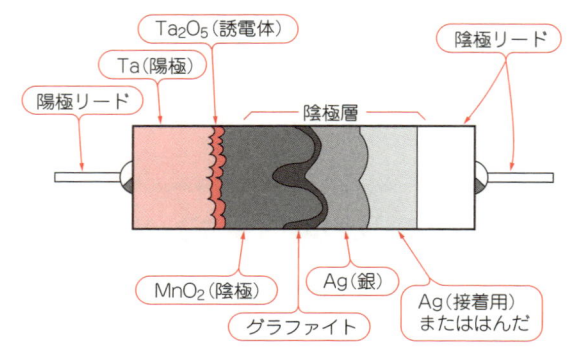

図3.21 タンタル固体電解コンデンサの構造

## 3.6 チップ・タンタル固体電解コンデンサ

図3.21に，タンタル固体電解コンデンサの構造を示します．陽極は微細なタンタル粉末をタンタル・ワイヤとともに圧粉成形した後，高真空・高温中で焼結した，空孔率約40～60％の多孔質の焼結体です．その焼結体を構成する個々のタンタル粉末およびタンタル・ワイヤの表面に，陽極酸化法によって誘電体となる酸化皮膜($Ta_2O_5$)を形成します．

さらに，硝酸マンガン溶液を含浸して熱分解することにより，誘電体の表面に酸化物半導体である二酸化マンガン($MnO_2$)の陰極層を形成しています．

このように，焼結体の内部・外部に［$Ta - Ta_2O_5 - MnO_2$］の系が連続的に形成された基本的なコンデンサ素子が完成します．

チップ・タンタル・コンデンサは，このようにして出来上がったコンデンサ素子を図3.22のようなチップ形状に組み立てた製品です．

▶ タンタル湿式電解コンデンサ

タンタル湿式電解コンデンサは，構成部品のほとんどがタンタル金属で，陰極には電解液を使っています．主に，宇宙衛星用などの高信頼性が要求される回路に使われています．

● タンタル・コンデンサの特徴

(1) 小型で大容量

タンタル・コンデンサの誘電体である酸化皮膜($Ta_2O_5$)は比誘電率が22～27と高く，アルミ電解コンデンサの誘電体$Al_2O_3$の約3倍です．その焼結体は，構造的に同一体積内での比表面積が大きくとれるので，小型大容量に適したコンデンサです．

(2) 使用温度範囲が広く信頼性が高い

タンタル・コンデンサは，基本的な構成材料が無機質固体で占められていることから，その寿命は半永久的であるといわれ，－55～＋125℃(一部の高耐熱品は－55～＋150℃)の広い温度範囲で高い信頼性が得られます．

(3) 温度安定性が優れている

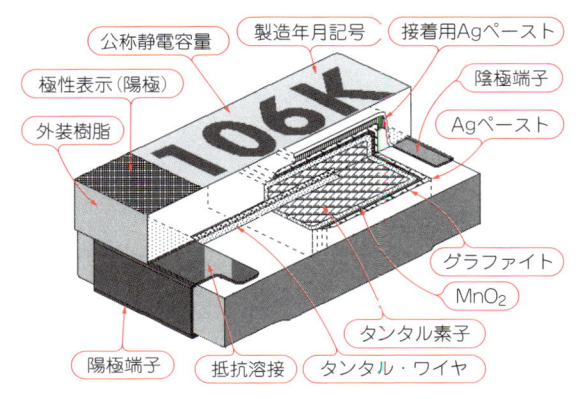

図3.22 チップ・タンタル固体電解コンデンサの構造

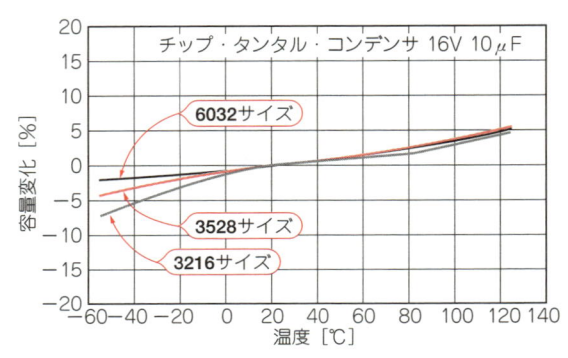

図3.23 タンタル・コンデンサの容量の温度変化

表3.6 チップ・タンタル・コンデンサの寸法と定格

| EIA ケース・コード | 外形寸法 [mm] | | | 定格電圧 [V] | 定格容量 [μF] |
|---|---|---|---|---|---|
| | 長さ | 幅 | 厚み | | |
| 2012 | 2.0 | 1.25 | 1.2 | 2.5〜20 | 0.1〜22 |
| 3216 | 3.2 | 1.6 | 1.6 | 2.5〜50 | 0.1〜47 |
| 3216L | 3.2 | 1.6 | 1.2 | 4〜20 | 0.47〜22 |
| 3528 | 3.5 | 2.8 | 1.9 | 2.5〜50 | 0.15〜100 |
| 3528L | 3.5 | 2.8 | 1.2 | 4〜20 | 1〜15 |
| 6032 | 6.0 | 3.2 | 2.5 | 4〜50 | 0.47〜220 |
| 6032L | 6.0 | 3.2 | 1.5 | 4〜20 | 68〜150 |
| 7343 | 7.3 | 4.4 | 2.8 | 4〜50 | 1.5〜330 |
| 7343L | 7.3 | 4.4 | 2.0 | 4〜10 | 68〜330 |
| 7343H | 7.3 | 4.4 | 4.1 | 4〜35 | 15〜1000 |
| 7257 | 7.3 | 5.8 | 3.5 | 4〜35 | 10〜220 |

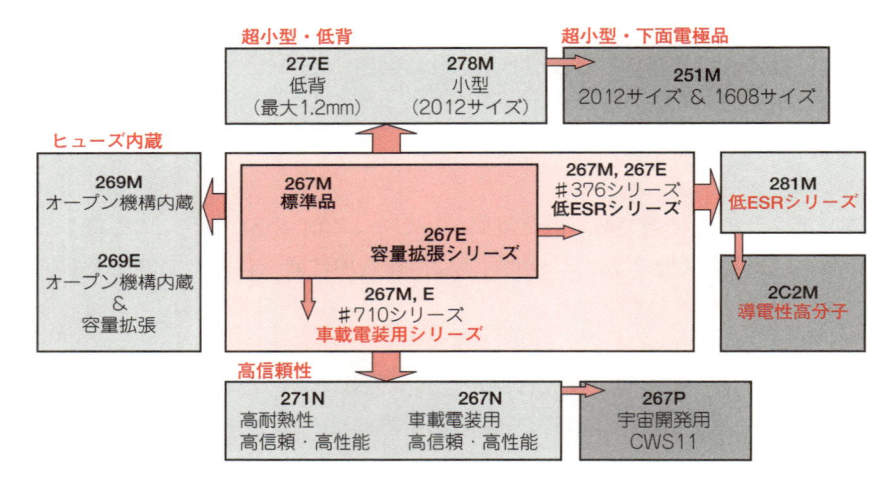

図3.24 チップ・タンタル・コンデンサの製品ラインナップ

　一般的に，コンデンサの静電容量は，温度によって変化します．タンタル・コンデンサは，ほかの非固体電解コンデンサや高誘電率系のセラミック・コンデンサに比べて，**図3.23**に示すように−55〜+125℃における温度変化が小さく，直線的であることが特徴です．

　**表3.6**に，チップ・タンタル・コンデンサの外形寸法と定格電圧および定格容量を示します．標準的な2012サイズの小型品から7343Hの大容量品(最大1000μF)や低背品といった豊富な種類があります．

　**図3.24**に，チップ・タンタル・コンデンサの機能と用途に分けた製品ラインナップを示します．

● タンタル・コンデンサを使用する上での注意
▶許容逆電圧
　タンタル・コンデンサは有極性です．製品表面に陽極を示す極性バーを表示しているので，極性を間違えないように実装する必要があります．

許容逆電圧を越えた逆電圧が加えられるような回路では，漏れ電流の増大や故障率が増加する懸念があるので，必要に応じてバイアス電圧をかけて逆電圧が加えられないように使用します．

▶ 許容リプル

等価直列抵抗（ESR）があるため，リプル電流を含む回路では，リプル電流により発熱（ジュール熱 $I^2R$）し，許容値を越えると漏れ電流の増大や故障率が増加する可能性があります．このため，許容リプル電流以下で使用します．許容値は，温度上昇がおよそ 5〜10℃ 以下になるように規定されています．

図 3.25 は，ガラス・エポキシ基板に実装したタンタル・コンデンサに 100 kHz 正弦波のリプル電圧を加えたときのコンデンサ表面の温度上昇をプロットしたグラフです．コンデンサの温度上昇はケースや端子からの放熱により決まり，リプル電流の大きさ，リプル電流の周波数，コンデンサの ESR，基板の種類，容量，周囲温度などの影響を受けます．

▶ 使用電圧について

使用時の電圧は定格電圧以下でなければなりません．定格電圧とは，定格最高使用温度においてコンデンサに連続して加えることができる尖頭電圧（直流電圧および交流電圧尖頭値の和）の最大値をいいます．

サージ電圧とは，定格最高使用温度において 6 分の周期でコンデンサに 1 kΩ の直列抵抗を通して 30 秒間加えることを 1000 回繰り返したとき，耐えることのできる電圧をいいます．回路設計に際しては機器の要求信頼度を考慮して適切な電圧軽減を行います．

参考に，推奨設計電圧の一例として MIL-STD-975-L の推奨値を図 3.26 に示します．

▶ 信頼性

チップ・タンタル・コンデンサは，一般的に初期故障型で故障率減少の故障モードを示し，故障の多くは短絡モードです．

図 3.27 は，タンタル・コンデンサ 50 V 15 μF 品を 85℃ で定格電圧 $V_0$ より高い電圧 $V$ を加えた，より過酷な加速寿命試験での故障時間と故障発生率をプロットしたワイブル分布図です．このワイブル分布図から，チップ・タンタル・コンデンサの故障発生率は加える電圧に依存することがわかります．また，周囲温度が上がるほど故障率は増加する傾向があります．

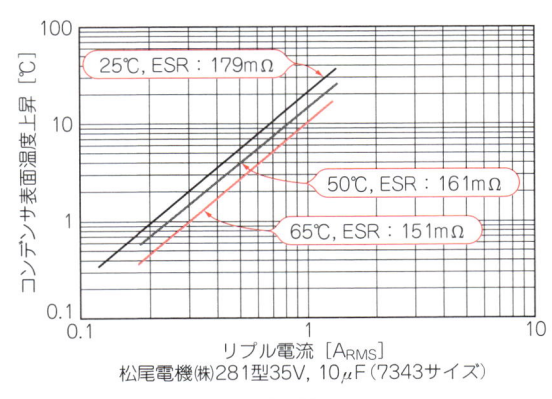

図 3.25　リプル電流による温度上昇

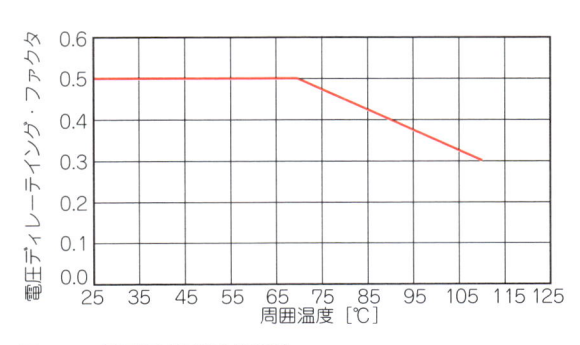

図 3.26　電圧軽減曲線の推移例

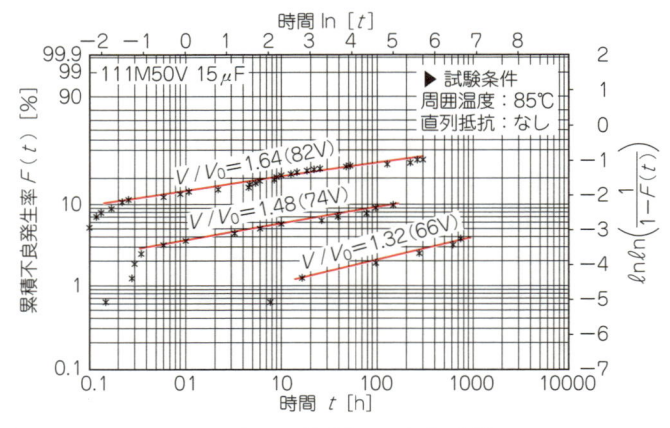

図3.27 タンタル・コンデンサの故障率のワイブル分析

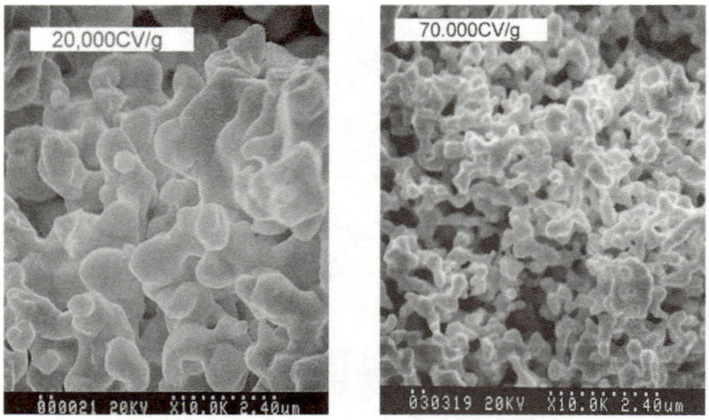

(a) 粒径 1.2 μm (20000 CV/g)　(b) 粒径 0.35 μm (70000 CV/g)

写真3.7 コンデンサに使用されているタンタル粉末

したがって，使用する機器の環境温度やその機器に要求される信頼性に応じて回路電圧より高めの定格電圧品を選定することにより，さらに高い信頼性を得ることができます．

● タンタル・コンデンサの今後の動向

タンタル・コンデンサに対する要求性能には，下記に示すような項目があります．
(1) 部品寸法の小型化・静電容量の大容量化・低背化
(2) 高周波化に対応した低ESR化
(3) 自動車電装用や航空宇宙用としての高信頼性化

▶ 小型・大容量化

チップ・タンタル・コンデンサは，現在1000 μFの容量まで製品化されています．この大容量化にはタンタル・コンデンサの陽極にあたるタンタル粉末の微細化が重要な要素です．コンデンサに実用化されているタンタル粉末は50000～100000 CV/gが主流で，さらに150000 CV/gの開発が材料メーカと共同で進められ，試作段階にあります．

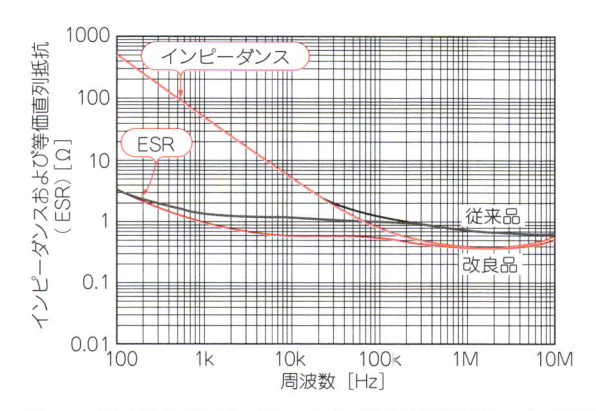

**図3.28** 改良品のインピーダンスおよび等価直列抵抗(ESR)の周波数特性

なお，CV/g値はタンタル粉末1g当たりに得られる表面積の大きさを表します．

タンタル粉末の一例を**写真3.7**に示します．20000 CV/gの粒径は1.2 $\mu$m，70000 CV/gの粒径は0.35 $\mu$mと微細で，CV/g値が大きくなるほど同じ体積で大きな容量値を得ることができます．

▶ **低ESR化**

電子機器のディジタル化に伴い，ノイズ対策はますます重要になっています．例えば，DC-DCコンバータなどの平滑コンデンサの場合，チップ・タンタル・コンデンサは非固体電解コンデンサに比べてESRが低く，温度による変化も小さいため，リプル除去能力に優れています．

▶ **二酸化マンガン品の低ESR化**

チップ・タンタル・コンデンサのESRは，一定の値ではなく周波数に依存しています．

一例として，チップ・タンタル・コンデンサの陰極である二酸化マンガンの形成条件を改良してESRを下げた例を示します．改良品は二酸化マンガンの表面に存在する凹凸をコントロールし，二酸化マンガン層と接続するグラファイト層との接触抵抗を下げることにより，高周波領域でのESR特性

(a) 容量値の周波数特性

(b) インピーダンスおよびESRの周波数特性

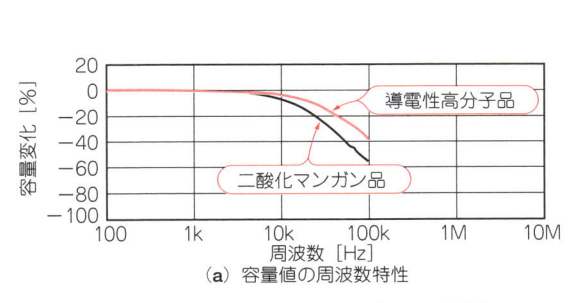

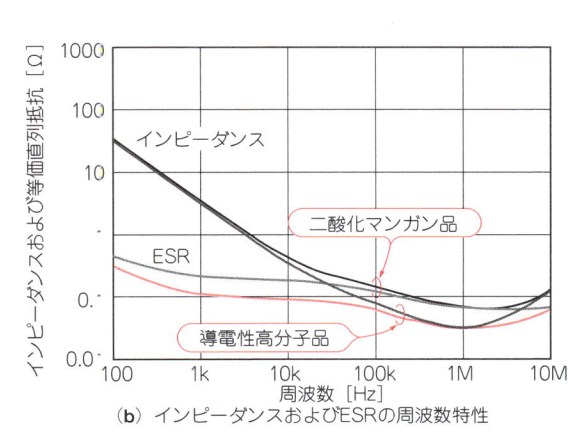

**図3.29** 高分子を使ったタンタル・コンデンサの特性(6.3 V，47 $\mu$F，6032サイズ)

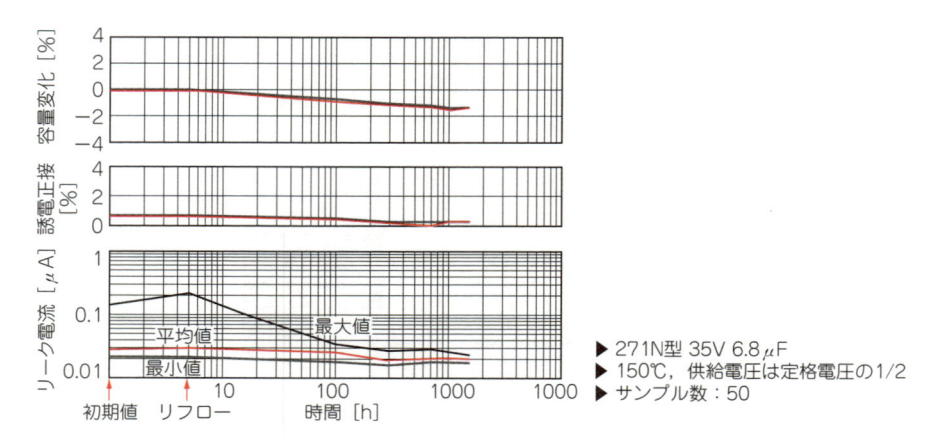

**図3.30 タンタル・コンデンサの150℃高温寿命試験**

- 271N型 35V 6.8μF
- 150℃，供給電圧は定格電圧の1/2
- サンプル数：50

を改良しています．図3.28は，ESR改良品と従来品の周波数特性の比較です．メーカではさらなる低ESR化に取り組んでいます．

▶ 導電性高分子材料の使用による低ESR化

チップ・タンタル・コンデンサには陰極に二酸化マンガンではなく，高分子を使った導電性高分子コンデンサがあります．

図3.29はチップ・タンタル・コンデンサの周波数特性で，二酸化マンガン品と導電性高分子品の違いを示します．

導電性高分子は二酸化マンガンに比べて抵抗率が10分の1以下と小さいことから，ESRが低く高周波領域で優れた性能を示します．

▶ 高信頼性化

近年，自動車の一部の電子制御機器は高温高湿環境のエンジン・ルーム内に搭載されています．このような厳しい環境で使用する場合は，さらに高信頼性が要求されます．

図3.30に，タンタル・コンデンサ35V 6.8μFの150℃，16.7V供給時の寿命試験結果を示します．タンタル・コンデンサを構成するタンタルおよび誘電体（$Ta_2O_5$）が熱的化学的に極めて安定な材料で，二酸化マンガンも安定な無機質固体であるため，高温での寿命試験でも，各特性は安定しています．

▶ 鉛フリー化と高耐熱化

地球環境の保護の観点から，製品に含まれる鉛の全廃に向けて，セット・メーカや部品メーカの各社は協力して鉛フリー化に取り組んでいます．タンタル・コンデンサの各部品メーカも製品の外部端子に使われているはんだめっき品の鉛フリー化を推進しています．

鉛フリー化に伴い，基板付け温度が高くなることが予想されますが，一般的に基板付け温度が上がれば部品への熱衝撃度が増加し，信頼性の低下が懸念されます．したがって，各メーカでは耐熱性の向上と合わせて取り組んでおり，一部の製品では330℃ピークのリフローを保証した製品も量産化されています．

## 3.6 チップ・タンタル固体電解コンデンサ

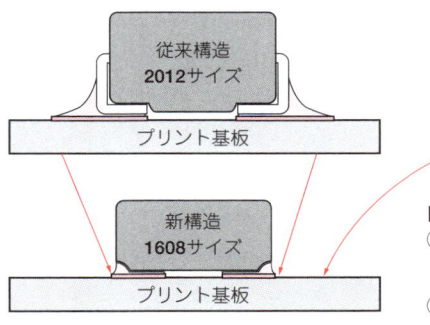

図3.31 従来品と新構造品の実装状態の違い

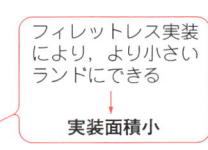

▶ ランド設計のポイント
(1) 製品端子より少し小さくする（特に幅方向）
(2) はんだペーストは100μm以下

表3.7 小型チップ・タンタル・コンデンサの定格
（松尾電機，251型）

| 定格容量 | 4 V | 6.3 V | 10 V | 16 V |
|---|---|---|---|---|
| 1.0 μF | | | | 1608 |
| 1.5 μF | | | 1608 | |
| 2.2 μF | | 1608 | 1608 | |
| 3.3 μF | | 1608 | 1608 | |
| 4.7 μF | | 1608 | 1608 | |
| 6.8 μF | | | 1608 | |
| 10 μF | | 1608 | 1608 2012 | |
| 15 μF | | | 2012 | |
| 22 μF | 1608 | 1608 | 2012 3216*1 | |
| 33 μF | 1608 | 2012 | | |
| 47 μF | 2012 | 3216*1 | | |
| 68 μF | | | | |
| 100 μF | 3216*1 | | | |

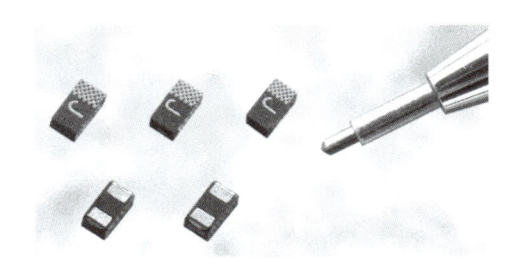

*1：開発中

写真3.8 1608サイズのチップ・タンタル・コンデンサ
（松尾電機，251型）

▶ **低背化**

携帯機器のPCカードなどの薄型機器向けに低背品が要求され，製品化されています．

▶ **大型ケース・サイズの大容量・低背品**

一部のメーカでは6032サイズで高さを従来の2.5 mmから1.5 mmへ，7343サイズで高さを2.8 mmから2.0 mmに低背化した大型ケース・サイズが開発されています．今後は，これらの低背品の大容量品が活発に開発されることが予想されます．

▶ **フィレットレス実装対応1608サイズ**（下面電極品）

電子機器の小型化に対応するため，チップ・タンタル・コンデンサでは従来は2012サイズ（2.0×1.25 mm）が最小でしたが，従来と異なる新しい内部構造（図3.31）を採用することにより，さらに小さい写真3.8に示すような1608サイズ（1.6×0.85 mm）で6.3 V 10 μFが開発されています．これら小型品を表3.7に示します．今後は2012サイズ以上のAケース（3.2×1.6 mm）にも，この新しい構造を採用した小型大容量品の開発や製品高さをさらに低くした低背品の開発が期待されています．　　　　（平塚伸彦）

## 3.7 電解コンデンサの電子回路への応用

● 電源回路への応用

図3.32に，アルミ電解コンデンサを電源回路に応用した例を示します．定電圧回路には3端子レギュレータICを使っているので，回路の細かな説明は不要でしょう．

$C_1 \sim C_4$のコンデンサは，安価なアルミ電解コンデンサを使用しています．これはAC100Vを入力としているので，高周波ノイズは入ってこないからです．

図の回路には，光センサ用バイアス電圧回路が入っています．トランスはAC18Vタップを使用したので，倍電圧構成にして高電圧を得ています．この電圧は，定電流ダイオードE562(5.6mA)と定電圧ダイオード05AZ12 3個で約-33Vにしています．このバイアス電圧は，可変抵抗器$VR_1$で可変できるようにしています．

なお，$C_5$と$C_6$にもアルミ電解コンデンサを使用しています．

● センサ用バイアス回路への応用

図3.33は，±12V電源からセンサ・バイアス用の80Vの電圧を作る回路です．ドライブ回路はOPアンプによる方形波発振回路で，およそ10kHzで発振させ，5倍電圧発生回路で100Vまで昇圧しています．このままではスイッチング・ノイズが大きいので，定電流ダイオードE501(500μA)を使用して，200kΩの可変抵抗器で最大0.5mA×200kΩ=100Vにしています．

ドライブ周波数が10kHzと高いので，コンデンサ$C_1 \sim C_{10}$にはタンタル電解コンデンサを使用して

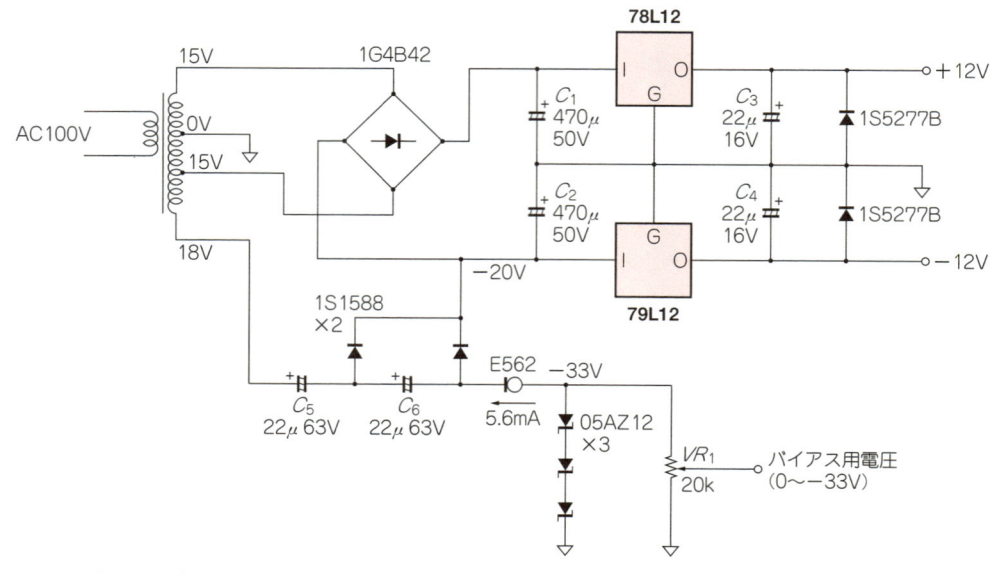

**図3.32 電解コンデンサを使用した電源回路**

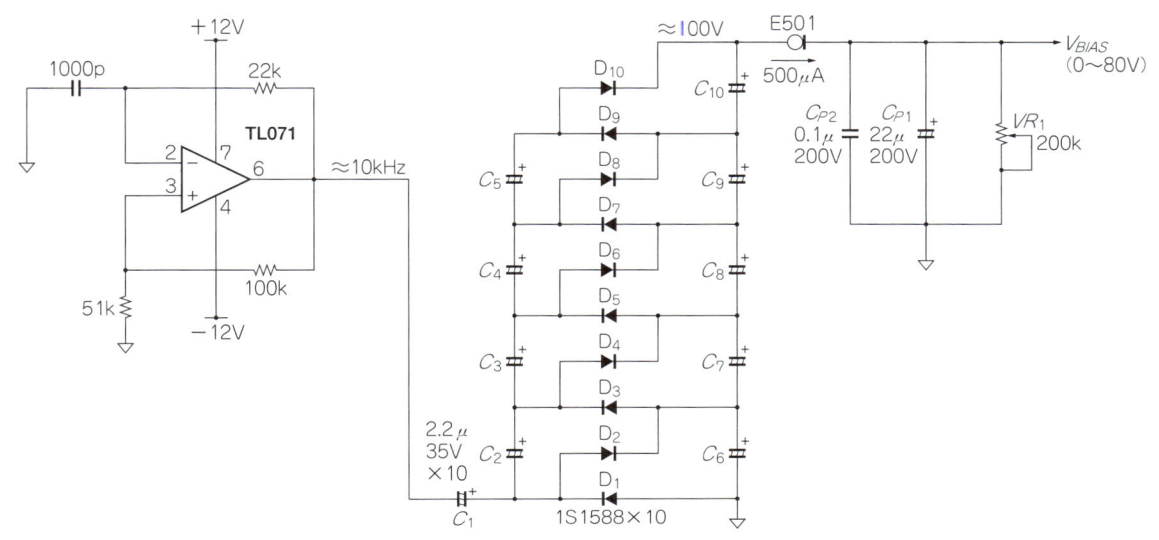

**図3.33 センサ用バイアス回路**

います．容量は2.2 μFですが，10個も使用するので形状はできるだけ小さいほうが実装面では助かります．なお，効率は若干落ちますが，アルミ電解コンデンサでもかまいません．

フィルタ用コンデンサ$C_{P1}$は定格電圧が200 Vと高いので，アルミ電解コンデンサを使用しています．念のため，セラミック・コンデンサ0.1 μFを追加していますが，これがなくてもノイズはほとんど消えていました．

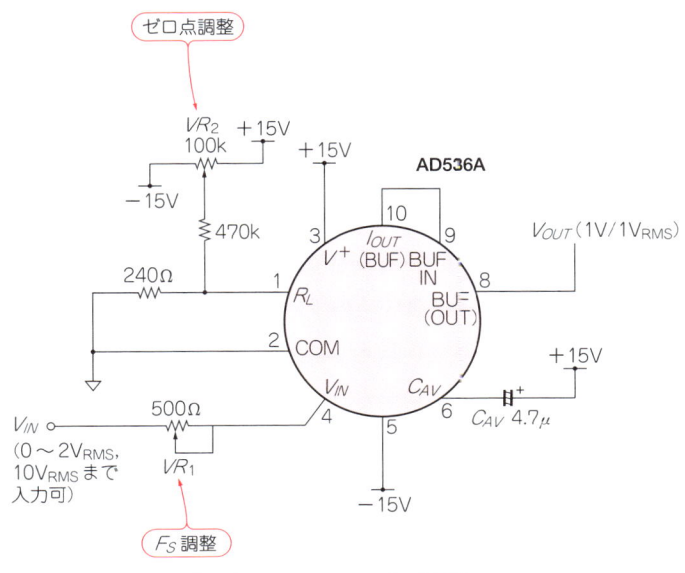

**図3.34 AD536Aを使ったRMS-DCコンバータ回路**

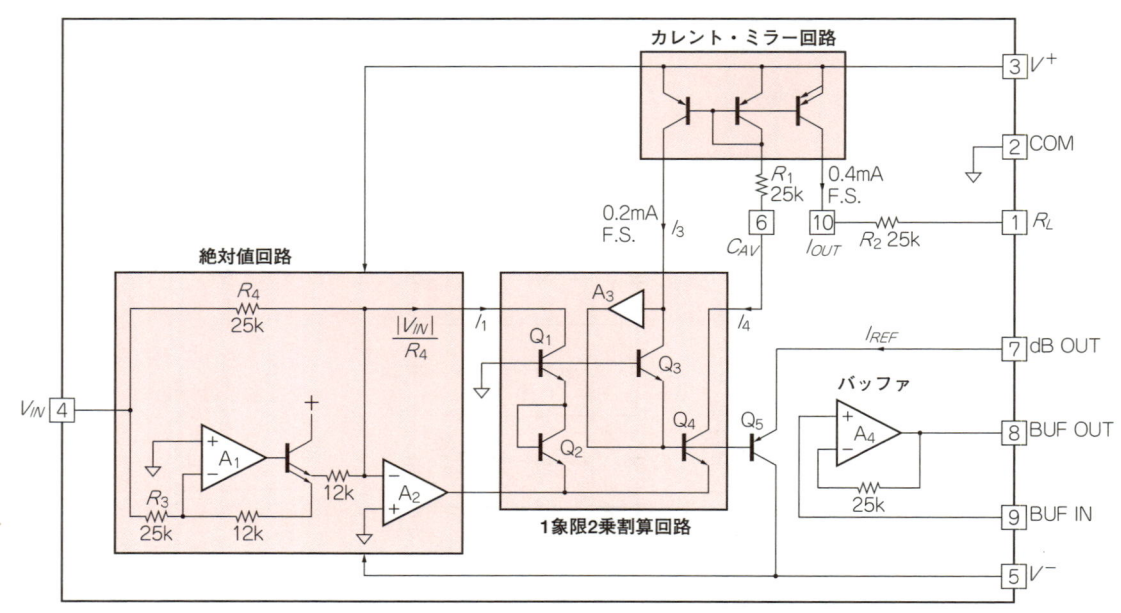

**図3.35** AD536Aの内部回路

● **RMS-DCコンバータ回路への応用**

タンタル電解コンデンサはラッシュ・カレントに弱いので，DC-DCコンバータ回路には適しませんが精度を要しないフィルタ回路ではよく使用されます．

図3.34に，RMS-DCコンバータ回路を示します．RMS-DCコンバータICにはポピュラなAD536A（アナログ・デバイセズ）を使用しています．

ここで注意するのは，平均化コンデンサ $C_{AV}$ の大きさです．これが小さいと低周波で誤差が大きくなってしまいます．入力周波数が10Hzのとき，誤差を0.1%以内にするためには $C_{AV}=5\,\mu F$ が必要です．このコンデンサは，図3.35を見るとわかるように抵抗 $R_1$ と並列につながるため，たんなるフィルタ用コンデンサとして機能します．

そこで図3.34では，4.7μFのタンタル電解コンデンサを使用することにしました．$C_{AV}$の変動はRMS-DCコンバータ回路の応答特性にも影響するので，できればアルミ電解コンデンサは避けたいところです．

〈松井邦彦〉

**引用文献**
(1) タンタル固体電解コンデンサ技術資料，松尾電機㈱，1999．
(2) 松尾電機㈱；白重道弘，出口康久，岡圭二，阿部正弘；2012サイズ・チップ・タンタル・コンデンサの低ESR化，電解蓄電器評論，Vol. 50, pp.55〜60, 電解蓄電器研究会, 1999．
(3) 松尾電機㈱，岡田一人；フィレットレス1608サイズ・チップ・タンタル・コンデンサ6.3V-10μFの開発，電解蓄電器評論；電解蓄電器研究会, 2000．
(4) 信頼性データの解析，（財）日本科学技術連盟．
(5) MIL-STD-975-L；The NASA Standard Parts List, Appendix A, Standard Parts Derating, Jan. 1994．

# 第3章 APPENDIX
# 電気二重層コンデンサ

ここでは，マイクロコンピュータのメモリ・バックアップや小型モータの駆動，発光ダイオードの点灯などに使用される大容量コンデンサ「電気二重層コンデンサ」について，原理，構造，特徴および選定方法や定格・特性などについて解説します．

## 1. 電気二重層コンデンサの基礎知識

　一般的なコンデンサは，対向する電極間に紙フェノールや白雲母，チタン酸バリウムなどの誘電体を挟み込むことにより，その材料のもつ誘電率によってコンデンサに蓄えられる静電容量が決まります．しかし，電気二重層コンデンサは，誘電体を使うコンデンサとは異なり，固体と液体の異なる2層が接したその界面に，正と負の電荷が極めて短い距離を隔てて分布することによってコンデンサを形成します．

　この界面に分布した層を「電気二重層」と呼び，これを利用したコンデンサを電気二重層コンデンサに分類します．

　電気二重層コンデンサの固体には，表面積がより大きな素材を使用することによって電気二重層を多く形成し，より大きな容量を得ることができます．そこで電気二重層コンデンサには表面積が1000 m²/g以上もある活性炭粉末や活性炭繊維を，液体には希硫酸水溶液などをそれぞれ採用すること

(a) 電圧を加えないとき

(b) 電圧を加えたとき

図3.A　電気二重層の形成

# 第3章　APPENDIX

**写真3.A　電気二重層コンデンサ「スーパーキャパシタ」**（NECトーキン兵庫）

により，従来のコンデンサの容量領域をはるかに越えたF（ファラド）単位のコンデンサを得ることができました．図3.Aは，電気二重層の原理をモデル化したもので，固体の表面にイオンが整列し電気二重層が形成されたようすです．写真3.Aに電気二重層コンデンサの例を示します．

● 電気二重層コンデンサの特徴と構造

　アルミ電解コンデンサなどと比較すると電気二重層コンデンサの静電容量は1000倍〜10000倍以上大きく，充放電回数や充放電回路も制限がないため，繰り返し長期にわたる使用が可能であり，直流回路におけるメモリ・バックアップや，太陽電池とLEDを利用した交通標識の蓄電池などへの利用が広がり，とくにメンテナンスや交換を必要としない環境に優しい製品として注目を集めています．

　なお，製品には極性表示がありますが，これは便宜的なもので実使用上は無極性です．

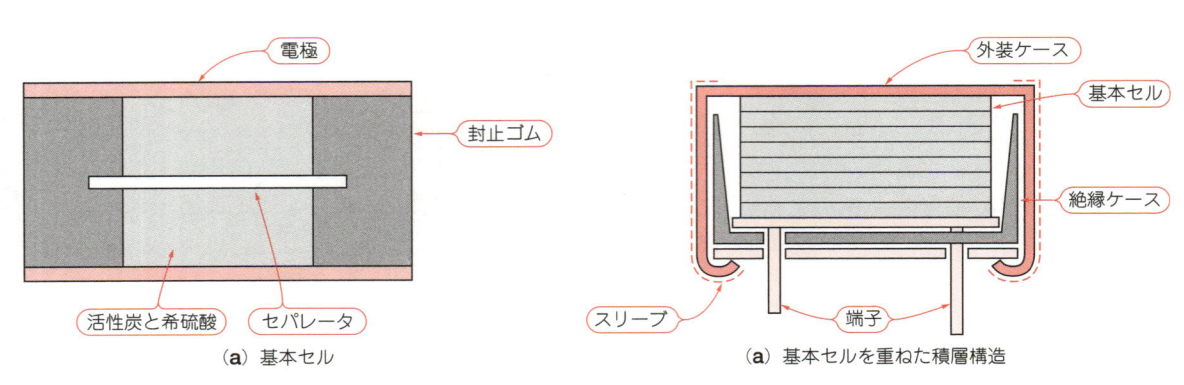

(a) 基本セル

(a) 基本セルを重ねた積層構造

図3.B　スーパーキャパシタの積層型の構造

## 1 電気二重層コンデンサの基礎知識

表3.A スーパーキャパシタの形状，用途，定格（NECトーキン兵庫）

| 形 状 | | 容 量 [F] | 定格電圧 [V] | 用 途 |
|---|---|---|---|---|
| コイン型 | | 0.1～0.3 | 2.5～30 | 携帯電話などのメモリ・バックアップ |
| 積層型 | | 0.01～10 | 2.5～18 | VTR，電話，オーディオ，FAX，プリンタなどのメモリ・バックアップ |
| 巻き型 | | 10～100 | 2.5～3.5 | LED表示の看板，おもちゃのモータ駆動用 |
| カード型 | | 0.1～0.33 | 1.6～5 | 電池パワーのアシスト |
| バッテリ型 | | 100～2000 | 2.4～14 | バッテリ・アシスト，ハイブリッド自動車 |

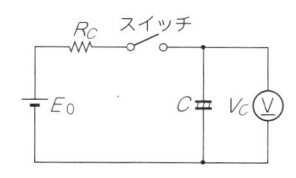

図3.C 定抵抗充電法による静電容量値の測定回路

　電気二重層コンデンサは，用途や特性によって**表3.A**のように形状が異なる製品が用意されています．構造は，型名によってそれぞれ異なります．例として，NECトーキン兵庫㈱の電気二重層コンデンサ「スーパーキャパシタ」の積層型の構造を**図3.B**に示します．

　積層型電気二重層コンデンサは，一つのコンデンサを形成するコンデンサ基本セルを数枚重ねて必要な耐圧を得る構造です．

### ● 電気二重層コンデンサの電気的特性
#### ▶静電容量

　電気二重層コンデンサは，品種によっては内部抵抗が大きく，大きな静電容量があるので，通常のコンデンサと同じ方法で静電容量を測定することはできません．そこで，電池の容量測定と同様に，直流で充放電することにより静電容量を算出します．

　ここでは，簡単に測定できる定抵抗充電法（**図3.C**）で説明します．まず，コンデンサの端子間を30分以上短絡して電位を下げます．次に，コンデンサに直列抵抗を接続して，直流電圧を加えたときの充電特性である時定数 $\tau$ を測定し，次式から静電容量 $C$ [F] を求めます．

# 第3章　APPENDIX

$$C = \tau / R_C \tag{1}$$

ただし，$\tau$：充電開始から $V_C = 0.632 E_0$ になるまでの時間［秒］

　　　　$R_C$：静電容量や形式により決まる値で，$\tau$ が約60～100秒になる抵抗値［Ω］

▶内部抵抗

　コンデンサの内部抵抗は，充放電の際に影響を与えます．とくに，放電時に電圧をドロップさせ，有効電圧を低下させるので，大電流を必要とするモータ駆動用には内部抵抗の低いコンデンサを選定することが重要です．

▶そのほかの特性

　コンデンサを長時間充電したときに，充電電流は時間の経過とともに減少しますが，さらに充電を続けると充電電流は減少せずに，ある一定値を示すようになり，これを漏れ電流と定義します．

　また，コンデンサに24時間充電し，その後24時間放置した際の保持電圧を測定し，自己放電特性と定義して電圧保持能力を表しています．

## 2.　電気二重層コンデンサの選び方

　電気二重層コンデンサを選定する際は，電圧，電流，充電時間，バックアップ時間，取り付けスペース，使用温度などの使用条件により，コンデンサ容量や内部抵抗，寸法などを考慮して選びます．

　はじめに，電気二重層コンデンサから供給する電流の大きさと，バックアップ可能時間から，**図3.D** によってシリーズを選定します．**図3.E**に，使用時の電圧変化のようすを示します．

　次に，バックアップ可能時間 $T_b$［sec］を次式で算出します．

$$T_b = \frac{C(V_0 - V_1 - V_{drop})}{I} \tag{2}$$

ただし，$C$　：静電容量［F］

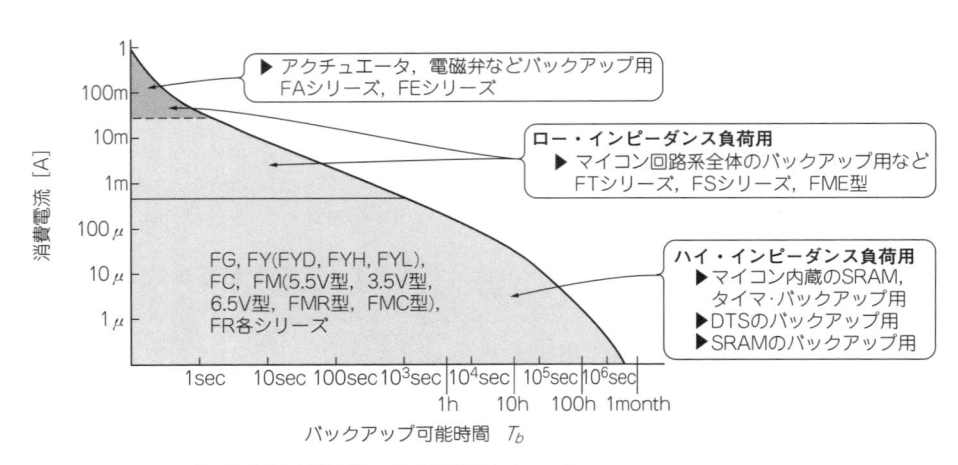

図3.D　バックアップ可能時間と消費電流による品種選定チャート

図3.E　使用時間の変化

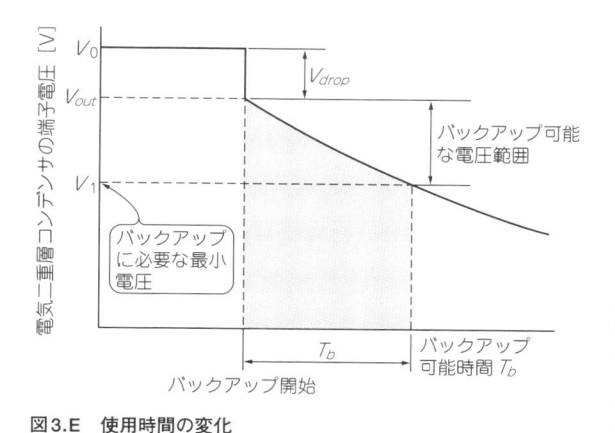

図3.F　使用環境温度と寿命時間の関係

$V_0$　：充電されている電圧［V］
$V_{drop}$　：内部抵抗による電圧ドロップ［V］
$V_1$　：最小必要電圧［V］
$I$　：電流［A］

$$V_{drop} = R_i I \quad \cdots\cdots\cdots\cdots\cdots\cdots\cdots\cdots\cdots\cdots\cdots\cdots\cdots\cdots\cdots\cdots\cdots\cdots\cdots\cdots\cdots\cdots\cdots\cdots\cdots\cdots\cdots\cdots\cdots\cdots\cdots\cdots\cdots\cdots\cdots\cdots\cdots\cdots\cdots \quad (3)$$

ただし，$R_i$　：内部抵抗［Ω］
　　　　$I$　：電流［A］

　ここで，電流値が大きいほど$V_{drop}$が大きな値を示し，その結果，$T_b$が短くなることがわかります．そこで，使用電流の大きな機器には大きな静電容量とともに，内部抵抗の低い製品を選択することが重要です．

## 3.　電気二重層コンデンサを使用する上での注意

● **製品寿命**

　電気二重層コンデンサは充電や放電に際して化学的反応を起こさないので，消耗する部品や材料はありません．したがって，充放電の回数に限度はなく，繰り返し何回も使用できます．しかし，定格電圧以上の電圧を加えると，容量の低下や内部抵抗の増大を招き，コンデンサの機能を失うので注意が必要です．

　そのほかに，使用環境温度も製品の寿命に影響を与える因子で，コンデンサの寿命を静電容量が初期値の70％に減少した時点と規定すると，使用環境温度が6～7℃上昇するごとに，寿命が半減します．

　図3.Fに，使用環境温度と寿命時間の関係を示します．型名FYD0H145Z（1.4 F）では，約＋55℃の使用環境において，連続使用約10年間で静電容量が初期値の70％に低下することがわかります．

　製品寿命は，製品の形状，シリーズ，静電容量によりそれぞれ差があるので，高温環境での使用は

選定に注意を必要とします．

電気二重層コンデンサの使用温度範囲は，通常 −25〜+70℃ですが，とくに広い温度範囲用として −40〜+85℃まで使用できる製品があり，長寿命化を図ることができます．

● 突入電流

図3.Gは定格電圧5.5 V，静電容量1 Fの製品に，直列抵抗を挿入せずに，充電を開始した場合の充電電流の時間変化です．

電気二重層コンデンサは充電・放電の電流値に規制がなく，保護抵抗を取り付ける必要がありません．しかし，充電開始直後は図3.Gのように大きな突入電流が流れるので，周辺回路の電圧低下や充電電源に影響を及ぼす可能性があります．

このような場合は，直列抵抗 $R_s$ を挿入して周辺回路を保護してください．充電電流 $I_c$ のピーク値 $I_{c\,(\text{peak})}$ ［A］は次式で算出します．

$$I_{c\,(\text{peak})} = E/(R + R_s) \quad \cdots\cdots\cdots\cdots (4)$$

ただし，$E$：供給電圧［V］
　　　　$R$：コンデンサの内部抵抗［Ω］
　　　　$R_s$：直列抵抗［Ω］

● 直列接続

電気二重層コンデンサを直列接続する場合は，接続されたコンデンサに加わる電圧が均等に配分されるような配慮を必要とする場合があります．

とくに，接続数が多い場合，コンデンサの内部抵抗の差によって充電される電圧に差が生じ，寿命に悪影響を及ぼすので，各コンデンサへ加わる電圧が定格電圧を越えないように保護抵抗などを並列に挿入します．

● 使用温度と特性

電気二重層コンデンサは広い温度範囲で使用可能ですが，温度環境によって静電容量や内部抵抗が

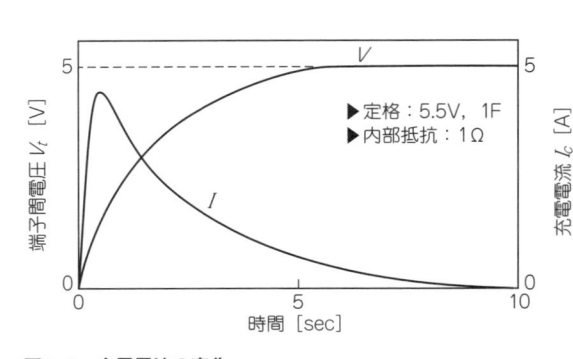

図3.G　充電電流の変化

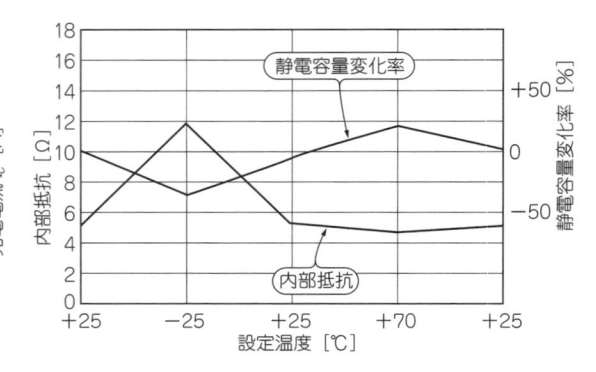

図3.H　温度サイクルをかけたときの特性変化

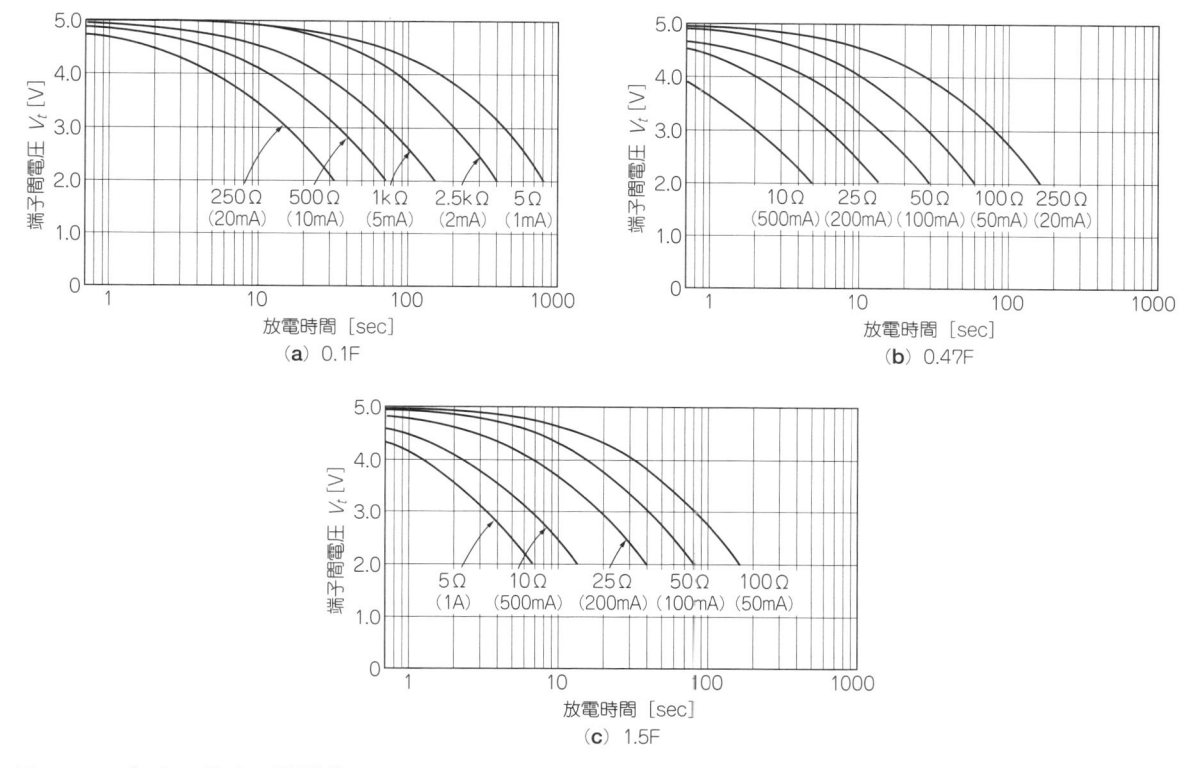

図3.I スーパーキャパシタの放電特性

変化するので設計時には配慮してください．図3.Hは，温度サイクルをかけたときの特性の変化です．

● 放電特性

スーパーキャパシタの0.1 F，0.47 F，1.5 F製品の放電特性について，放電電流と放電時間の関係を図3.Iに示します．なお，図中の抵抗値は，所定の電流値を得るために挿入した直列抵抗の値です．

## 4. 電気二重層コンデンサの使用法

電気二重層コンデンサを小電流（1 $\mu$A～100 mA，0.01～1 F）で使用する場合は，図3.J(a)に示す回路を使用します．家電製品やOA機器のメモリに記憶された内容が，不意の停電やコンセント抜けなどによる電源トラブルで消えてしまったり，自動車のセル・モータ駆動時にバッテリ電圧が低下した場合に，電気二重層コンデンサからメモリに電流を供給して，一定時間だけメモリ内容をバックアップし保護します．

また，中電流（100 m～1 A，1～100 F）で使用する場合には，図3.J(b)の回路で小型のランプを緩やかに消したり，電磁コイルやモータを一定時間動作させたりします．また，太陽電池発電による電荷

## 第3章　APPENDIX

(a) 小電流

(b) 中電流

(c) 太陽電池との組み合わせ

**図3.J**　電気二重層コンデンサの回路構成

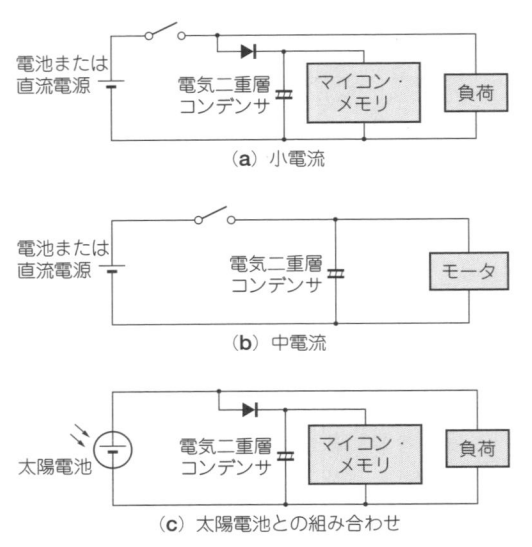

**図3.K**　写真3.Bに示す製品の100A定電流特性

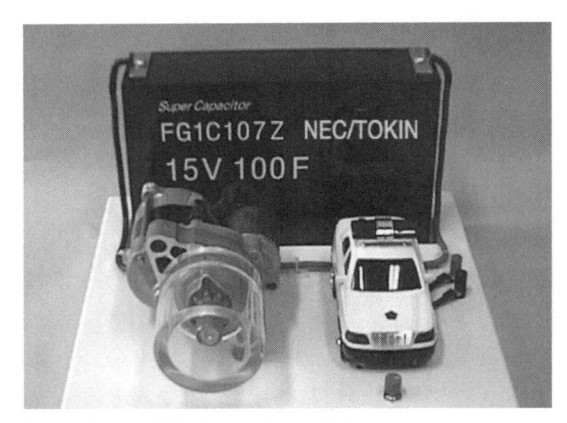

**写真3.B**　大電流用スーパーキャパシタ
（左手前は乗用車のセル・モータ，うしろは15V 100Fの製品）

を蓄積し，夜間にLED看板や道路鋲を点灯させる用途には，**図3.J**(c)のような回路を使用します．

　電気二重層コンデンサを大電流（10〜100A，100〜2000F）で使用する用途は，今後期待されるものとして，ハイブリッド自動車のモータ駆動電源や，バッテリをアシストしバッテリ寿命を延ばすなどの用途，太陽電池による発電エネルギの蓄電などの，大きなエネルギ用途への研究や開発が盛んです．

　参考までに，大電流用の15V 100F（**写真3.B**）の放電特性を**図3.K**に示します．　　　　**（黄賀啓介）**

**参考文献**
(1) NECトーキン㈱，スーパーキャパシタ使用ガイド，Vol.02．

**第一部 コンデンサの基礎と応用**

# 第4章

# コンデンサの選び方と使い方

前章までは，さまざまなコンデンサの種類と特徴などについて詳しく解説してきましたが，本章では具体的な電子回路においてどのようにコンデンサを選び，使用すればよいかについて解説します．

## 4.1 基本的なコンデンサの応用

● バイパス・コンデンサ

バイパス・コンデンサは，通常「パスコン」と呼ばれています．インピーダンスを下げるために使用します．なぜインピーダンスを下げる必要があるかというと，電源電流などは一定ではなく常に変化しており，この変化分を吸収しないと電源ラインにその変動がリプルとして加算され，きれいな直流ではなくなるからです．アナログ系回路では，そのリプル成分が信号に混入しノイズが増えてしまいます．

直流から全帯域にわたって最小のインピーダンスをもつ状態が理想ですが，単純にコンデンサを挿入しさえすればインピーダンスが下がるというものではありません．コンデンサの両端にインダクタンス成分があり，静電容量とそのインダクタンス成分により，コンデンサ固有の共振点があります．

図4.1に示したのは，各種のコンデンサのインピーダンス-周波数特性の例で，インピーダンスの谷が共振周波数です．一般に，コンデンサの容量が大きいと共振点も低い周波数になります．この共振点以上の周波数では，コンデンサとしての役割を果たさなくなります．そこで，特性の違うコンデンサを並列に接続して，なるべく広い周波数でインピーダンスを下げるようにします．

図4.2は，ある計測システムにおけるバイパス・コンデンサの使用例です．各ICのバイパス・コンデンサは，ICの電源ピンに一番近い場所に入れます．それぞれの回路で使用する周波数帯域によって，コンデンサの容量を変えています．

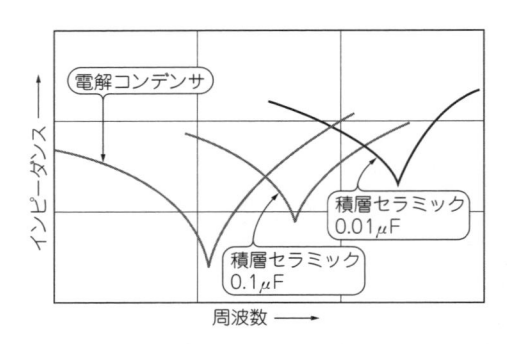

図4.1 各種コンデンサのインピーダンス-周波数特性の比較

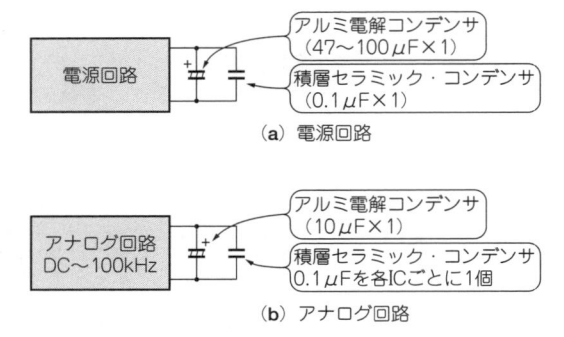

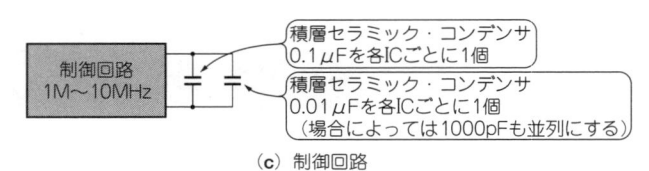

図4.2 バイパス・コンデンサの使用例

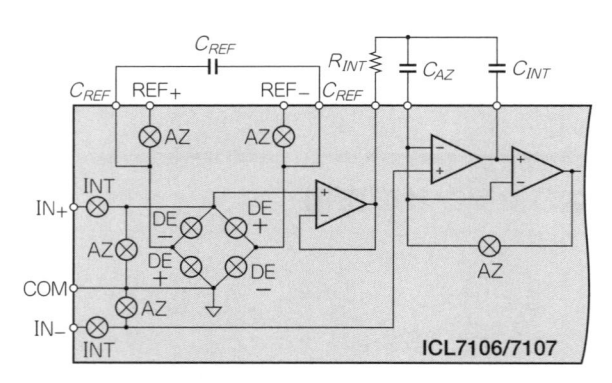

図4.3 二重積分型A-Dコンバータの入力部

● ICL7106/7107の積分回路

図4.3は，一般的な二重積分型ディジタル・ボルトメータ用ICであるICL7106/7107の積分回路部分を示したものです．ここで使用するコンデンサは，次のような考え方で選択します．

▶ $C_{REF}$は，基準電圧をAZ（オート・ゼロ）期間中に蓄積するためのコンデンサです．ここには，絶縁抵抗が高いフィルム・コンデンサが適しています．また，絶縁抵抗が高い積層セラミック・コンデンサでも使用できます．

▶ $C_{AZ}$も，AZ期間中に内部OPアンプのオフセット電圧を蓄積するためのコンデンサなので，$C_{REF}$と同様にフィルム・コンデンサが適しています．積層セラミック・コンデンサでもかまいません．

▶ $C_{INT}$は，積分コンデンサです．この用途には，誘電正接と絶縁抵抗が優れたコンデンサでなければなりません．データ・シートにはポリプロピレン・フィルム・コンデンサを使用するように書かれています．しかし，A-D変換の分解能が1/2000ということを考えると，筆者の経験では，ポリエチレ

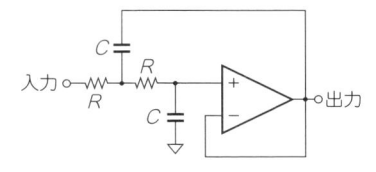

図4.4 RCによるアクティブ・フィルタ

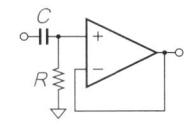

図4.5 カップリング・コンデンサ

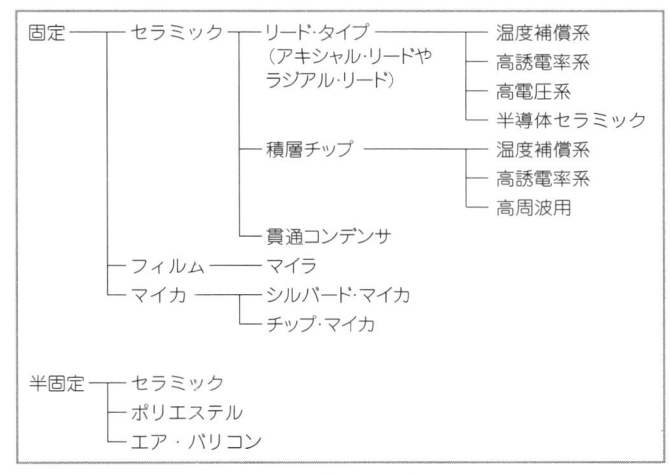

図4.6 高周波回路で使われるコンデンサの分類

ン・ナフタレート・フィルム・コンデンサまたはポリフェニレン・スルファイド・フィルム・コンデンサで十分です．これらのほうが，より小型で安価です．

● フィルタ回路のコンデンサ

図4.4は，一般的な2次のローパス・フィルタです．ここで使用するコンデンサに必要な特性は，温度係数と容量許容差です．フィルタは，容量値と計算値に差があると希望したとおりの周波数特性が得られません．しかし，計算値は中途半端な値になってしまうので，E12系列の容量を当てはめて何度かシミュレーションして特性を確認します．

筆者の場合，コスト重視で考える場合はポリエチレン・ナフタレート・フィルム・コンデンサの5％品を使用し，性能重視で考える場合はポリプロピレン・フィルム・コンデンサの1％品を使用するというように，製品により使い分けています．また，低容量のコンデンサには，主に積層セラミックのCH特性のものを使用しています．

● カップリング・コンデンサ

図4.5に示した回路はコンデンサ・カップリングですが，これは直流成分をカットするとともに6dB/octの1次ハイパス・フィルタになります．

計測回路では，商用周波数成分を減衰させたいということがよくあります．たとえば，$C = 0.1\ \mu\mathrm{F}$，$R = 10\ \mathrm{k\Omega}$のCRフィルタを前置することにより，50/60Hzを約$-10\ \mathrm{dB}$程度減衰させることができます．

（増田幸夫）

## 4.2 高周波回路におけるコンデンサの応用

図4.6は，主に高周波回路において使用されるコンデンサの種類を示したものです．また，**写真4.1**

## 第4章

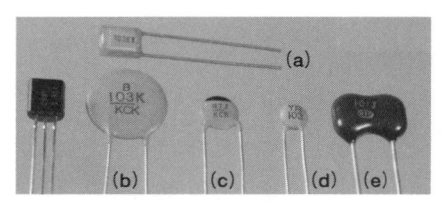

**写真4.1 高周波回路で使われるコンデンサ**
[(a)マイラ, (b)B特性セラミック(0.01 μF 50 V), (c)温度補償用セラミック, (d)半導体セラミック, (e)マイカ]

にその外観を示します．

● 高周波用コンデンサの特徴

▶セラミック・コンデンサ

　セラミック・コンデンサは，2枚の電極間に酸化チタンやチタン酸バリウムなどのセラミック誘電体を挟み込んだコンデンサです．誘電体により，温度補償用と高誘電率系に区別されています．

　表4.1に示すように，温度補償用コンデンサは特性CH～SLまでがあり，小型で大容量，経時変化が少ない，高周波特性がよいといった特徴があります．

　表4.2に示す高誘電率系セラミック・コンデンサは，誘電率をより高くして温度補償用コンデンサよりも小型化を図ったコンデンサで，温度による静電容量変化率が温度補償用コンデンサより大きく，経時変化があります．

　積層セラミック・コンデンサは，セラミックを積層状に積み重ねた構造のコンデンサのことで，チップ・セラミック・コンデンサになるとほとんどが積層構造になっています．

　半導体セラミック・コンデンサは，セラミック誘電体の両面に非常に薄い誘電体層を形成したもので，円盤径が通常のセラミック・コンデンサより一回り小さくなります．

**表4.1 温度補償用の積層チップ・セラミック・コンデンサ**(村田製作所，GRM18シリーズ)

| 特性 | 温度係数 [ppm/℃] | 使用温度範囲 [℃] | 耐圧50 V品 [pF] |
|---|---|---|---|
| CH | 0 ± 60 | −55～+125 | 0.5～2700 |
| CJ | 0 ± 120 | | |
| CK | 0 ± 250 | | |
| PH | −150 ± 60 | | 3～150 |
| PJ | −150 ± 120 | | |
| RH | −220 ± 60 | | 3～180 |
| RJ | −220 ± 120 | −25～+85 | |
| SH | −330 ± 60 | | 3～220 |
| SJ | −330 ± 120 | | |
| TH | −470 ± 60 | | 3～470 |
| TJ | −470 ± 120 | | |
| UJ | −750 ± 120 | | 3～680 |
| SL | +350～−1000 | −25～+85 | 68～680 |

(a) 温度係数

| 記号 | 許容差 | 適用範囲 |
|---|---|---|
| C | ± 0.25 pF | 10 pF 以下 |
| D | ± 0.5 pF | |
| J | ± 5% | 10 pF 超 |
| K | ± 10% | |
| M | ± 20% | |
| Z | +80%, −20% | |

(b) 静電容量許容差

表4.2 高誘電率系の積層チップ・セラミック・コンデンサ(村田製作所, GRMシリーズ)

| 特性 | 容量変化率 [%] | 温度範囲 [℃] | 使用温度範囲 [℃] | サイズごとの容量範囲 [F] | | |
|---|---|---|---|---|---|---|
| | | | | 1608 | 2012 | 3216 |
| B | ±10 | −25〜+85 | −25〜+85 | 220 p〜1 μ | 0.33 μ〜4.7 μ | 0.1 μ〜10 μ |
| R | ±15 | −55〜+125 | −55〜+125 | 220 p〜0.15 μ | 0.022 μ〜1 μ | 0.15 μ〜2.2 μ |
| F | +30, −80 | −25〜+85 | −25〜+85 | 0.01 μ〜0.015 μ | 0.1 μ〜4.7 μ | 0.47 μ〜10 μ |
| Y5V | +22, −82 | −30〜+125 | −30〜+85 | 4700 p | — | — |

表4.3 高周波用積層チップ・セラミック・コンデンサ(村田製作所)

| 型名 | サイズ | 静電容量範囲 [F] | | | | |
|---|---|---|---|---|---|---|
| | | 50 V | 100 V | 200 V | 300 V | 500 V |
| ERF1DM | 1414 | 0.5 p〜100 p | — | — | — | — |
| ERF22X | 2828 | 750 p〜1000 p | 510 p〜680 p | 220 p〜470 p | 110 p〜200 p | 0.5 p〜100 p |

注:温度係数:CH(+25〜+125℃), 使用温度範囲:−55〜+125℃.

表4.4 チップ・マイカ・コンデンサ(双信電機)

| サイズ | 型名 | 静電容量範囲 [pF] | |
|---|---|---|---|
| | | 100 V | 500 V |
| 2012 | UC12 | 0.5〜43 | — |
| 3225 | UC23 | 43.5〜430 | 0.5〜150 |
| 4532 | UC34 | 240〜820 | 91.5〜470 |
| 5750 | UC55 | 820〜2000 | 470〜1200 |

表4.5 ポリエステル・フィルム・コンデンサ(ニチコン, YXタイプ)

| 項目 | 値 |
|---|---|
| 使用温度範囲 | −40〜+85℃ |
| 直流定格電圧 | 50 V, 100 V |
| 静電容量許容差 | ±5%(J), ±10%(K) |
| 絶縁抵抗 | 30 GΩ以上 |
| 静電容量範囲 | 0.001 μ〜0.47 μF |
| 電極 | 金属箔 |

 このほか,表4.3に示す低損失の誘電体を使用した高周波用積層セラミック・コンデンサもあります.VHF〜マイクロ波で使用することを想定し,携帯電話などの送信出力回路などにターゲットを合わせた製品です.

▶マイカ・コンデンサ

 誘電体にマイカ(雲母)という自然素材を使用したコンデンサで,安定で低損失です.ESRが小さいために損失が少なく,送信出力回路で使用した場合は発熱が少なくすみます.経時変化や温度係数も少ないため,精度や安定度を必要とする回路にも使用されます.表4.4に示すようなチップ・タイプのマイカ・コンデンサも発売されています.

▶マイラ・フィルム・コンデンサ

 マイラ・フィルム・コンデンサは,ポリエステル・フィルム・コンデンサの商品名で,最近はあまり使用されなくなった455 kHzの中間周波数回路などの1 M〜4 MHz以下の回路で使用されていました.フィルムを電極でサンドイッチして巻いてあるためインダクタンス成分が多く,高い周波数では使用できません.しかし,温度変化が少なく安定したコンデンサです.表4.5に,マイラ・フィルム・コンデンサの定格例を示します.

▶貫通コンデンサ

 写真4.2に示す貫通コンデンサは,シールド・ケース内に電源や配線を供給するときに使用するバイ

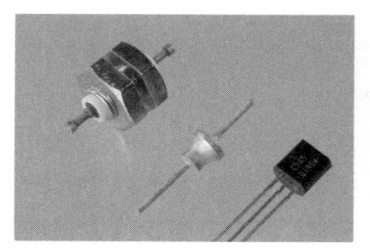

# 第4章

写真4.2 貫通コンデンサ

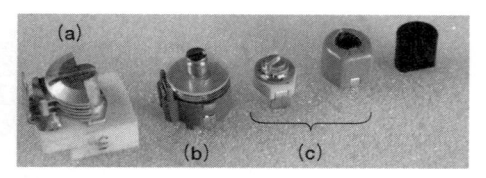

写真4.3 トリマ・コンデンサ
[(a)エア・トリマ, (b)フィルム・トリマ, (c)セラミック・トリマ)]

パス・コンデンサです．コンデンサ自体はセラミック・コンデンサであり，外部電極と中心端子間にコンデンサが形成されていて，端子に重畳してきた高周波成分をグラウンドにバイパスします．

▶トリマ・コンデンサ

トリマ・コンデンサは，静電容量を可変できるように作られたコンデンサです．**写真4.3**に示す3種類のトリマ・コンデンサが代表的なものです．通信機では，セラミック・トリマとエア・トリマが主に使われています．セラミック・トリマは周波数の調整用に，エア・トリマは送信高出力回路などに使われています．ただし，摺動部分をもつ部品は，(固定コンデンサの10倍くらい)故障率が高いので限定的に使用します．

● 高周波回路でのバイパス・コンデンサ

バイパスの役割はラインの高周波電流成分をグラウンドに流し，その部分の高周波インピーダンスを下げることです．その回路で取り扱う周波数に対して効果的な容量を選択します．

**図4.7**に示したのは，セラミック・コンデンサのインピーダンス-周波数特性です．この図を見るとわかるように，特定の周波数でディップし，それ以降はインピーダンスが上昇しています．これは，コンデンサが静電容量成分だけで構成されていないからで，**図4.8**に示す等価回路のように$L$成分と$R$成分が存在します．この$LC$により自己共振(直列共振)を起こしてディップ点が生じます．共振点から上の周波数は誘導性になるため，自己共振点より低い周波数でしかコンデンサとして働きません．

**図4.9**のような帯域の狭い単一周波数を扱う増幅器では，その周波数成分だけを考慮します．この例

(a) CH特性(GRM40)

(b) B特性およびF特性(GRM40)

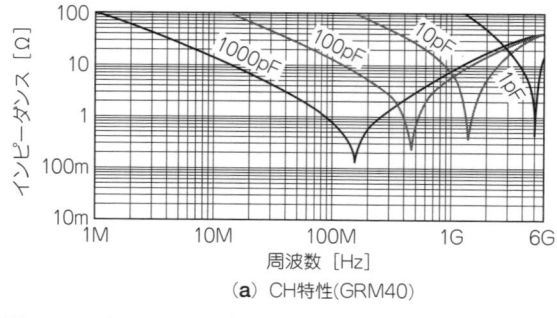

図4.7 セラミック・コンデンサのインピーダンス-周波数特性

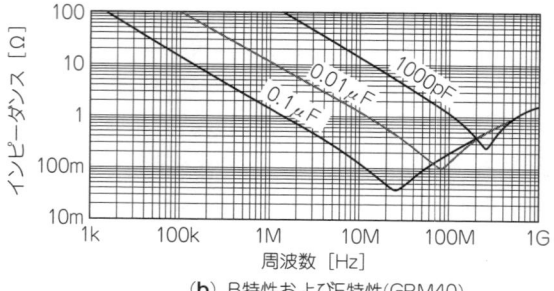

## 4.2 高周波回路におけるコンデンサの応用

では455 kHzなので，0.047 μ〜0.1 μFを選択し，数Ω以下のインピーダンスで高周波的に接地します．

● 高周波回路でのデカップリング・コンデンサ

デカップリング・コンデンサはバイパス・コンデンサの一種ですが，回路ブロック間の結合を阻害する働きをするためデカップリングと呼ばれます．電源ラインのコンデンサがこれにあたります．こちらは必要に応じて数種類のコンデンサを並列に接続します．電源やグラウンド・ラインは選択特性がないため，幅広い帯域で結合が発生する可能性があるためです．

図4.10に示したのは，2.45 GHz帯のパワー・アンプ回路です．出力側を考えると，$C_{13}$がバイパス・コンデンサで，$C_6$と$C_7$と$C_{12}$はデカップリング・コンデンサの役割を果たします．このアンプは広帯

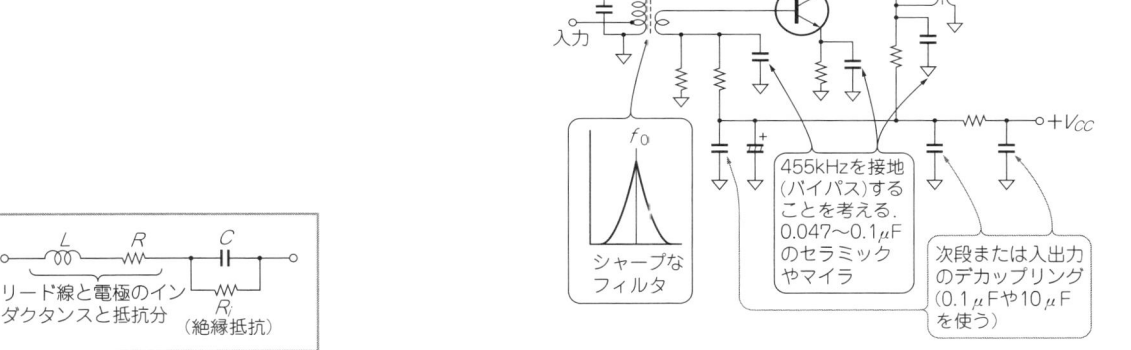

図4.8 コンデンサの等価回路

図4.9 単一周波数だけを増幅する回路

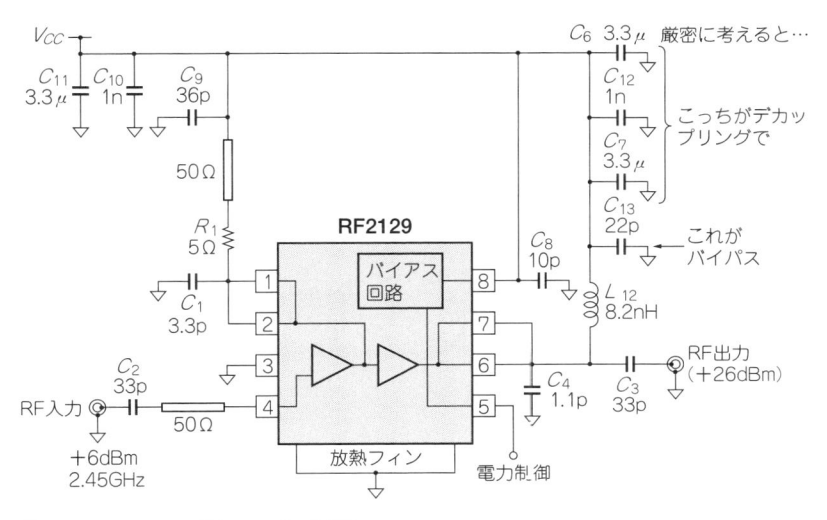

図4.10 2.45 GHzパワー・アンプ回路

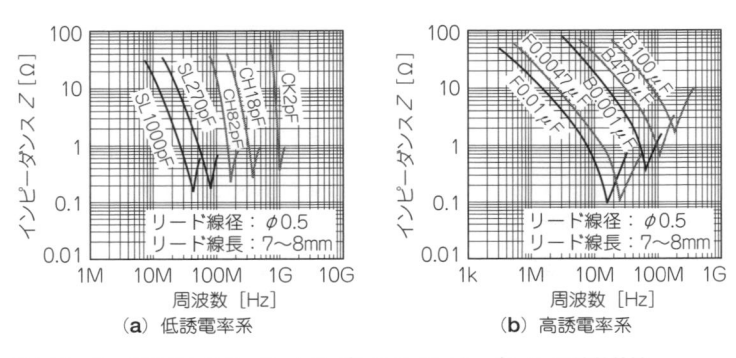

図4.11 リード付きセラミック・コンデンサのインピーダンス-周波数特性

域なので，低い周波数帯のインピーダンスも下げて回り込み対策をしています．

バイパス・コンデンサでは，リード部分に相当するインダクタンス成分(ESL)も大きく影響します．

さて，**図4.11**にリード付きセラミック・コンデンサのインピーダンス-周波数特性を示します．1000 pFの特性を前述したチップ・コンデンサのものと比較すると，自己共振周波数が半分になっています．これからもチップ形状のコンデンサが良好な性能をもつことがわかると思います．しかし，チップ・コンデンサも電極部分にわずかのESLが残ります．もっとも残留ESLが少ないのが貫通コンデンサの構造です．表面実装用3端子コンデンサ(貫通コンデンサと同じ)がEMC対策に使用されるのはこのためです．

● 共振回路には温度補償用コンデンサを使う

**図4.12**に示すような回路で，温度によって静電容量が変化して欲しくない場合，つまりカップリングや共振回路には温度補償用コンデンサを使用します．温度補償用コンデンサには，温度係数により**表4.1**のような種類があります．マイナス係数が多いのは，$L$の温度係数と相殺するためです．$LC$共振回路を構成する場合に，$L$はプラスの温度係数なので，コンデンサにマイナスの温度係数をもたせて温度が広範囲に変化しても共振周波数の変動を最小限に抑えるためです．たとえば，並列共振回路の$L$の温度係数が+300 ppm/℃なら，$C$には-300 ppm/℃のものを使います．

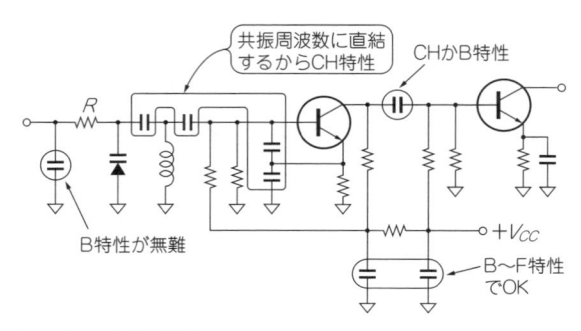

図4.12 *LC*発振回路

図4.13 高誘電率系セラミック・コンデンサ(50 V品)の静電容量-温度特性

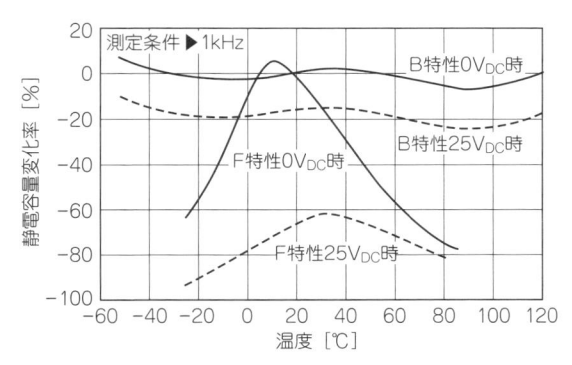

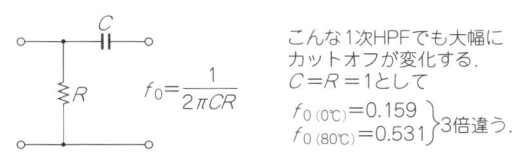

図4.14 カットオフ周波数の変化

こんな1次HPFでも大幅にカットオフが変化する．$C=R=1$として
$f_{0(0℃)}=0.159$
$f_{0(80℃)}=0.531$
3倍違う．

$$f_0 = \frac{1}{2\pi CR}$$

● 高誘電率系セラミック・コンデンサの使用上の注意

サイズとコストと静電容量の条件が折り合えば，温度補償用コンデンサを使用すれば問題は少ないのです．しかし，温度補償用コンデンサは低誘電率なので，同じパッケージ・サイズでは小さな容量しか用意されていません．したがって，サイズと静電容量のトレードオフから高誘電率系を選択するときは下記の点に注意します．

▶ 温度特性

高誘電率系セラミック・コンデンサの温度特性を，図4.13に示します．同サイズなら静電容量が大きくなるにつれて温度変化率が大きくなります．周波数特性では，DCバイアスが0Vのときは80℃で－70％です．このコンデンサを図4.14のカップリングで使用したら，カットオフ周波数が大幅に変動してしまうでしょう．

温度特性選択の一案を表4.6に示します．

▶ 電圧ひずみ

高誘電率系のコンデンサはコンパクトですが，使用する上で注意すべきことがあります．それは，加える電圧によって容量が変化することです．図4.15に示したのは，直流を加えたときの静電容量変化の特性です．DC20Vに対してB特性で15％，周波数特性では60％減少します．電圧変動の大きな

表4.6 温度特性を選択する例

| 用 途 | セットの動作温度範囲 | 特 性 |
|---|---|---|
| 共振回路 | — | C特性 |
| カップリング | — | B特性まで |
| バイパス | 0〜+50℃ | F特性までOK |
| | －20〜+70℃ | B特性までOK F特性なら多めに配置 |

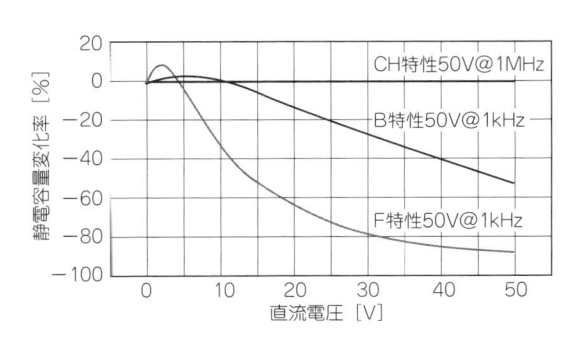

図4.15 静電容量の電圧特性

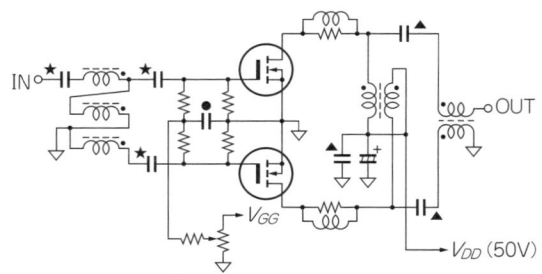

- バイパス・コンデンサ
★ 入力回路コンデンサは温度特性だけ重視
▲ 出力回路コンデンサは高耐圧が必要（500V耐圧を数個並列）

**図4.16 高周波パワー・アンプでのコンデンサの使い分け**

箇所に使用すると，波形ひずみの原因となります．また，交流振幅の変化だけでも容量は数％変化します．

● 高周波高出力回路のコンデンサ

送信用などの高出力回路では，コンデンサを通過する高周波電流が問題になります．コンデンサは高周波電流が流れると損失による自己発熱が発生しますが，これを含めて使用温度範囲以内にしなければなりません．

そのため，高出力送信回路での共振回路，カップリングに使うコンデンサは損失が少なく，かつ温度変動で共振周波数が変化しないように温度係数が少ない中高圧用セラミックかマイカ・コンデンサ，周波数が高ければ高周波用積層セラミック・コンデンサを使用します．1個で電流容量が取れないときは並列接続して発熱を防ぎます．

図4.16に示したのは，送信用パワー・アンプにおいてコンデンサを使い分けた例です．

（伊勢蝦 鶴蔵）

## 4.3 パワー回路におけるコンデンサの応用

● パワー回路用コンデンサの特徴

パワー回路に使用するコンデンサには，次のような性能が求められます．

(1) 電流容量が大きいこと

パワー回路には，1A以上の大きな電流が流れることが普通の使用状態ですから，電流容量が大きいことは，絶対必要条件です．

コンデンサの場合，電流容量とはいわずに「許容リプル電流」と表示していることが多いのですが，この言葉のルーツは整流回路と思われ，歴史を感じさせます．

(2) 損失が少ないこと

大電流が流れるので，誘電体損などの損失が少ないことも非常に大切です．すなわち，ESRの小さ

いことが求められます．損失が大きいと発熱を招きます．筆者が調べたところでは，ESRはおおむね7 mΩから200 mΩ程度です．個別の製品によって異なりますが，だいたい下記の順になるでしょう．

　電解コンデンサ＞OS-CON＞ポリプロピレン・コンデンサ≒積層セラミック・コンデンサ

　後で実測結果を紹介しますので，参照してください．ただし，低ESRであることはコンデンサの長所ですが，コンデンサの評価基準はそれだけではありません．

(3) 高耐圧であること

　パワー回路では使用条件が100 V以上になることも多いので，耐圧が高いことが必要になります．また，外装の絶縁抵抗も耐圧に伴って高くなっています．

(4) 大容量品が多い

　パワー回路では，一時的にエネルギを貯める働きがコンデンサに求められるので，10 μF以上の大容量コンデンサが主です．

(5) 高精度品はない

　小信号用，たとえばフィルタ回路に使うような高精度のものはパワー回路用にはありません．大電流容量，高耐圧，大容量を満足させると高精度を求めることは難しいと思われます．

　パワー回路用コンデンサの主なメーカを**表4.7**にまとめました．

▶ セラミック・コンデンサ (**写真4.4**)

　普通のセラミック・コンデンサですが，パワー回路では中高圧コンデンサ(1 k～3 kV程度)がスナバ回路などに使われます．高周波特性のよいことが特徴です．

▶ 積層セラミック・コンデンサ (**写真4.5**)

　普通のバイパス・コンデンサと同様の積層構造をもつセラミック・コンデンサです．電流容量も大きく低ESRで低ESLです．直流電圧が加えられると容量が変化するものもあります．これは使用している誘電体の性質によるもので，必ずしも欠点ではありません．

▶ ポリプロピレン・フィルム・コンデンサ (**写真4.6**)

　フィルム・コンデンサは，一般にパワー回路には使えないものが多いのですが，例外はポリプロピレン・コンデンサです．構造は，メタライズドが大半ですが，箔タイプもあります．電流容量が大き

**表4.7　パワー回路用コンデンサのメーカと問い合わせ先**

| メーカ | 電話番号 | URL |
|---|---|---|
| 三洋電機㈱　電子デバイスカンパニー | (072) 870-6310 | http://www.secc.co.jp/ |
| 新日本特電機㈱ | (026) 247-4545 | (なし) |
| 双信電機㈱ | (03) 5730-8001 | http://www.soshin.co.jp/ |
| TDK㈱　コンデンサ事業部 | (03) 5201-7226 | http://www.tdk.co.jp/tjfx01/ |
| ニチコン㈱ | (075) 231-8461 | http://www.nichicon.co.jp/ |
| 日本ケミコン㈱ | (03) 5436-7711 | http://www.chemi-con.co.jp/ |
| ニッセイ電機㈱ | (03) 3442-8151 | http://www.nissei-denki.co.jp/ |
| 日本電気㈱　エネルギーデバイス事業部 | (03) 3798-9628 | http://www.ic.nec.co.jp/compo/cap/ |
| 松下電器産業㈱　精密キャパシタ事業部 | (06) 6968-7171 | http://www.maco.panasonic.co.jp/eccd/ |
| 松尾電機㈱ | (06) 6332-0871 | http://www.ncc-matsuo.co.jp/ |
| ㈱村田製作所 | (075) 951-9111 | http://www.murata.co.jp/ |

第4章

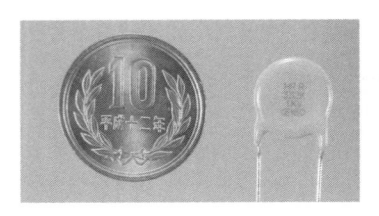

写真4.4 パワー回路用セラミック・コンデンサ

写真4.5 パワー回路用積層セラミック・コンデンサ

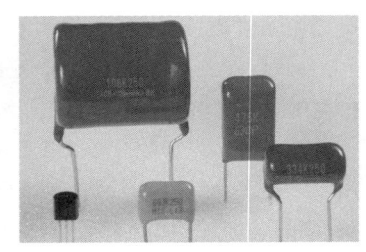

写真4.6 パワー回路用ポリプロピレン・フィルム・コンデンサ

く，低ESRです．また，耐圧3kV以上の製品も用意されています．少し温度に敏感で，その温度特性を上手に使う回路もありますが，使用するにあたっては注意を要します．

▶アルミ電解コンデンサ

アルミ電解コンデンサは一般的な有極コンデンサで，整流回路の必需品です．一般品や低インピーダンス品，高耐圧品，大容量品など，種類も豊富です．リプル電流や使用温度によって，寿命が変化する有寿命の回路部品です．静電容量が温度によって多少変化するので，容量が問題となる回路には使用できません．

▶有機半導体アルミ固体コンデンサ

「OS-CON」の名前で広く知られています．有極で電流容量が大きく，低ESR，低ESL，つまり低インピーダンスです．高耐圧のものや大容量のものはありません．過電圧，過大リプル電流，急速充放電に弱いところが弱点です．

● 許容リプル電流以下で使う

コンデンサに流す電流は，許容リプル電流以下で使用します．許容リプルを越えると，単に損失が増えるだけでなく，寿命が短くなる，発熱する，最悪は焼損するといった事態もあり得ます．違う言い方をすると，大電流が流れる回路には許容リプル電流の大きなコンデンサを選ぶことです．最大回路電流は，実効値で許容リプル電流の70％程度以下に選ぶのが目安です．

また，調整では必ずコンデンサの電流を波形を含めて測定し，記録しておくと後で役に立ちます．許容リプル電流は，カタログなどには実効値で示してあるのが普通です．しかし，実際は正弦波が流れる回路ばかりではなく，カレント・プローブとオシロスコープを使っても，簡単に測定できるわけではありません．その際，クレスト・ファクタ(波高率：波形のピーク値と実効値の比)の一覧表を手元に置いておくと便利です．

● 耐圧以下で使う

コンデンサに加わる電圧は，コンデンサの定格以下で使います．これも当然です．定格を大きく越えると，大きな音がして，かなり派手に破損します．破損すればすぐ原因に気づくので，不幸中の幸いです．

しかし，セラミック・コンデンサは，耐圧以上の電圧が加わっても破損し難く，試験や調整中も気

## 4.3 パワー回路におけるコンデンサの応用

づかない場合があります．ですから必ず測定して，問題がないことを確認してください．

● 振動させない

コンデンサの取り付け方法にもよるのですが，時としてコンデンサが振動することがあります．これはパワー回路特有の現象と思われます．空冷ファンが回っていると気づかないこともあるので，これも調整中の確認事項の一つです．最悪の場合，コンデンサのリード線が断線します．振動する場合は，シリコン樹脂などでポッティングしましょう．

● パワー回路のコンデンサの周波数特性を測定する

図4.17に示す回路で，インピーダンスの周波数特性を測定しました．

▶ コンデンサの周波数特性はV字谷

コンデンサを$RCL$の直列等価回路で近似すると，その周波数特性はいわゆる「V字谷」の形になります．その谷の一番深い点がESRです．とはいえ，V字谷といっても，そのESRの大きさによって，鍋底形になったりしてV字の形が変化します．

▶ アルミ電解コンデンサの周波数特性

一般品と低インピーダンス品の2種類のアルミ電解コンデンサを測定してみました．図4.18に示す特性は，V字というより鍋底に近いものになっています．低インピーダンス品は確かに一般品よりESRは低いのですが，それでも1Ωに対して$-18$ dB程度，つまり120 mΩです．

また，「鍋底」の値が一定ではありません．つまり，ESRが周波数によって変化しているわけです．抵抗が周波数によって変化するとは妙な表現ですが，これが現実です．または，$RCL$の直列等価回路では表現できない要素があるといえるでしょう．

▶ OS-CONの周波数特性

OS-CONは，図4.19に示すように綺麗な「V字谷」の形をしています．ESRも1Ωに対して$-30$ dB以下ですから，32 mΩ以下です．かなりの低ESRといってよいでしょう．一般に，低ESRのコンデン

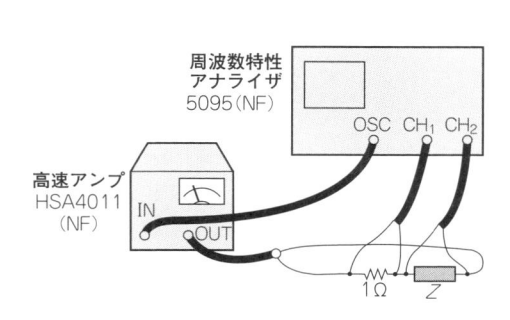

図4.17 周波数特性の測定回路

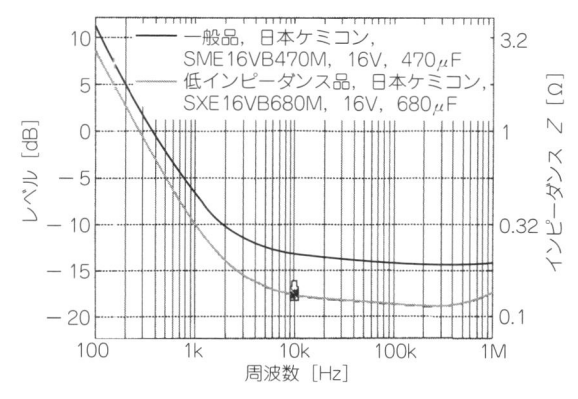

図4.18 アルミ電解コンデンサの周波数特性

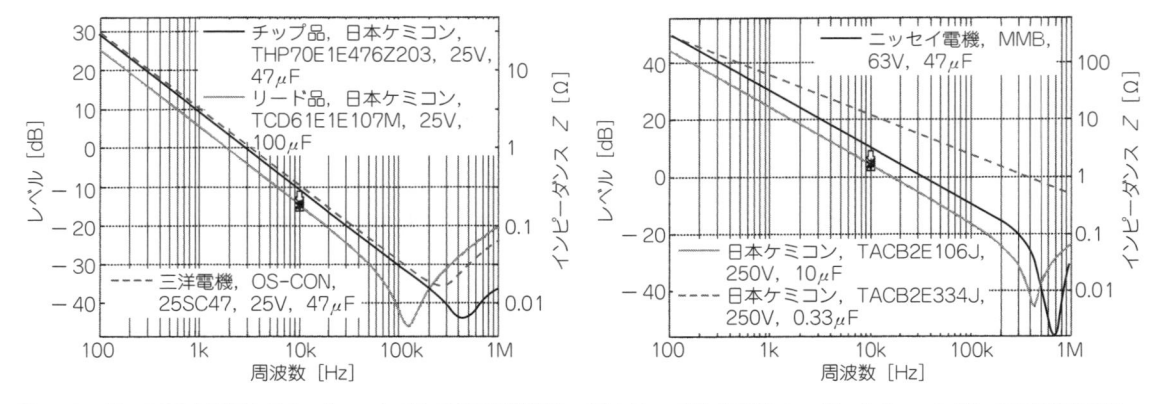

**図4.19** OS-CONと積層セラミック・コンデンサの周波数特性　　**図4.20** ポリプロピレン・フィルム・コンデンサの周波数特性

サの周波数特性は，きれいなV字型の特性になります．

▶積層セラミック・コンデンサの周波数特性

**図4.19**を見てすぐ気づくことは谷の深さです．リード・タイプとチップ・タイプの2種類を測定しましたが，いずれも－40 dB（10 mΩ）以下になっています．つまり，非常にESRが小さいことがわかります．これが大きな特徴です．これも温度特性が気になるので，使用する際は，温度試験をして確認してください．

▶ポリプロピレン・コンデンサの周波数特性

**図4.20**に示すように，0.33 μFのほうは谷が1 MHz以上の点にあってESRは不明です．4.7 μFや10 μFのほうは，「V字谷」の形が積層セラミックに似ています．ESRも－40 dB（10 mΩ）以下で，非常に低くなっています．

積層セラミック・コンデンサやこのポリプロピレン・コンデンサのように，非常に低ESRのコンデンサの周波数特性は「谷底がとがった」形になります．

〈瀬川　毅〉

# 第二部　抵抗器の基礎と応用

# 第5章　チップ抵抗器

長い間，抵抗器といえばリード実装タイプの炭素皮膜抵抗器や金属皮膜抵抗器が主流を占めていましたが，現在では電子機器の小型化，省電力化が進み面実装タイプのチップ抵抗器が主流になっています．

本章では，抵抗器のなかでもっとも生産量の多いチップ抵抗器について解説します．

## 5.1　チップ抵抗器の概要

1988年にチップ抵抗器の生産比率が全抵抗器の生産量の50％を越えて以来，毎年比率が上がり続け10年余りで90％強になりました．とくに近年になって数量が拡大している要因は，携帯電話や小型携帯機や車載電装機器への使用の伸びであり，この影響で抵抗器の小型化も進みました．さらに，現在の最小サイズである0.4×0.2 mmのチップ抵抗器も使用されています．さらに小型のチップ抵抗器も開発されています．

### ● チップ抵抗器の分類と用途

固定抵抗器を大別すると，図5.1のように分類できます．実装方法では，面実装（チップ）タイプとリード実装タイプがあります．次に，形状で分けると面実装タイプでは角形，円筒形（MELF），ネットワーク型などがあります．また，抵抗皮膜としてはメタル・グレーズ皮膜，金属皮膜，炭素皮膜，金属板などがあります．

リード実装タイプでは，小型，大型，挿入型などの形状があり，抵抗材料として金属皮膜，炭素皮膜，酸化金属皮膜，金属線，メタル・グレーズ，ソリッドなどがあります．

形状や抵抗材料にはそれぞれ特徴があり，使用する場合には最適な抵抗器を選択する必要がありま

## 第5章

```
実装方法    形状        抵抗皮膜
面実装 ─┬─ 角形 ──┬── メタル・グレーズ皮膜
        │         ├── 金属皮膜
        │         └── 金属板
        ├─ 円筒形 ┬── メタル・グレーズ皮膜
        │         ├── 金属皮膜
        │         └── 炭素皮膜
        └─ ネットワーク型 ┬── メタル・グレーズ皮膜
                          └── 金属皮膜
リード実装 ┬─ 小型 ──┬── 金属皮膜
           │         └── 炭素皮膜
           ├─ 大型 ──┬── 金属皮膜
           │         ├── 炭素皮膜
           │         ├── 酸化金属皮膜
           │         ├── 金属線
           │         └── 金属板
           └─ 挿入型 ┬── メタル・グレーズ皮膜
                     ├── ソリッド
                     ├── 炭素皮膜
                     └── メタル・グレーズ皮膜
```

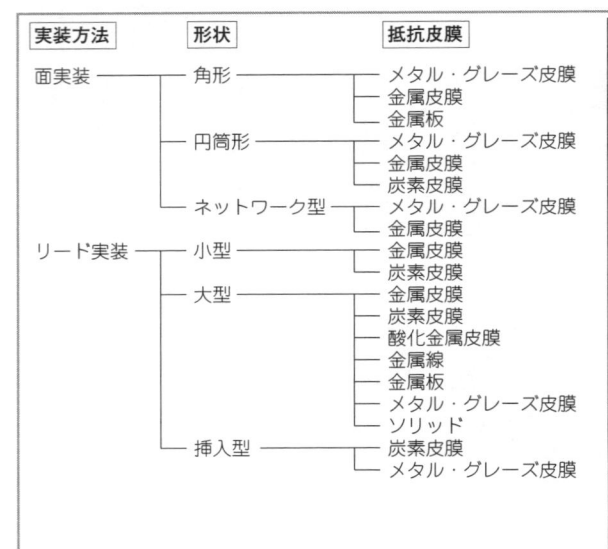

**メタル・グレーズ皮膜抵抗器**：抵抗体として金属や金属酸化物とガラスを混合し，高温で焼結させたもの．チップ抵抗器の主流になっている．

**炭素皮膜抵抗器**：抵抗体として炭素皮膜を磁器の表面などに成形したもの．リード実装タイプは，カーボン抵抗器とも呼ばれ一般的な小電力用としてこれまでもっとも多く使用されてきた抵抗器．

**金属皮膜抵抗器**：炭素皮膜抵抗器の炭素皮膜の代わりに，抵抗材料としてニッケル-クロムなどの金属材料を使用したもの．炭素皮膜抵抗器に比べると温度特性や電流雑音，直線性に優れており，高精度な抵抗を作ることができる．

**酸化金属皮膜抵抗器**：金属皮膜抵抗器の金属皮膜の代わりに，抵抗材料として酸化スズなどの酸化金属を使用したもの．酸化金属の皮膜が熱によって燃焼することがないため，数W程度の中電力用として多く用いられる．燃焼せずに発熱するため，実装には注意が必要．

**ネットワーク抵抗器**：複数個の抵抗器を一つのパッケージにまとめたもので，部品点数の削減，省力化，高密度化などに適している．

**ソリッド抵抗器**：炭素粉と樹脂を混合し，固形化した抵抗器．高耐圧・高抵抗のものを作ることができるため，電源回路などに使用されていたが，現在ではあまり使用されていない．

図5.1　固定抵抗器の分類

```
0603 ( RK73  1H  )
1005 ( RK73  1E  )
1608 ( RK73  1J  )
2012 ( RK73  2A  )
3216 ( RK73  2B  )
3225 ( RK73  2E  )
5025 ( RK73  W2H )
6332 ( RK73  W3A )
```

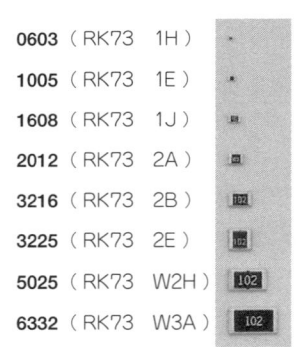

写真5.1　各種サイズの角形チップ抵抗器

す．

　本稿では，メタル・グレーズ皮膜のチップ抵抗器を「角形チップ抵抗器」，金属皮膜のチップ抵抗器を「角形金属皮膜チップ抵抗器」と呼びます．なお，メタル・グレーズ皮膜は，金属や金属酸化物とガラスを混合し，高温で焼結させたものです．

　チップ抵抗器は，いろいろな分野の電子機器に使用されています．使用される回路により電力，特性，性能を考慮して適切なタイプを選択して使用します．

　汎用品として使われているのは，**写真5.1**に示すメタル・グレーズ皮膜の角形チップ抵抗器です．ほかの品種は限られた用途で使われます．

## 5.2 チップ抵抗器の基礎知識

● チップ抵抗器の構造と特徴

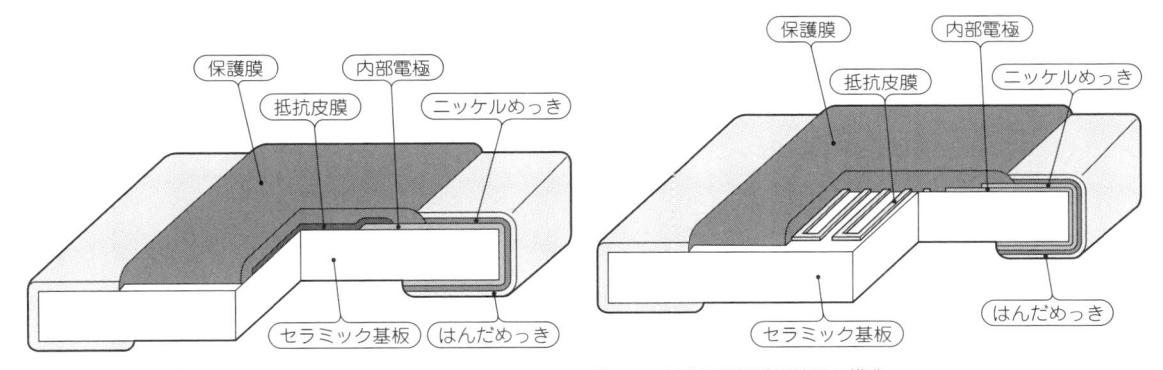

　図5.2に角形チップ抵抗器の構造を，図5.3に角形金属皮膜チップ抵抗器の構造を，そして図5.4にチップ・ネットワーク抵抗器の構造を示します．ネットワーク抵抗器は，複数個の抵抗器を一つのパッケージにまとめたものです．これらの図を見るとわかるように，セラミック基板の上に内部電極と抵抗体があり，その上に保護膜が形成されています．電極（表面，側面，裏面）には，はんだ付けが可能なようにめっきが施してあります．

　角形チップ抵抗器とチップ・ネットワークは，内部電極と抵抗体にメタル・グレーズ皮膜を使用しています．また，角形金属皮膜チップ抵抗器は，内部電極と抵抗体に薄膜金属を使用しています．

　次に，角形チップ抵抗器の寸法を表5.1に示します．小型になるほど，寸法ばらつきを抑えないと実装時のトラブルが増えるため，寸法精度を上げています．

　表5.2に，それぞれのチップ抵抗器の特徴をまとめました．角形チップ抵抗器はサイズの種類が多く，汎用品として使われています．また，角形金属皮膜チップ抵抗器は高精度・高性能でノイズが小さい

図5.2　角形チップ抵抗器の構造

図5.3　角形金属被膜抵抗器の構造

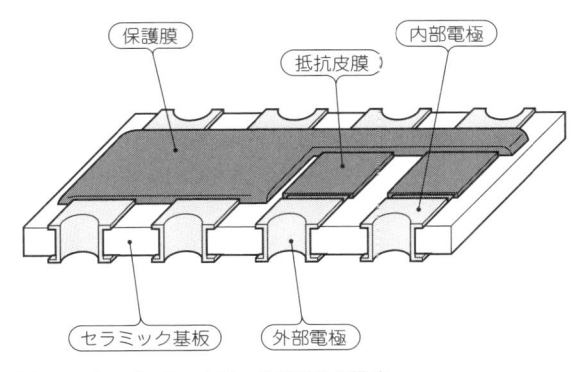

図5.4　チップ・ネットワーク抵抗器の構造

## 第5章

表5.1 角形チップ抵抗器のサイズ名と寸法(参考)

| サイズ名 | 型名 | $L$ [mm] | $W$ [mm] | $C$ [mm] | $d$ [mm] | $t$ [mm] | 重量 [g]<br>(1000個) |
|---|---|---|---|---|---|---|---|
| 0402 | RK73 1F | 0.4 ± 0.02 | 0.2 ± 0.02 | 0.1 ± 0.03 | 0.11 ± 0.03 | 0.13 ± 0.02 | 0.04 |
| 0603 | RK73 1H | 0.6 ± 0.03 | 0.3 ± 0.03 | 0.1 ± 0.05 | 0.15 ± 0.05 | 0.23 ± 0.05 | 0.14 |
| 1005 | RK73 1E | 1.0 +0.1 −0.05 | 0.5 ± 0.05 | 0.2 ± 0.1 | 0.25 +0.05 −0.1 | 0.35 ± 0.05 | 0.68 |
| 1608 | RK73 1J | 1.6 ± 0.2 | 0.8 ± 0.1 | 0.3 ± 0.1 | 0.3 ± 0.1 | 0.45 ± 0.1 | 2.14 |
| 2012 | RK73 2A | 2.0 ± 0.2 | 1.25 ± 0.1 | 0.4 ± 0.2 | 0.3 +0.2 −0.1 | 0.5 ± 0.1 | 4.54 |
| 3216 | RK73 2B | 3.2 ± 0.2 | 1.6 ± 0.2 | 0.5 ± 0.3 | 0.4 +0.2 −0.1 | 0.6 ± 0.1 | 9.14 |
| 3225 | RK73 2E | 3.2 ± 0.2 | 2.6 ± 0.2 | 0.5 ± 0.3 | 0.4 +0.2 −0.1 | 0.6 ± 0.1 | 15.5 |
| 5025 | RK73 W2H | 5.0 ± 0.2 | 2.5 ± 0.2 | 0.5 ± 0.2 | 0.65 ± 0.15 | 0.6 ± 0.1 | 24.3 |
| 6332 | RK73 W3A | 6.3 ± 0.2 | 3.1 ± 0.2 | 0.5 ± 0.3 | 0.65 ± 0.15 | 0.6 ± 0.1 | 37.1 |

(a) サイズ名と寸法  (b) 記号が表す寸法

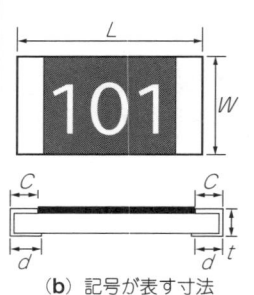

表5.2 各種チップ抵抗器の特徴

| 種類 | 特徴 |
|---|---|
| 角形チップ抵抗器 | ▶ 小型から大型サイズまでラインアップ<br>▶ メタル・グレーズ系の厚膜を使用しているので,耐熱・耐候性が良い |
| 角形金属皮膜チップ抵抗器 | ▶ 高精度許容差(± 0.05 %)と5 ppm/Kの温度係数の製品がある<br>▶ 電流雑音が小さい |
| チップ・ネットワーク抵抗器 | ▶ 実装密度の向上<br>▶ 実装コストの低減 |

表5.3 チップ抵抗器の規格値(参考)

| 項目 | 試験条件 | 規格値 角形チップ抵抗器 | 規格値 角形金属皮膜チップ抵抗器 | 規格値 チップ・ネットワーク抵抗器 |
|---|---|---|---|---|
| 短時間過負荷 | 定格電圧×2.5を5秒間加える | ± 2.0 % | ± 0.1 % | ± 2.0 % |
| はんだ付け性 | 235 ± 5 ℃,2 ± 0.5秒 | 95 %以上が新しいはんだで覆われていること | 95 %以上が新しいはんだで覆われていること | 95 %以上が新しいはんだで覆われていること |
| はんだ耐熱 | 260 ± 5 ℃,10 ± 1秒 | ± 1.0 % | ± 0.1 % | ± 1.0 % |
| 温度サイクル | −55 ℃(30分)/+125 ℃(30分),5サイクル | ± 0.5 % | ± 0.25 % | ± 1.0 % |
| 耐久性 | 70 ± 2 ℃,1000時間,1.5時間ON/0.5時間OFF | ± 2.0 % | ± 0.25 % | ± 5.0 % |

ことが特徴です.チップ・ネットワークは,高密度実装が可能で実装コストの削減を実現できます.

● チップ抵抗器の性能および定格

　チップ抵抗器の主な規格値を**表5.3**に示します.規格の内容は,大きく分けて,過負荷,はんだ濡れ,熱ストレス,通電寿命などが含まれています.チップ抵抗器の種類により規格値が異なります.抵抗温度係数,抵抗値許容差が小さいものほど変化率は小さくなります.

　次に,チップ抵抗器の主なサイズの定格を**表5.4**に示します.角形チップ抵抗器は電力で0.03 ~ 1 W,

表5.4 チップ抵抗器の定格および電気的特性

| サイズ名 | 型名 | 温度係数 [$\times 10^{-6}$/K] | 定格電力 [W] | 抵抗値範囲 [Ω] |
|---|---|---|---|---|
| 0402 | RK73 1F | $\pm 250 \sim \pm 300$ | 0.03 | $4.7 \sim 1\,M$ |
| 0603 | RK73 1H | $\pm 50 \sim \pm 400$ | 0.05 | $1.0 \sim 10\,M$ |
| 1005 | RK73 1E | $\pm 50 \sim \pm 200$ | 0.1 | $1.0 \sim 10\,M$ |
| 1608 | RK73 1J | $\pm 50 \sim \pm 400$ | $0.1 \sim 0.125$ | $1.0 \sim 22\,M$ |
| 2012 | RK73 2A | $\pm 50 \sim \pm 400$ | 0.25 | $1.0 \sim 10\,M$ |
| 3216 | RK73 2B | $\pm 50 \sim \pm 400$ | 0.25 | $1.0 \sim 22\,M$ |
| 3225 | RK73 2E | $\pm 100 \sim \pm 400$ | 0.5 | $1.0 \sim 10\,M$ |
| 5025 | RK73 W2H | $\pm 100 \sim \pm 400$ | 0.75 | $1.0 \sim 22\,M$ |
| 6332 | RK73 W3A | $\pm 100 \sim \pm 400$ | 1.0 | $1.0 \sim 22\,M$ |

(a) 角形チップ抵抗器

| サイズ名 | 型名 | 温度係数 [$\times 10^{-6}$/K] | 定格電力 [W] | 抵抗値範囲 [Ω] |
|---|---|---|---|---|
| 1005 | RN73 1E | $\pm 10 \sim \pm 50$ | 0.063 | $10 \sim 300\,k$ |
| 1608 | RN73 1J | $\pm 5 \sim \pm 100$ | $0.063 \sim 0.1$ | $10 \sim 1\,M$ |
| 2012 | RN73 2A | $\pm 5 \sim \pm 100$ | $0.1 \sim 0.125$ | $10 \sim 1.5\,M$ |
| 3216 | RN73 2B | $\pm 5 \sim \pm 100$ | $0.125 \sim 0.25$ | $10 \sim 1\,M$ |
| 3225 | RN73 2E | $\pm 10 \sim \pm 100$ | 0.25 | $10 \sim 1\,M$ |

(b) 角形金属皮膜チップ抵抗器

| 型名 | 温度係数 [$\times 10^{-6}$/K] | 定格電力 [W] | 抵抗値範囲 [Ω] |
|---|---|---|---|
| CN 1E | $\pm 200$ | 0.063 | $10 \sim 1\,M$ |
| CN 1J | $\pm 200$ | 0.063 | $10 \sim 1\,M$ |
| CN 2A | $\pm 200$ | 0.1 | $10 \sim 1\,M$ |
| CN 2B | $\pm 200$ | 0.125 | $10 \sim 1\,M$ |

(c) チップ・ネットワーク抵抗器

金属皮膜の角形チップ抵抗器は0.063〜0.25 W，チップ・ネットワークは0.063〜0.125 Wの種類があります．

- 定格電力：定格周囲温度において，連続して負荷できる電力の最大値．
- 定格電圧：定格周囲温度において，連続して加えることができる直流電圧または交流電圧（商用周波数実効値）の最大値．定格電圧$V$［V］は，定格電力$P$［W］と公称抵抗値$R$［Ω］を使って，次式から算出した値である．

$$V = \sqrt{PR}$$

ただし，最高使用電圧を越えないものとする．
- 臨界抵抗値：最高使用電圧を越えることなく，定格電力を負荷できる最大の公称抵抗値．臨界抵抗値では，定格電圧と最高使用電圧が等しくなる．
- 最高使用電圧：抵抗器または抵抗素子に連続して加えることができる直流電圧または交流電圧（商用周波数実効値）の最大値．ただし，臨界抵抗値以下では，加えることができる電圧の最大値は定格電圧となる．
- 最高過負荷電圧：過負荷試験（JIS C 5201-1の4.13）において，5秒間加えることができる電圧の最大値．通常は，短時間過負荷試験における印加電圧は，定格電圧の2.5倍である．ただし，最高過負荷電圧を越えない電圧とする．
- 耐電圧：耐電圧試験（JIS C 5201-1の4.7）において，電極と外装の指定箇所の間に1分間加えることができる交流電圧（商用周波数実効値）．
- 定格周囲温度：規定の定格負荷（電力）を加えて連続使用できる抵抗器の周囲温度の最高値．抵抗器を組み込んだ機器の内部における抵抗器の周囲の温度であり，機器の外の空気温度ではないことに注意．

▶ 軽減曲線：周囲温度とその温度において，連続して負荷できる電力の最大値の関係を示す曲線．一般に，百分率で表す．
▶ 抵抗温度係数：抵抗器の使用温度範囲内で，規定の温度間における1K当たりの抵抗値の変化率をいい，次式で表される．

$$\alpha_R = \frac{R - R_0}{R_0} \times \frac{1}{T - T_0} \times 10^6$$

ただし，$\alpha_R$：抵抗温度係数［$\times 10^{-6}$/K］
　　　　$R$　：$T$℃における抵抗実測値［Ω］
　　　　$R_0$　：$T_0$℃における抵抗実測値［Ω］
　　　　$T$　：試験温度の実測値［℃］
　　　　$T_0$　：基準温度の実測値［℃］

● チップ抵抗器の表示方法

　チップ抵抗器の抵抗値は，3桁の英数字または4桁の英数字で，チップ抵抗器の表面に表示されています．ただし，小さなサイズのものには表示がない場合があります．
　KOA㈱のチップ抵抗器の場合，表示方法は次のようになっています．

▶ 3桁表示
　第1，第2数字を有効数字として，第3数字をそれに続く0の数とします．Rは，小数点に読み換えます．
　（例）**153**：$15 \times 10^3 = 15$ kΩ
　　　　**1R5**：1.5 Ω

▶ 4桁表示
　第1，第2，第3数字を有効数字として，第4数字をそれに続く0の数とします．Rは小数点に読み換えます．
　（例）**1542**：$154 \times 10^2 = 15.4$ kΩ
　　　　**R154**：0.154 Ω

表5.5　E24標準数とE96標準数

(a) E24標準数（許容差±5%）

| 10 | 11 | 12 | 13 | 16 |
|----|----|----|----|----|
| 18 | 20 | 22 | 24 | 27 | 30 |
| 33 | 36 | 39 | 43 | 47 | 51 |
| 56 | 62 | 68 | 75 | 82 | 91 |

(b) E96標準数（許容差±1%）

| 100 | 102 | 105 | 107 | 110 | 113 | 115 | 118 | 121 | 124 | 127 | 130 |
|-----|-----|-----|-----|-----|-----|-----|-----|-----|-----|-----|-----|
| 133 | 137 | 140 | 143 | 147 | 150 | 154 | 158 | 162 | 165 | 169 | 174 |
| 178 | 182 | 187 | 191 | 196 | 200 | 205 | 210 | 215 | 221 | 226 | 232 |
| 237 | 243 | 249 | 255 | 261 | 267 | 274 | 280 | 287 | 294 | 301 | 309 |
| 316 | 324 | 332 | 340 | 348 | 357 | 365 | 374 | 383 | 392 | 402 | 412 |
| 422 | 432 | 442 | 453 | 464 | 475 | 487 | 499 | 511 | 523 | 536 | 549 |
| 562 | 576 | 590 | 604 | 619 | 634 | 649 | 665 | 681 | 698 | 715 | 732 |
| 750 | 768 | 787 | 806 | 825 | 845 | 866 | 887 | 909 | 931 | 953 | 976 |

● E24 と E96

　抵抗値は，E24やE96の標準数が決められています．抵抗値許容差±5％のときと，±1％のときに使う数値を表5.5に示します．
　この表に"56"とあれば，5.6Ω，56Ω，560Ω，…などの一連の抵抗値が用意されているという意味です．ところで，"20"とか"25"といった切りのよい数値がないことに気がつくと思います．たとえば，10 kΩから100 kΩまでを10 k，20 k，30 k，…，90 k，100 kΩというように用意しておけば，使いやすいように思えます．しかし，抵抗値の許容差を考えると，10 kΩと20 kΩでは，

$$\frac{20\,\mathrm{k} - 10\,\mathrm{k}}{10\,\mathrm{k}} \times 100 = 1 \rightarrow \pm 0.5 = \pm 50\%$$

90kΩと100kΩでは，

$$\frac{100\,\mathrm{k} - 90\,\mathrm{k}}{90\,\mathrm{k}} \times 100 = 0.11 \rightarrow \pm 0.055 = \pm 5.5\%$$

となって回路設計をするときに不都合です．そこで，E24数列は1ディケード（10倍）の範囲を$\sqrt[24]{10}$の比率で24に等比分割しているのです．このようにすれば，どの許容差も約±5％になって好都合です．
　なお，高精度の抵抗では96に等比分割し，許容差を約±1％にしてあります．

## 5.3　チップ抵抗器の使い方

● チップ抵抗器の選択方法
(1) 回路設計によって必要な抵抗値を決める
(2) 定格電力を算出する
　一般的な条件では安全率を約50％とするので，算出された電力の2倍が必要です．大きなサージやパルスが加わる場合は定格電力を別途算出します．
(3) 抵抗値許容差を選択する
(4) 温度係数，その他の特性を考えて品種を選択する

◀ 表5.6　角形チップ抵抗器の用途別製品例（KOA）

| 用　途 | シリーズ | サイズ名 |
|---|---|---|
| 汎用 | RK73 | 0402～6332 |
| 超精密級 | RK73G | 0603～3216 |
| 高電力用 | WK73R | 3216～6332 |
| 低抵抗用 | SR73/UR73 | 0402～6332 |
| 耐サージ用 | SG73 | 2012～6332 |
| 耐パルス用 | WG73 | 3216～6332 |
| 高信頼性用 | RS73 | 1608 |
| 耐硫化用 | RK73-RT | 1005～6332 |
| 高耐圧用 | HV73 | 1608～6332 |
| 高精度用 | RN73 | 1005～3225 |
| 正温度特性用 | LT73 | 2012～3216 |
|  | LA73 | 1608～3216 |

表5.7　チップ・ネットワーク抵抗器の用途別製品例（KOA）

| 用　途 | 電極形状 | 素子数 |
|---|---|---|
| 汎用同一抵抗 | 凹電極<br>凸電極 | 2～8 |
| 汎用ダブル・コモン | 凹電極<br>凸電極 | 8 |
| 汎用片側コモン | 凹電極 | 4,8 |
| 高精度同一抵抗 | 一般（ストレート） | 2 |

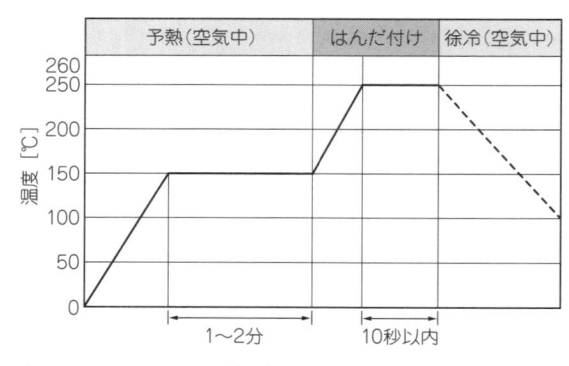

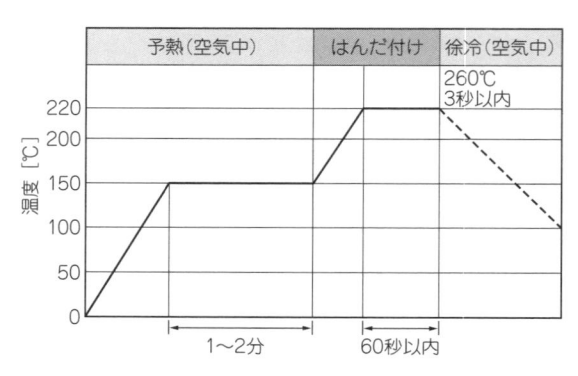

図5.5 フローはんだの温度プロファイル(参考)

図5.6 リフローはんだの温度プロファイル(参考)

　用途別に，特徴をもった製品があります．**表5.6**は角形チップ抵抗器，**表5.7**はチップ・ネットワーク抵抗器の製品例です．

● **チップ抵抗器の使用上の注意事項(参考)**
▶ 保管
(1)高温多湿，熱を避けて保管してください．
(2)直射日光に当てないでください．
(3)結露や腐食性ガス($H_2S$，$SO_2$，$Cl_2$)，ほこりなどのある雰囲気で保管しないでください．
(4)電磁波を発生する装置周辺には保管しないでください．
(5)製造後1年以内に使用してください．

▶ はんだ付け
(1)鉛フリーはんだの場合，フローは**図5.5**，リフローは**図5.6**をそれぞれ参考にしてください．
(2)繰り返しがある場合，品種ごとに定められた温度，時間，回数以下で条件を設定してください．
(3)チップ・ネットワーク抵抗器は，適正なはんだ量にしないと，ストレスが大きくなり，クラックが発生したり特性不良の原因になります．
(4)はんだごてによる修正などは，品種ごとに指定されたこて先温度以下で実施してください．
(5)はんだ付け後，冷却するまで外力を加えないようにしてください．また，基板の反りなどで電極にストレスが加わらないようにしてください．

▶ 洗浄
(1)はんだフラックスに含まれるイオン性物質が，洗浄後に残らないように条件を設定してください．
(2)超音波洗浄は，出力が大きすぎると基板が共振し，クラックや割れの原因になります．

▶ 実装
(1)高温度部品からの熱輻射を受けない工夫をしてください．
(2)工程で静電気が加わらないようにしてください．
(3)実装後に基板をモールド封止やコーティングをする場合，抵抗器に蓄熱されるほか，樹脂応力が加

わるので事前の確認が必要です．
(4) 機械的ストレスを強く受けないようにしてください．
(5) プリント基板分割時，抵抗器にストレスが加わらない方法で部品を配置してください．
(6) 大きさの著しく異なる部品との配置に注意してください．

▶ 特性
(1) 負荷軽減曲線

使用温度範囲は$-55 \sim +155(125)$℃ですが，周囲温度70℃以上の場合には負荷軽減が必要になります．軽減割合を算出するには，図5.7の負荷軽減曲線を使ってください．

(2) 封止

樹脂などで封止したり，コーティングする場合，抵抗器に蓄熱されるほか，樹脂応力が加わるので事前に確認することが必要です．

(3) 過負荷

単パルス，繰り返しパルス，サージなど，定格電圧を越える電力が短時間に加えられる場合，実効電力が定格電力以下でも安全だと判断できません．事前の確認が必要です．参考までに，角形チップ抵抗器の1パルス限界電力を図5.8に示します．

▶ 発熱

通電後の熱は，電極を経由してプリント基板に流れるものと表面から放熱するものがありますが，プリント基板への熱伝導が主です．

単品では，図5.9の表面温度になります．抵抗器の密集度により熱集中が起こり，表面温度が高くなるので注意してください．

▶ ランド寸法
(1) フローはんだの場合，はんだ量の調整ができないので抵抗器電極幅と同じか，小さくする必要があります．
(2) リフローはんだは，量が調整できるので，抵抗器電極幅と同じか，大きくします．図5.10を参照してください．

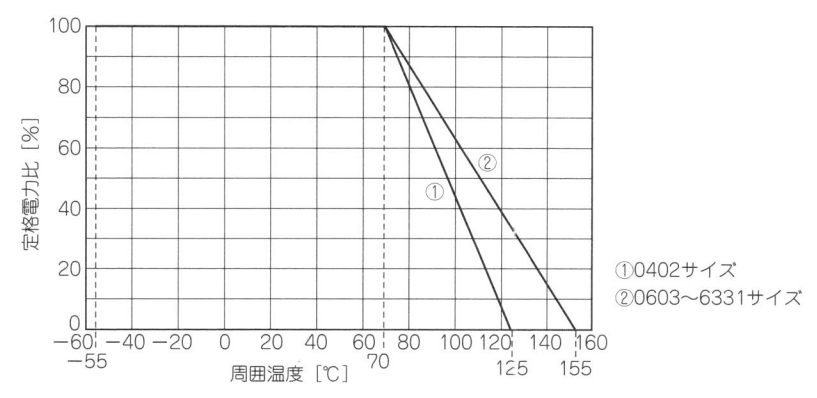

①0402サイズ
②0603〜6331サイズ

**図5.7　負荷軽減曲線**(参考)

第 5 章

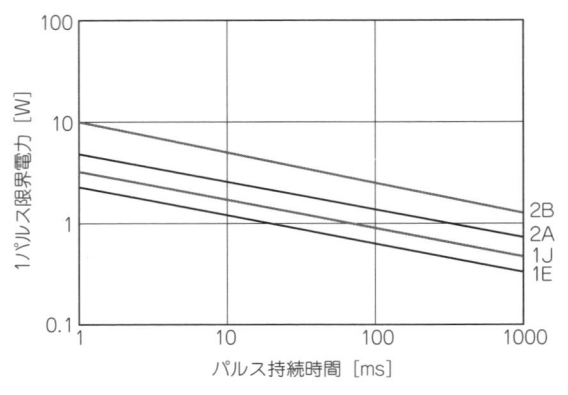

図5.8 角形チップ抵抗器の1パルス限界電力（参考）

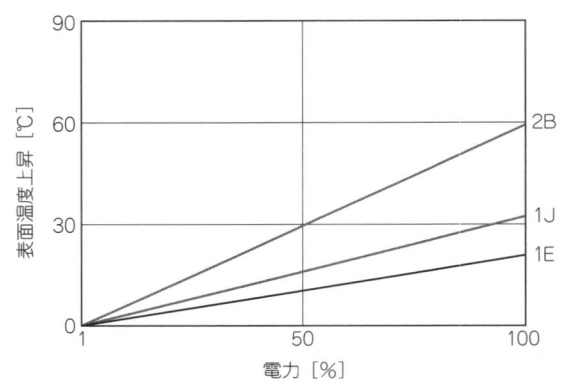

図5.9 角形チップ抵抗器の表面温度上昇（紙フェノール基板，厚さ1.6mm，表面温度は上昇が飽和した時点の温度）（参考）

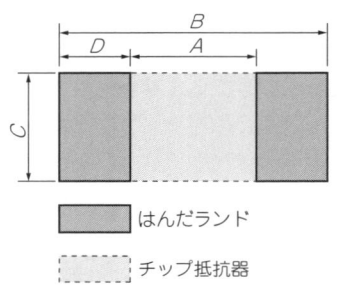

| 定格電力 [W] | 記号 | 抵抗器サイズ [mm] | A | B | C | D |
|---|---|---|---|---|---|---|
| 0.05 | 1H | 0.6 × 0.3 | 0.25 | 0.7 | 0.3 | 0.225 |
| 0.1 | 1E | 1.0 × 0.5 | 0.5 | 1.3 | 0.3 | 0.4 |
| 0.1 | 1J | 1.6 × 0.8 | 1.0 | 2.0 | 0.6 | 0.5 |
| 0.25 | 2A | 2.0 × 1.25 | 1.3 | 2.5 | 1.05 | 0.6 |
| 0.25 | 2B | 3.2 × 1.6 | 2.2 | 4.0 | 1.4 | 0.9 |
| 0.5 | 2E | 3.2 × 2.6 | 2.2 | 4.0 | 2.3 | 0.9 |
| 0.75 | W2H | 5.0 × 2.5 | 3.3/3.5 | 6.1/6.3 | 2.3 | 1.4 |
| 1 | W3A | 6.3 × 3.1 | 4.6 | 8.0 | 3.0 | 1.7 |

図5.10 リフローはんだ用のランド寸法（参考）

このほか，JEITA RCR-1001電子部品の安全アプリケーション・ガイドも参考にするとよいでしょう．また，他の参考規格としてIEC 60115-8，JIS C 5201-8，EIAJ RC-2134Cなどがあります．

（五味正志）

## 5.4 金属箔抵抗器

抵抗器には，炭素皮膜型や金属皮膜型，巻き線型など，さまざまな材料や製法を使ったものがありますが，それらの中でもっとも優れた精度と信頼性をもつのが金属箔抵抗器です．ほかの抵抗器では得られない安定した性能をもつことで知られており，高い絶対精度が要求される電子機器や製造装置だけでなく，厳しい環境にさらされる人工衛星などの宇宙産業用にも使われています．

● 金属箔抵抗器の特徴と構造

金属箔抵抗器は，厚さ数μmの特殊な金属箔を抵抗体として使用しています．金属がもつ安定した性質を利用することで，経年変化が小さく，温度による抵抗値変化もきわめて小さいことが特徴です．金属箔抵抗の電気的特性を**表5.8**に，温度特性を**図5.11**に示します．規格としては，MIL-R-55182に適合しています．

## 5.4 金属箔抵抗器

絶対精度が高いので，大気中で使用できる標準抵抗器としても利用されています．また，抵抗値の精度や性能の単位がppmオーダになるため，周辺材料や構造などへの配慮とともに，測定装置も高精度な機器が使用されています．

アルファ・エレクトロニクス社のMA/MB/MC/MDシリーズ(写真5.2)はリード・タイプ，MP/MQシリーズ(写真5.3)はチップ・タイプの金属箔抵抗器です．また，MUシリーズは，二つの金属箔抵抗器をネットワーク化した製品です．MUシリーズの外観を写真5.4に示します．表5.9，表5.10にMAシリーズ，MUシリーズの特性を示します．

MUシリーズは，OPアンプの入力抵抗や帰還抵抗，高精度の分圧回路などを想定し，温度特性や経年変化などの絶対精度だけでなく，素子間の相対的な安定性にも配慮した製品です．

MUシリーズの内部回路を図5.12に，構造を図5.13に示します．抵抗値変化の大きな要因である素子間の温度差を小さくすることで，温度特性や経年変化の素子間相対特性を向上しています．

また，図5.14は抵抗体の構造図です．セラミック基板の上に金属箔を接着し，フォト・エッチングで細線化して抵抗体を形成します．抵抗体には，抵抗値調整用のパターンがあります．図5.14の矢印で示したトリミング部分を切断することにより，任意の抵抗値を精度よく作り出すことができます．系列化されたトリミング箇所を数本切断することで，±50 ppm(0.005％)以下に調整することが可能です．

抵抗値精度(許容差)の規格としては，F(1％)，D(0.5％)，C(0.25％)，B(0.1％)，A(0.05％)，Q

図5.11 金属箔の温度特性

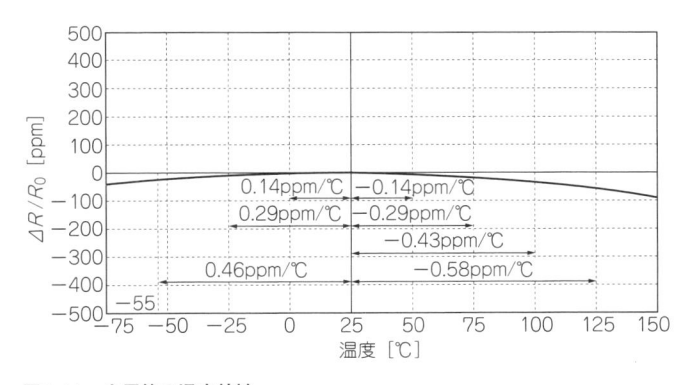

表5.8 金属箔抵抗の電気的特性

| 項 目 | 仕 様 | 単 位 |
|---|---|---|
| 抵抗温度係数 | 0.14 | ppm/℃ |
| 抵抗値許容差 | ± 0.005 | ％ |
| 経年変化 | 25 | ppm/年 |
|  | 50 | ppm/3年 |
| 負荷寿命 | 0.03 | ％ |
| 熱起電力 | 0.1 | μV/℃ |
| 雑音 | − 42 | dB |
| 電圧係数 | 0.1 | ppm/V |
| インダクタンス成分 | 0.08 | μH |
| キャパシタンス成分 | 0.5 | pF |

写真5.2 金属箔抵抗器MA/MB/MC/MDシリーズの外観(アルファ・エレクトロニクス)

写真5.3 金属箔チップ抵抗器MP/MQシリーズの外観(アルファ・エレクトロニクス)

# 第5章

写真5.4 金属箔チップ・ネットワーク抵抗器MUシリーズの外観(アルファ・エレクトロニクス)

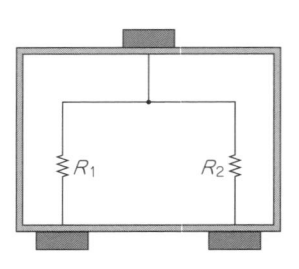

図5.12 金属箔チップ・ネットワーク抵抗器MUシリーズの内部回路

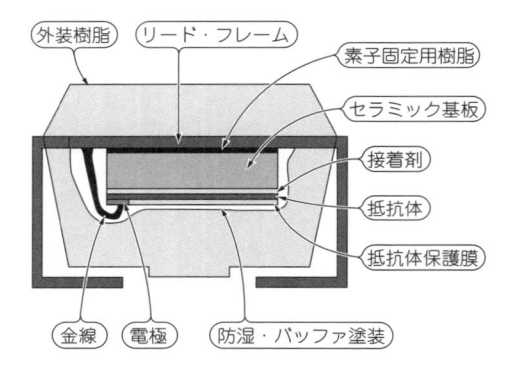

図5.13 金属箔チップ・ネットワーク抵抗器MUシリーズの構造

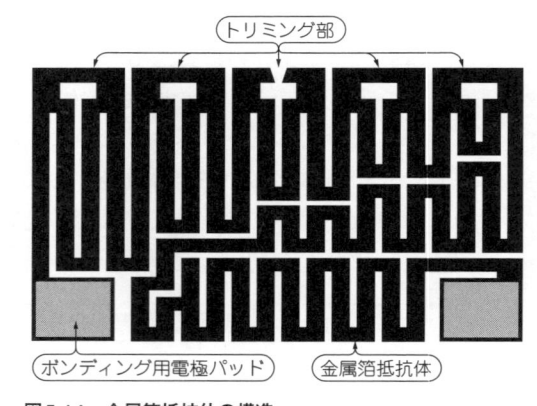

図5.14 金属箔抵抗体の構造

表5.9 金属箔抵抗器MAシリーズの特性(アルファ・エレクトロニクス)

| 形式 | 抵抗温度特性(ppm/℃)<br>−55℃〜+125℃ | 抵抗値範囲(Ω) | 抵抗値許容差(%)[1] | 定格電力(W)@125℃ |
|---|---|---|---|---|
| MA<br>MC | 0±15(W) | 1〜5 | ±0.5(D) ±1(F) | 0.3<br>(ただし,150kΩ以上は0.2) |
| | 0±5(X) | 5〜30 | ±0.1(B) ±0.5(D) ±1(F) | |
| | 0±5(X)<br>0±2.5(Y)<br>0±1(Z)[2] | 30〜200k | ±0.005(V) ±0.01(T)<br>±0.02(Q) ±0.05(A)<br>±0.1(B) ±0.5(D) ±1(F) | |
| MB | 0±5(X) | 5〜30 | ±0.1(B) ±0.5(D) ±1(F) | 0.5<br>(ただし,200kΩ以上は0.3) |
| | 0±5(X)<br>0±2.5(Y)<br>0±1(Z)[2] | 30〜400k | ±0.005(V) ±0.01(T)<br>±0.02(Q) ±0.05(A)<br>±0.1(B) ±0.5(D) ±1(F) | |
| MD | 0±5(X) | 5〜30 | ±0.1(B) ±0.5(D) ±1(F) | 0.125 |
| | 0±5(X)<br>0±2.5(Y) | 30〜100 | ±0.05(A) ±0.1(B)<br>±0.5(D) ±1(F) | |
| | 0±5(X)<br>0±2.5(Y)<br>0±1(Z)[2] | 100〜80k | ±0.01(T) ±0.02(Q)<br>±0.05(A) ±0.1(B)<br>±0.5(D) ±1 (F) | |

( )内は形名構成用の記号.
[1]:抵抗値の保証位置は,MA形は抵抗体より12.7±3.2mm,MC,MB,MD形は5.0±1.0mmのリード線部分とする.ただし,抵抗値が10Ω未満の場合は,1.6±0.6mmのリード線部分で保証.
[2]:Z特性の温度範囲は0℃〜+60℃.

表5.10 金属箔チップ・ネットワーク抵抗器MUシリーズの特性

(a) 抵抗値範囲，許容差，定格

| 形式 | 抵抗値範囲 ($\Omega$) | 抵抗値許容差(%) 絶対値 | 抵抗値許容差(%) 相対値 | 定格電力 (W) @ 125℃ |
|---|---|---|---|---|
| MU | $10 \leq R < 100$ | ±0.1(B) ±0.5(D) | ±0.05(A) ±0.1(B) ±0.5(D) | 0.05 |
| | $100 \leq R < 1\,k$ | ±0.05(A) ±0.1(B) ±0.5(D) | ±0.02(Q) ±0.05(A) ±0.1(B) ±0.5(D) | |
| | $1\,k \leq R \leq 20\,k$ | ±0.02(Q) ±0.05(A) ±0.1(B) ±0.5(D) | ±0.01(T) ±0.02(Q) ±0.05(A) ±0.1(B) ±0.5(D) | |

(b) 絶対温度特性

| 抵抗値範囲 ($\Omega$) | 絶対温度特性 (ppm/℃) $-55℃ \sim +125℃$ |
|---|---|
| $10 \leq R < 30$ | ±15 |
| $30 \leq R < 100$ | ±10 |
| $100 \leq R \leq 20\,k$ | ±5 |

(c) 相対温度特性

| 抵抗値比 | 相対温度特性 (ppm/℃) $-55℃ \sim +125℃$ |
|---|---|
| 抵抗値比 = 1 | ±1 |
| 1 < 抵抗値比 ≤ 10 | ±2 |
| 10 < 抵抗値比 ≤ 100 | ±3 |
| 100 < 抵抗値比 | ±5 |

(0.02%)，T(0.01%)，V(0.005%)などがあります．一方，温度係数の規格として，図5.15に示すものがあります．

金属箔は，特殊合金を圧延加工して作ります．金属をそのまま抵抗体にするので，スパッタリングや蒸着などで形成した抵抗体に比べて，温度特性のばらつきが小さく，耐環境性を含めた経年変化の小さな抵抗体を作ることができます．

● 金属箔チップ・ネットワーク抵抗器の応用例

高性能なOPアンプを低価格で入手できるようになったため，周辺で使う抵抗器を高精度化すれば，簡単に高精度な回路を製作できます．参考文献(6)に示すホーム・ページなどでも，A-Dコンバータの周辺回路における金属箔抵抗器の使用例が紹介されています．

▶ 反転増幅回路と非反転増幅回路

図5.16に示した回路は，抵抗器の相対精度で特性が左右されます．回路の利得を決めているのは，$R_1$と$R_2$の絶対値ではなく相対値です．MUシリーズは，同一基板上に二つの抵抗体を形成しているため，温度変化や経年変化の相対値がきわめて小さく，回路の高精度化に威力を発揮します．

▶ 符号反転回路

図5.17に示すように，反転増幅回路を利用するのが便利です．しかし，正確に−1倍のアンプを作るためには，図5.17(a)のように調整用の可変抵抗器が必要になります．個別抵抗で，±0.05%の精度を確保するのは大変です．

そこで，図5.16(b)のように金属箔チップ・ネットワーク抵抗を使用すれば，簡単に高精度の回路を製作できます．

## 第5章

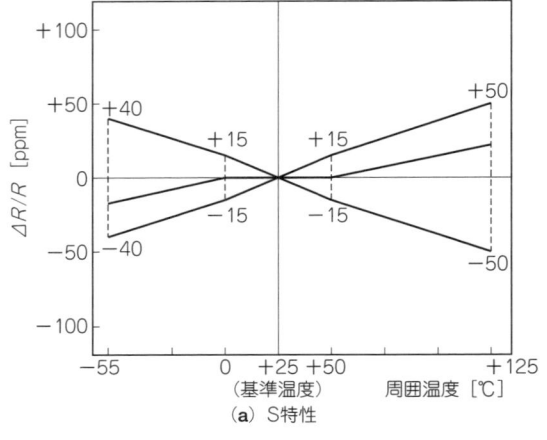

| 測定温度 [℃] | $\Delta R/R$ [ppm] |
|---|---|
| −55 | 0±40 |
| 0 | 0±15 |
| +50 | 0±15 |
| +125 | 0±50 |

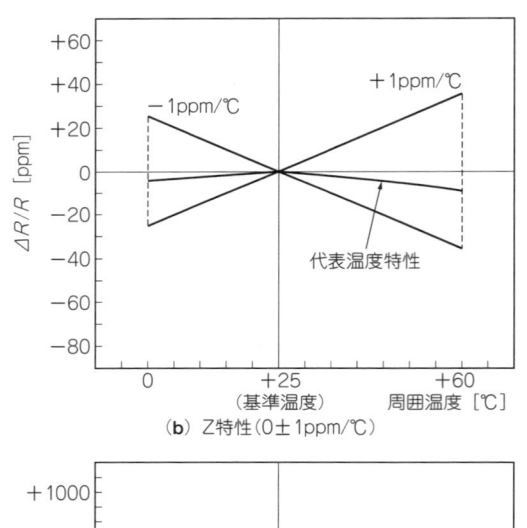

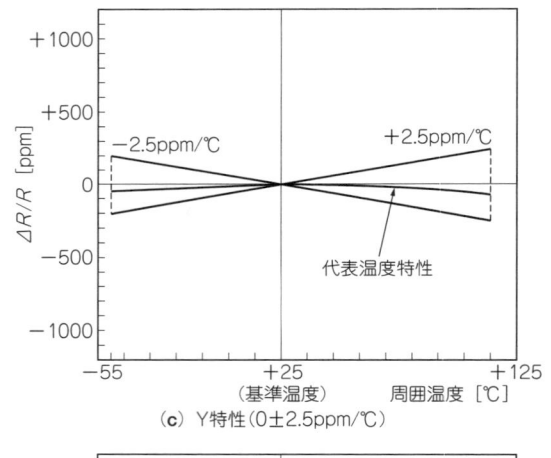

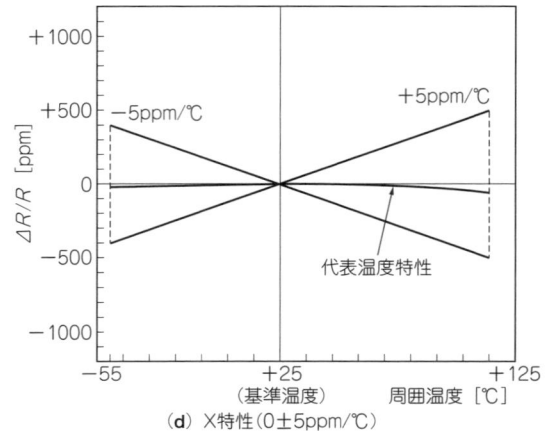

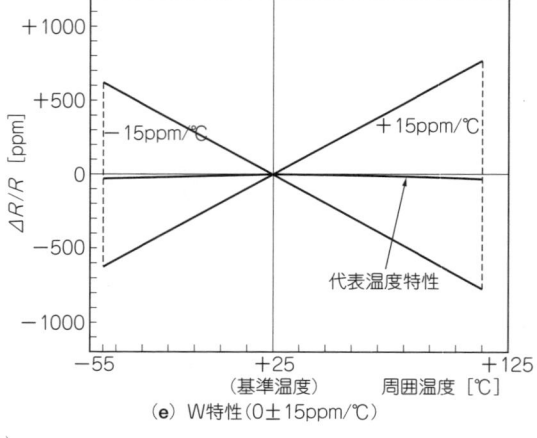

(a) S特性

(b) Z特性（0±1ppm/℃）

(c) Y特性（0±2.5ppm/℃）

(d) X特性（0±5ppm/℃）

(e) W特性（0±15ppm/℃）

図5.15[7] いろいろな抵抗温度係数の例（アルファ・エレクトロニクス）

## 5.4 金属箔抵抗器

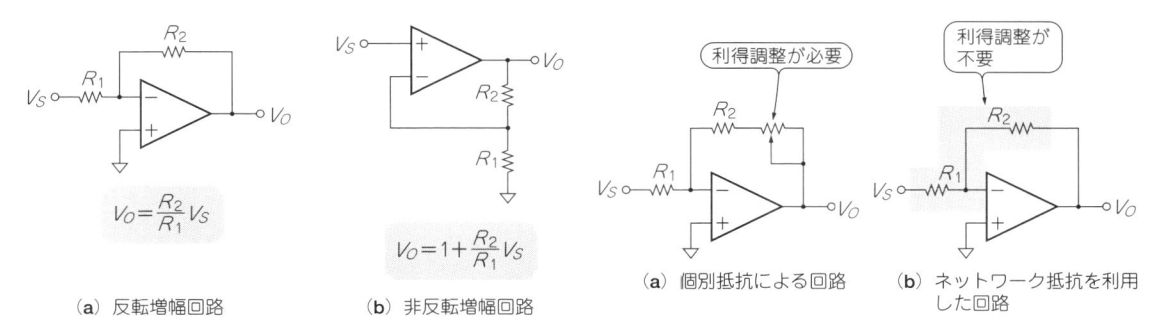

(a) 反転増幅回路
$$V_O = \frac{R_2}{R_1} V_S$$

(b) 非反転増幅回路
$$V_O = 1 + \frac{R_2}{R_1} V_S$$

図5.16 増幅回路への応用

(a) 個別抵抗による回路（利得調整が必要）

(b) ネットワーク抵抗を利用した回路（利得調整が不要）

図5.17 符号反転回路への応用

● 使用上の注意

構造がストレスに敏感なストレイン・ゲージに近いため，過度のストレスを加えると抵抗値が変化する可能性があります．曲げや圧縮など，応力がかかる場合は注意して使用してください．そのほかの使い方は，一般的な抵抗器と変わりません．

（佐藤牧夫）

**参考・引用＊文献**
(1) JIS C 5201-1；電子機器用固定抵抗器，第1部，品目別通則，(財)日本規格協会．
(2) JIS C 5201-8；電子機器用固定抵抗器，第8部，品種別通則，チップ固定抵抗器，(財)日本規格協会．
(3) JEITA RCR-2121；固定抵抗器使用上の注意事項ガイドライン，(財)電子情報技術産業協会．
(4) 経済産業省；生産動態統計(2000年1月～2000年10月まで)．
(5) ㈱KOAのホーム・ページ
 http://www.koanet.co.jp/index.htm
(6) Jim Williams；professional course「20ビットのD-A変換器②内蔵A-D変換器が精度を決める」，EDN Japan，2001年10月号，日本カーナーズ㈱．
 http://www.cahners-japan.com/ednj/200110/procourse0110.htm
(7) ＊アルファ・エレクトロニクス㈱，アルファ金属箔抵抗器カタログ(0006M3)．

## 高抵抗値抵抗器について

高抵抗値のチップ抵抗器としては，日本ヒドラジン工業のHCシリーズが使いやすいでしょう．**表5.A**に外形寸法と仕様を示します．

HCシリーズは，チップ・タイプながら最高100GΩ（$10^{11}$Ω）までの抵抗値が用意されています．温度係数は，**図5.A**に示すように－200〜－2000 ppm/℃（抵抗値により異なる）です．

HCシリーズの特徴は何といっても小型なことで，1WタイプのHC3Aでも6.4×3.2 mmという小さなサイズです．その代わりに，最高過負荷電圧は300 Vと低めです．ただし，電圧係数が大きいので注意が必要です．**図5.B**にHCシリーズの電圧係数を示します．

また，精密型の抵抗器としてはSMシリーズがあります．SMシリーズの仕様を**表5.B**に示します．

SMシリーズの抵抗値範囲は最大1GΩまでと低めですが，温度係数が100 ppm/℃（1GΩ），25 ppm/℃（10Ω）と小さく，経時変化も良好です（0.1％以内，常温1万時間）．しかも，最高使用電圧は5 kV（SM20型）と高く，HCシリーズでは問題だった電圧係数も1〜20 ppm/Vと小さくな

**表5.A** HCシリーズの外形と仕様

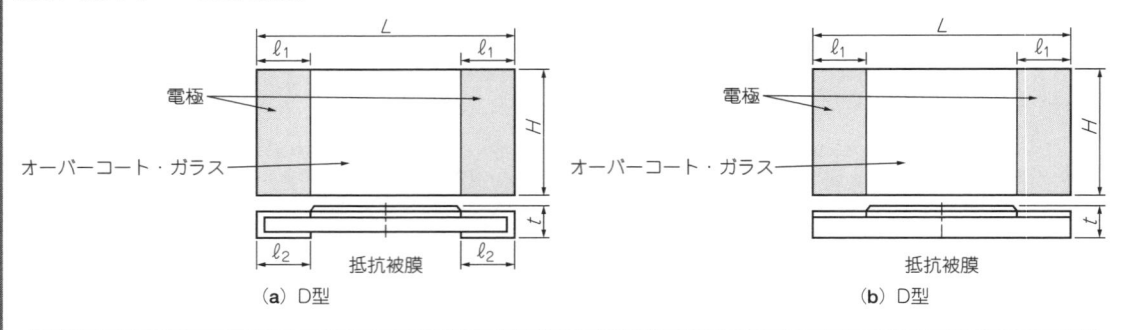

(a) D型

(b) D型

| 形名 | 定格電力 (W) | 最高使用電圧 DC(V) | 最高過負荷電圧 DC(V) | 抵抗値範囲 最小 (MΩ) | 抵抗値範囲 最大 (GΩ) | 寸法(mm) $L$ | $H$ | $t$ | $\ell_1$ | $\ell_2$ | 電極形状 |
|---|---|---|---|---|---|---|---|---|---|---|---|
| HC3A | 1 | 300 | 500 | 1 | 100 | 6.4 ± 0.2 | 3.2 ± 0.2 | 0.55 ± 0.1 | 0.5 ± 0.3 | 0.5 ± 0.3 | D |
| HC2A | 1/8 | 150 | 300 | 1 | 100 | 3.2 ± 0.2 | 1.6 ± 0.2 | 0.55 ± 0.1 | 0.5 ± 0.3 | 0.5 ± 0.3 | D |
| HC2B | 1/16 | 75 | 150 | 1 | 100 | 2 ± 0.2 | 1.25 ± 0.2 | 0.5 ± 0.1 | 0.4 ± 0.2 | 0.4 ± 0.2 | D |
| HC2C | 1/32 | 50 | 100 | 1 | 100 | 1.6 ± 0.1 | 0.8 ± 0.1 | 0.45 ± 0.1 | 0.2 ± 0.1 | 0.2 ± 0.1 | D |
| HC1B | 1/32 | 75 | 150 | 1 | 100 | 2 ± 0.2 | 0.65 ± 0.1 | 0.4 ± 0.1 | 0.4 ± 0.2 | — | T |
| HC1A | 1/60 | 50 | 100 | 1 | 100 | 1.3 ± 0.2 | 0.5 ± 0.1 | 0.3 ± 0.05 | 0.4 ± 0.2 | — | T |

注：抵抗値許容差は，1％，2％（≦100 MΩ），5％（≦500 MΩ），10％，20％，30％，50％

### コラム 5.A

っています．

したがって，HCシリーズは低電圧で汎用タイプ，SMシリーズは高電圧で精密タイプというように使い分けるのがよいでしょう．

リード線タイプの超高抵抗器としては，RHシリーズがあります．抵抗値は最大10000 GΩときわめて高いのですが，温度係数は200〜1500 ppm/℃と低く抑えられています．最高使用電圧は，最高10 kV（RH3型）です．RHシリーズの耐湿性を改善したハーメチック・タイプのRHAシリーズも用意されています．

このような高抵抗値の抵抗値を使用するときはテフロン端子などを使用して，プリント基板からのリーク電流を最小にするなどの注意が必要です． （山崎健一）

**引用文献**
(1) 日本ヒドラジン工業(株)，RESISTOR HIGH VOLTAGE INSTRUMENT総合カタログ(19th EDITION)．

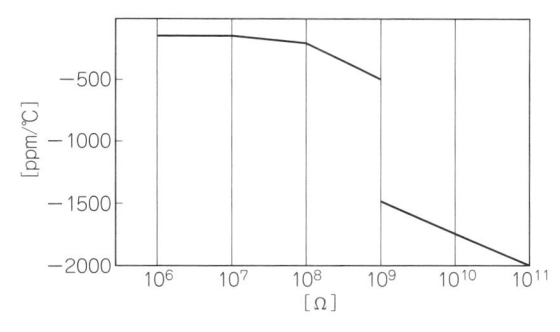

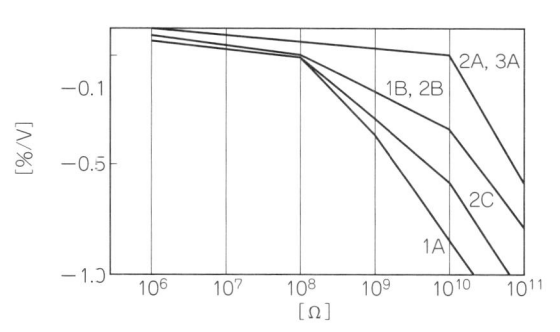

図5.A　HCシリーズの温度係数（25℃→125℃）　　　図5.B　HCシリーズの電圧係数（5 V→15 V）

表5.B　SMシリーズの仕様

| 形名 | 特性 | | 抵抗値範囲 | | 定格電力 (W) | 最高使用電圧 DC(kV) | 電圧形数[注] (ppm/V) | 寸法 (mm) | | | | | 抵抗値許容差 (%) |
| --- | --- | --- | --- | --- | --- | --- | --- | --- | --- | --- | --- | --- | --- |
| | 記号 | 最大温度係数 (ppm/℃) | 最小 (MΩ) | 最大 (MΩ) | | | | $L$ | $H$ | $t$ | $\ell_1$ | $\ell_2$ | |
| SM5 | B | ± 25 | 0.5 | 10 | 0.5 | 1.0 | < 20 | 6.4 ± 0.2 | 3.2 ± 0.2 | 0.55 ± 0.1 | 0.5 ± 0.3 | 0.5 ± 0.3 | B ± 0.1 C ± 0.25 D ± 0.5 ≦ 100 MΩ |
| | C | ± 50 | 0.5 | 10 | | | | | | | | | |
| | D | ± 100 | 0.5 | 1000 | | | | | | | | | |
| SM10 | B | ± 25 | 1 | 10 | 1.0 | 2.5 | < 5 | 12.8 ± 0.2 | 5.0 ± 0.2 | 0.8 ± 0.1 | 1.0 ± 0.3 | 2.0 ± 0.2 | F ± 1 G ± 2 J ± 5 K ± 10 ≦ 1 GΩ |
| | C | ± 50 | 1 | 10 | | | | | | | | | |
| | D | ± 100 | 1 | 1000 | | | | | | | | | |
| SM15 | D | ± 100 | 1 | 1000 | 1.5 | 3.5 | < 2 | 18.0 ± 0.2 | 5.0 ± 0.2 | 0.8 ± 0.1 | 1.0 ± 0.3 | 2.0 ± 0.2 | |
| SM20 | D | ± 100 | 1 | 1000 | 2.0 | 5.0 | < 1 | 25.5 ± 0.2 | 5.0 ± 0.2 | 0.8 ± 0.1 | 1.0 ± 0.3 | 2.0 ± 0.2 | |

注：電圧係数は定格電圧とその1/10の電圧で測定．

## 第二部 抵抗器の基礎と応用

# 第6章 電力型巻き線抵抗器

　本章では，主に産業機器などに使用される電力用の固定抵抗器のなかでも，パワー型のJIS規格推奨動作領域－55～＋200℃の電力型巻き線固定抵抗器について，抵抗材料の特徴および構造，使い方について解説します．

● 固定抵抗器の分類

　抵抗器は，固定抵抗器と可変抵抗器に大きく分類できます．大量に使用されている固定抵抗器を抵抗素材で分類すると，図6.1のように金属系と炭素系に分かれます．さらに，金属系抵抗器を作業工程別に分類すると，金属をワイヤ（丸線や帯線）に加工して作る電力型巻き線抵抗器と板や箔などに加工して作る精密抵抗器やシャント抵抗器などがあります．このほかに，このような金属材料を蒸着などの方法で，コアに膜付けなどをして製作する皮膜抵抗器もあります．

　電力型巻き線固定抵抗器の用途としては，電源の突入電流の制御回路，電圧分割，直列電圧降下，スナバ回路のサージ電圧吸収やインバータ回路の回生放電の吸収，電圧異常検出，過電流検出，各種産業機器の制御装置などに使用されています．

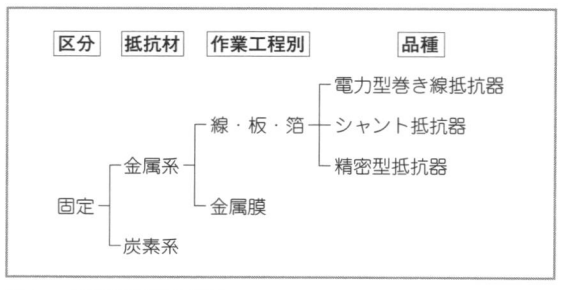

図6.1　固定抵抗器の分類

## 6.1 電力型巻き線固定抵抗器の構造

抵抗器の内部発熱温度は，定格電力1W程度でも定格負荷時には150℃以上にもなります．とくに近年は，小型でありながら大電力化が進み，定格電力が大きいものでは400℃を越える品種もあり，高信頼性に対して使用する材料の構成が重要になっています．

### ● 抵抗線の種類

電力型巻き線抵抗器は，電源回路などに使用されることがほとんどなのであまり精度や安定性は必要としませんが，小型で高電力が要求されます．

表6.1に示したのは，電力型固定巻き線抵抗器に使用されている，主な抵抗線の種類と特性です．

▶電気抵抗用銅ニッケル線

アドバンス線とも呼ばれます．銅ニッケル線は固有抵抗が低いため，低抵抗用の抵抗線として，電力型の抵抗器に広く使用されています．

欠点は，対銅熱起電力が約4mV(0～100℃)と高い点です．安定性が要求される計測回路などへの使用は注意が必要です．

▶電熱用ニクロム線

ニクロム線はニッケルとクロムの合金線です．固有抵抗や最高使用温度が高いため，大電力型抵抗器の高抵抗値領域に使用されています．

欠点は，温度係数が大きいことです．精度や安定性が要求される精密形抵抗器には使用されません．

▶電熱用鉄クロム線

鉄クロム線は固有抵抗や最高使用温度がさらに高いため，ニクロム線で巻き線できないような高抵抗領域や高電力の用途に使用されますが，一般の電力型抵抗器への使用は少ないようです．

▶精密用ニクロム合金線

JISで規格化されていないため，抵抗線メーカ各社は自社の商品名で販売しています．ニクロム線と

**表6.1 電力型固定巻き線抵抗器に使われる主な抵抗線**

| 抵抗線の種類 | JISの記号 | 等級 | 固有抵抗 [$\mu\Omega/m$] | 温度係数 [$10^{-6}/℃$] | 最高使用温度 [℃] | 溶融点 [℃] | 特性および用途 |
|---|---|---|---|---|---|---|---|
| 電気抵抗用銅ニッケル線 Cu-Ni合金 | CNW AA | AA | 0.49 | ±20 | 200 | 1270 | 温度係数が小さい．固有抵抗が低い．熱起電力が大きい． |
|  | CNW A | A |  | ±50 | 300 |  |  |
| 電熱用ニクロム線 Ni-Cr合金 | NCHW 1 | 1種 | 1.08 | 200 | 1100 | 1400 | 最高使用温度が高い．固有抵抗が高い． |
|  | NCHW 2 | 2種 | 1.12 | 260 | 1000 |  |  |
| 電熱用鉄クロム線 Ni-Cr-Al合金 | FCHW 1 | 1種 | 1.42 | 100 | 1200 | 1490 | 最高使用温度が高い．固有抵抗が高い． |
|  | FCHW 2 | 2種 | 1.23 | 250 | 1100 |  |  |
| 精密用ニクロム系 Ni-Cr合金 | (JIS規格なし) | — | 1.33 | ±3 ±5 ±10 | 300 | 1400 | 温度係数が小さい．固有抵抗が高い． |

注：表中の数値は参考値であり，製造メーカのカタログによって異なる場合がある．

比較すると，最高使用温度が300℃と低いのですが，温度係数がたいへん小さいため，電力型抵抗器のなかでも，抵抗温度係数特性の規格値が±20〜30 ppm/℃の高抵抗領域で使用されます．

● 抵抗線の固有抵抗

　ニクロム線は固有抵抗が高く，銅ニッケル線の2倍以上あり，同じ直径の抵抗線を同じ長さだけ使用した場合は，銅ニッケルの2倍以上の抵抗値になるため，高抵抗値領域の巻き線に使用されます．

　抵抗線の抵抗値は，1 m当たりの長さ（Ω/m）を基準として表します．線の直径が細く（断面積が小）なるほど抵抗値が高くなります．

　当然，細線になるほど信頼性も低下するため，高抵抗でできるだけ抵抗線を太くしたい場合は巻き芯を大きくする方法もありますが，固有抵抗の高い抵抗線を使用する方法もあります．

● 抵抗線の温度係数

　物質の電気抵抗は温度変化に応じて変化します．この変化の割合を1℃当たりの百万分率（$10^{-6}$/℃またはppm/℃）変化量として，温度係数または抵抗温度係数で表します．

　温度係数による抵抗値変化を小さくするには，温度変化を制御する以外に方法はありません．しかし，抵抗器は発熱体であるため，一般の用途としては，使用時の温度抑制は現実的でないため，温度係数の小さい抵抗材料を使用することは，重要なポイントの一つです．

● 巻き芯のコア材

　コア材には，図6.2に示すような形状のムライト（$3Al_2O_3 \cdot 2SiO_2$），ステアタイト（$MgO \cdot SiO_2$），アルミナ（$Al_2O_3$）などのセラミック材が一般的に使用され，薄型抵抗体用にはマイカ板を使用しているものもあります．

● 外装材

▶角形巻き線抵抗器（セメント抵抗器）

　角形巻き線抵抗器は，図6.3に示すようなセラミック材のケースが使用され，封入材には無機質セメントが使用されています．

▶円筒形リード端子抵抗器（セメント抵抗器）

　円筒形リード端子抵抗器には，図6.4のようなセラミック材のケースが使用され，封入材には無機質のセメントが使用されるものと，ケースを使用せず，成形金型を使って不燃性のシリコーン樹脂など

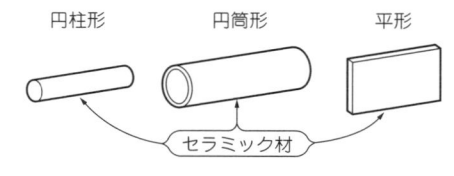

図6.2　巻き線のコア材

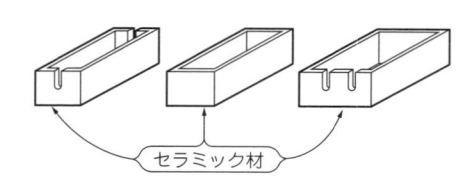

図6.3　角形巻き線抵抗器のケース

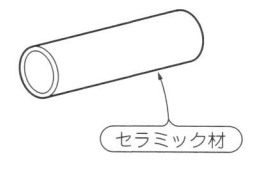

図6.4　円筒形リード線端子抵抗器のケース

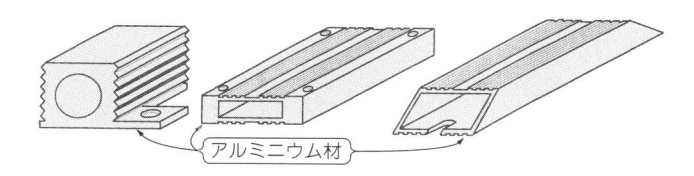

図6.5　メタル・クラッド抵抗器のケース

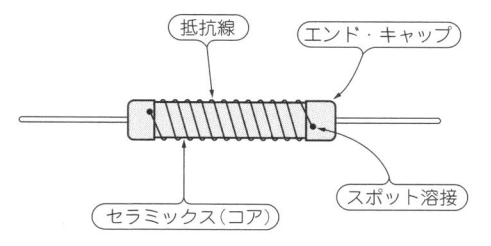

図6.6　ピッチ巻き

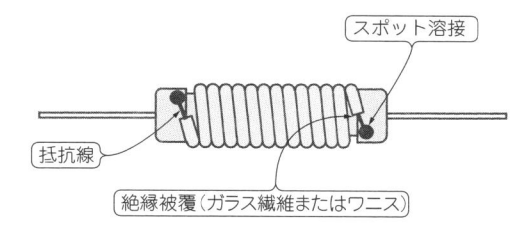

図6.7　普通巻き（密着巻き）

で外装成形したものがあります．
▶円筒形・平形ラグ端子抵抗器（大電力不燃性巻き線抵抗器）
　円筒形・平形ラグ端子抵抗器の外装材には，古くは琺瑯釉薬を焼き付けたものが主流でしたが，現在は不燃性塗装を施したタイプが主流となっています．
▶メタル・クラッド巻き線抵抗器
　メタル・クラッド巻き線抵抗器は，放熱性のよいアルミニウム材を使用しているものが主で，アルミ材を押し出しなどで図6.5のように成形し，切断加工したものです．

## 6.2　巻き線抵抗器の巻き方

● 普通巻き

　誘導巻きともいいます．巻き線抵抗器の標準的な巻き線方法で，周波数特性を考慮していない巻き方です．
▶ピッチ巻き
　ピッチ巻きは，巻き線抵抗器では一般的な巻き方で，図6.6のように抵抗線を一定のピッチで巻く方法です．断面積の大きい抵抗線を使用するときには，コアを使わないで空芯で巻く場合もあります．
▶密着巻き
　密着巻きは，耐熱性絶縁材を使って絶縁処理をした抵抗線を図6.7のように密着して巻く方法で，多層に巻くことで，より高抵抗値にすることが可能です．

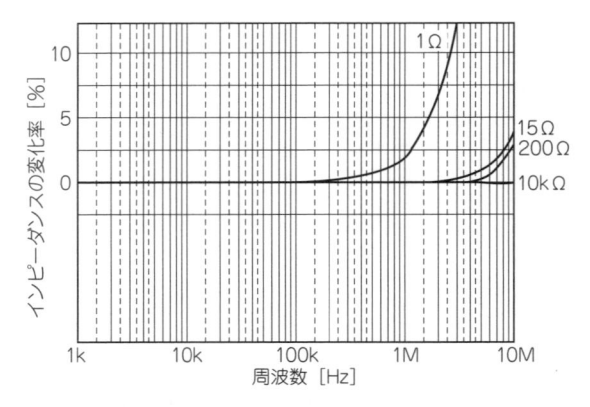

図6.8　無誘導巻き線抵抗器NHS-5の周波数特性（ピーシーエヌ）

図6.9　エアトン・ペリー巻き

図6.10　準エアトン・ペリー巻き

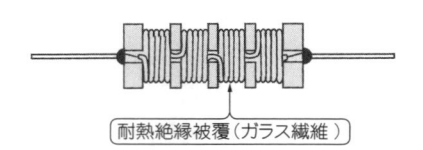

図6.11　反転逆巻き

● 無誘導巻き

　巻き線抵抗器は，高抵抗値または大きい定格電力になるほど巻き回数が多くなり，インダクタンスも増加するため，高周波用途には適しません．そこで，高周波特性を改善する方法として無誘導巻きがあります．図6.8は，無誘導巻きの電力用抵抗器のインピーダンス-周波数特性例です．この巻き線方法によって誘導分がゼロになるわけではありませんが，形状や抵抗値によっては10MHz程度まで使用できる場合もあります．

　なお，同じ品種，抵抗値であっても，品種や定格電力を変更した場合は評価しなおす必要があります．

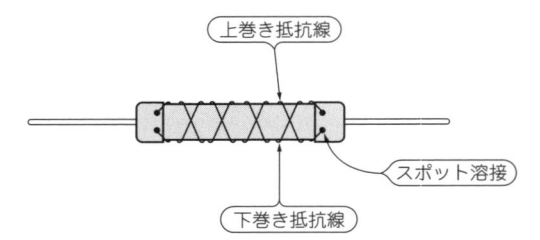

▶エアトン・ペリー巻き

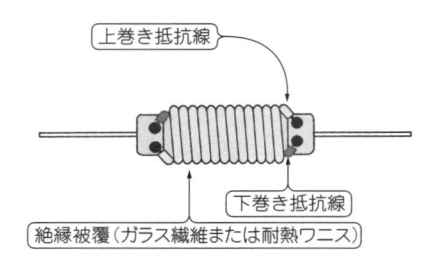

　エアトン・ペリー巻きは，図6.9に示すように，2本（2倍の抵抗値）の抵抗線をそれぞれ反対方向に巻きます．

　この巻き線方法は，抵抗線を2倍巻くことと，交差させて巻くために，広いピッチで巻く必要があり，高抵抗値が得られないのが欠点です．

▶準エアトン・ペリー巻き

　抵抗値が高過ぎて，図6.9のような巻き線ができない場合は，図6.10のように2本の絶縁被覆抵抗線

をそれぞれ反対方向に巻きます．これを準エアトン・ペリー巻きといいます．
▶ 反転逆巻き
　セクションで偶数分割された巻き芯に，全巻き数を等分した回数を各セクションの回転方向を変えて，図6.11のように多層に巻きます．細線を多層に巻くため，図6.10よりもさらに高抵抗値の製作が可能です．

## 6.3　電力型巻き線抵抗器の種類

● 不燃性巻き線固定抵抗器〔シリーズ名：KNY，KNX（日本抵抗器製作所）〕
　写真6.1のようにKNY型はプリント基板自立実装タイプで，取り付けのための端子加工が不要です．KNX型は立てて基板に取り付けられるため，省スペース実装型です．表6.2に主な仕様を示します．

● 不燃性絶縁塗装型巻き線抵抗器〔シリーズ名：HS/NHS（ピーシーエヌ）〕
　抵抗温度係数が小さく，安定性に優れています．無誘導タイプや高精度品もあります．写真6.2に外

(a) KNXシリーズ　　(b) KNYシリーズ
写真6.1　不燃性巻き線抵抗器KNXおよびKNYシリーズ（日本抵抗器製作所）

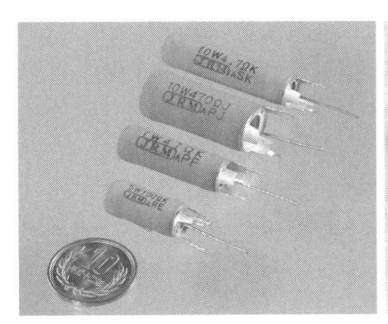

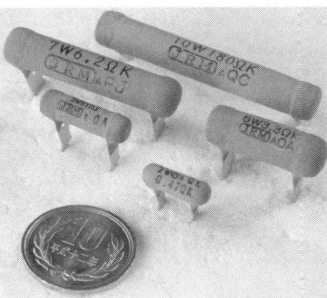

表6.2　不燃性巻き線抵抗器KNXおよびKNYシリーズの主な仕様

| 項　目 | 値 | 単位 |
|---|---|---|
| 使用温度範囲 | $-40 \sim +200$ | ℃ |
| 表面温度 | 350以下（V特性） | ℃ |
| 抵抗温度係数 | $\pm 260$（20Ω以下）<br>$\pm 400$（20Ω超） | ppm/℃<br>ppm/℃ |
| 定格電力 | 1, 2, 3, 4, 6, 8, 10 | W |
| 抵抗値許容差 | $\pm 10$ | % |
| 抵抗値範囲 | $0.1 \sim 2\,\mathrm{k}$ | Ω |

写真6.2　不燃性絶縁塗装型巻き線抵抗器HSおよびNHSシリーズ（ピーシーエヌ）

表6.3　不燃性絶縁塗装型巻き線抵抗器HSおよびNHSシリーズの主な仕様（ピーシーエヌ）

| 項　目 | 値 | 単位 |
|---|---|---|
| 使用温度範囲 | $-55 \sim +200$ | ℃ |
| 表面温度 | 275以下（G特性） | ℃ |
| 巻き線方法 | HS：普通巻き<br>NHS：無誘導巻き | |
| 抵抗温度係数 | $\pm 90$（1Ω未満）<br>$\pm 50$（10Ω未満）<br>$\pm 30$（10Ω以上） | ppm/℃ |
| 定格電力 | 1, 2, 3, 5, 7, 10 | W |
| 抵抗値許容差 | $\pm 0.5$（10Ω以上）<br>$\pm 1$，$\pm 5$，$\pm 10$<br>（10Ω未満） | % |
| 抵抗値範囲 | $0.1 \sim 31\,\mathrm{k}$ | Ω |

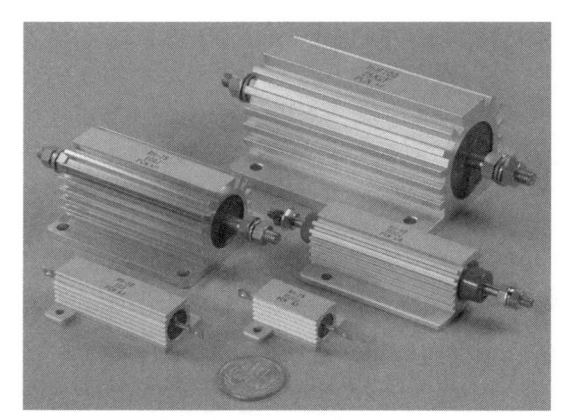

写真6.3　メタル・クラッド抵抗器RHおよびRHFシリーズ(ピーシーエヌ)

表6.4　メタル・クラッド抵抗器RHおよびRHFシリーズの主な仕様(ピーシーエヌ)

| 型式 | 定格電力[W] | | 抵抗値範囲[Ω] | | 最高使用電圧[V] | | 耐電圧[V] | 標準取り付けアルミニウム・シャーシ寸法[mm] |
|---|---|---|---|---|---|---|---|---|
| | シャーシ取り付け | 空間 | 誘導巻き(RH) | 無誘導巻き(RHF) | RH | RHF | | |
| RH-5 | 5 | 3 | 0.05～3 k | 0.1～1 k | 120 | 70 | 500 | $152 \times 102 \times 51 \times t1$ |
| RH-10 | 10 | 6 | 0.02～6 k | 0.03～2.3 k | 245 | 180 | 1000 | |
| RH-25 | 20 | 8 | 0.012～15 k | 0.02～5.5 k | 500 | 300 | | $178 \times 127 \times 51 \times t1$ |
| RH-50 | 30 | 10 | 0.01～40 k | 0.02～12 k | 1300 | 600 | 2000 | |
| RH-75 | 75 | 30 | 0.2～20 k | 0.07～10 k | 1500 | 1050 | | |
| RH-100 | 120 | 50 | 0.4～50 k | 0.12～25 k | 1900 | 1340 | 4500 | $305 \times 305 \times t1.5$ |
| RH-250 | 200 | 75 | 0.6～80 k | 0.1～40 k | 2500 | 1750 | | |
| RH-55 | 30 | 10 | 0.01～40 k | 0.02～12 k | 1300 | 600 | 2000 | $178 \times 127 \times 51 \times t1$ |
| RH-60 | 50 | 15 | 0.1～18 k | 0.05～9 k | 1400 | 800 | 3000 | $305 \times 305 \times t3$ |

観，表6.3に主な仕様をそれぞれ示します．

● メタル・クラッド巻き線抵抗器〔シリーズ名：RH/RHF(ピーシーエヌ)〕

　写真6.3のようなシャーシ取り付け型であり，放熱用アルミ・ケースに抵抗素子を挿入して，セメントまたはシリコーン・コンパウンドで封止してあるため，小型でありながら負荷能力が大きく，耐湿性や機械的にも優れています．定格電力や抵抗値などの主な仕様は表6.4のとおりです．

## 6.4　電力用抵抗器の電気的特性

▶最高使用電圧

　抵抗器の端子間に連続して加えることができる電圧(素子最高電圧)です．定格電圧は次式で求めることができますが，最高使用電圧がカタログなどで規定されている場合は，その値あるいは定格電圧のいずれかの小さいほうの値が最高使用電圧となります．

$$V_r = \sqrt{P_r R_r}$$

ただし，$V_r$：定格電圧［V］
$P_r$：定格電力［W］
$R_r$：公称抵抗値［Ω］

なお，交流電圧の場合，ピーク電圧は実効値の1.41倍を越えないようにします．

▶耐電圧（アイソレーション電圧）

連続動作状態で抵抗器の端子を一括したものと，ケースまたは取り付け金具間に与えることができる最大ピーク電圧です．

▶電力軽減曲線

使用する周囲温度によって，図6.12のような電力軽減曲線に従い，負荷率が規定されています．**表6.4のRHタイプのようにシャーシ取り付け型は，シャーシ取り付け時と空間時の定格電力が規定されています．したがって，シャーシに取り付けない場合は，空間時の値が定格電力となります．**

また，標準シャーシより小さいシャーシに取り付けた場合や，規定より高い周囲温度で使用する場合は，個々に電力軽減が必要です．

▶ディレーティング

抵抗器は発熱体のため，ほかの部品への悪影響や信頼性向上の面からも，できるだけ定格電力の50％以下での使用を推奨します．

▶過渡的負荷

図6.13のように短時間過負荷が断続的に加えられる場合には，次式により平均電力$P_{(AV)}$を求めます．

$$P_{(AV)} = I^2 R \quad \text{または} \quad P_{(AV)} = \frac{E^2}{R} \frac{\tau}{T}$$

ただし，$\tau$：パルス供給時間［秒］
$T$：繰り返し周期［秒］

$CR$回路の場合は $\tau = CR$，$C$：静電容量［F］，$R$：抵抗値［Ω］

繰り返し周期$T$が10秒より長い場合は，そのまま算出すると$P_{(AV)}$が非常に小さくなるため，10秒を越える場合でも10秒で算出します．

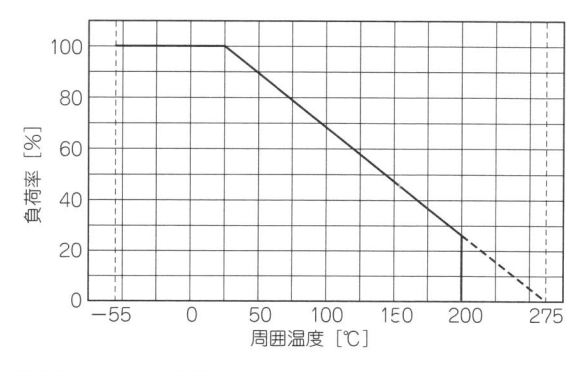

図6.12　電力軽減曲線

# 第6章

## ●●●● ポテンショメータ ●●●●

ポテンショメータは半固定抵抗器のことで，電子回路において部品の電気的なバラツキを調整（トリミング）するのでトリマとも呼ばれています．代表的なポテンショメータとしては，
- サーメット型
- 巻き線型
- 炭素皮膜型

などがあります．

サーメット型トリマ・ポテンショメータは，工業用ではもっとも標準的なポテンショメータです．セラミックまたはガラスと貴金属の微粒子を高温焼成したもので，セラミック＋メタルからサーメットと呼ばれています．

サーメット型ポテンショメータの温度係数は，通常±100 ppm/℃（低抵抗値では250 ppm/℃）と比較的良好で，抵抗値も10Ω～数MΩまで製品化されています．**写真6.A**に小型ポテンショメータST-2（日本電産コパル電子）の外観，**表6.A**にその仕様を示します．

巻き線型は温度係数が50 ppm/℃（max）と非常に小さいので，計測用に使用されます．ただ，あまり高抵抗値ができないこと（μ-11タイプで100 kΩまで）と価格が高いことが欠点です．

**図6.A**に，巻き線型とサーメット型の温度係数の違いを示します．図からわかるように，巻き線型の温度係数は温度によらず常に一定ですが，サーメット型では抵抗温度係数が温度依存性をもっています．低温側では負の温度係数ですが，高温側では正の温度係数です．その中間の40℃付近では温度係数がゼロになります．**写真6.B**に巻き線型ポテンショメータμ-8/μ-11の外観，**表6.B**にその仕様を示します．ここで分解能は，巻き線型では回転角度に対して抵抗値は直線的

写真6.A　サーメット型ポテンショメータST-2の外観（コパル電子）

表6.A　ST-2の仕様

| 公称抵抗値範囲 | 100 Ω～1 MΩ |
|---|---|
| 抵抗値許容差 | ±20% |
| 定格電力 | 0.1 W（70℃）0 W（125℃） |
| 抵抗変化特性 | 直線性（B） |
| 最大入力電圧 | DC50 Vまたは定格電力のいずれか小さいほう |
| 最大ワイパ電流 | 定格電力による（$L = \sqrt{P/R}$ A） |
| 有効電気的回転角度 | 240°（1turn） |
| 残留抵抗値 | 1%または2Ωのいずれか大きいほう |
| 接触抵抗変化 | 2%または3Ωのいずれか大きいほう |
| 使用温度範囲 | -55～125℃ |
| 抵抗温度係数 | $\pm 150 \times 10^{-6}$/℃ |
| 絶縁抵抗 | 1000 MΩ（min）（DC500 V） |
| 絶縁耐圧 | AC500 V，60秒 |
| 質量 | 約0.032 g |

表6.B　μ-8/μ-11の仕様

| | μ-8（1208） | μ-11（1211） |
|---|---|---|
| 公称抵抗値範囲 | 10 Ω～50 kΩ | 10 Ω～100 kΩ |
| 抵抗値許容差 | ±10% | ±5% |
| 定格電力 | 0.5 W（70℃）<br>0 W（120℃） | 0.75 W（70℃）<br>0 W（120℃） |
| 電気的変化 | 機械的調整範囲以内 | |
| 残留抵抗値 | 2%または1Ωのいずれか大きいほう | |
| 絶対最小抵抗値 | 0.5%<br>または1Ωのいずれか大きいほう | 0.25% |
| 分解能 | 1.66～0.19% | 1.43～0.12% |
| 摺動ノイズ | 100 Ω（ENR）（max） | |
| 使用温度範囲 | -55～120℃ | |
| 抵抗温度係数 | $\pm 50 \times 10^{-6}$/℃（max） | |
| 絶縁抵抗 | 1000 MΩ（min）（DC500 V） | |
| 絶縁耐圧 | 900 Vrms，1分（室温） | |
| 質量 | 約1.08 g | 約3.19 g（μ-11P）<br>約3.49 g（μ-11L）<br>約9.13 g（μ-11PB）<br>約9.31 g（μ-11LB） |

## コラム6.A

ではなくステップ上に変化します．この最小ステップを分解能と呼んでいます．

分解能は巻き線の太さと摺動長により決まり，抵抗値が大きい方が分解能はよくなります．ちなみに，サーメット型の分解能は理論的には無限小です．

炭素皮膜型ポテンショメータの温度係数は数百～数千ppm/℃と大きいのですが，生産性に優れ低価格なため民生機器および通信機器など幅広く使用されています．

● **ポテンショメータの抵抗変化特性について**

図6.Bに，ポテンショメータの抵抗変化特性を示します．
A特性：回転角に対して対数関数的な変化をする
B特性：回転角に対して直線的な変化をする（リニア特性）
C特性：回転角に対して対数関数的な変化をする（A特性とは逆）
D特性：回転角に対して指数関数的な変化をする

通常よく使用されるのは，B特性です．

（山崎健一）

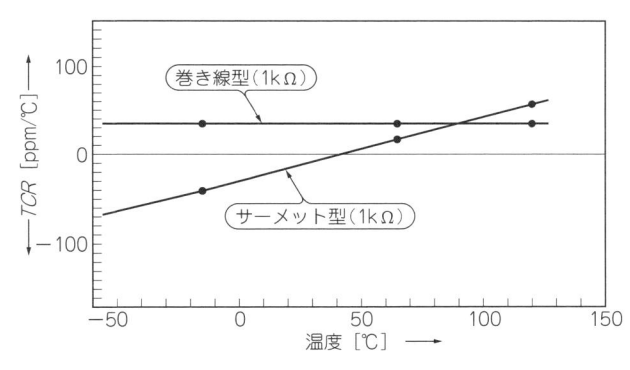

図6.A　サーメット型と巻き線型の温度係数の違い

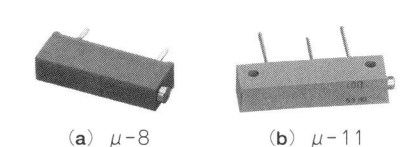

写真6.B　巻き線型ポテンショメータμ-8/μ-11の外観（コパル電子）

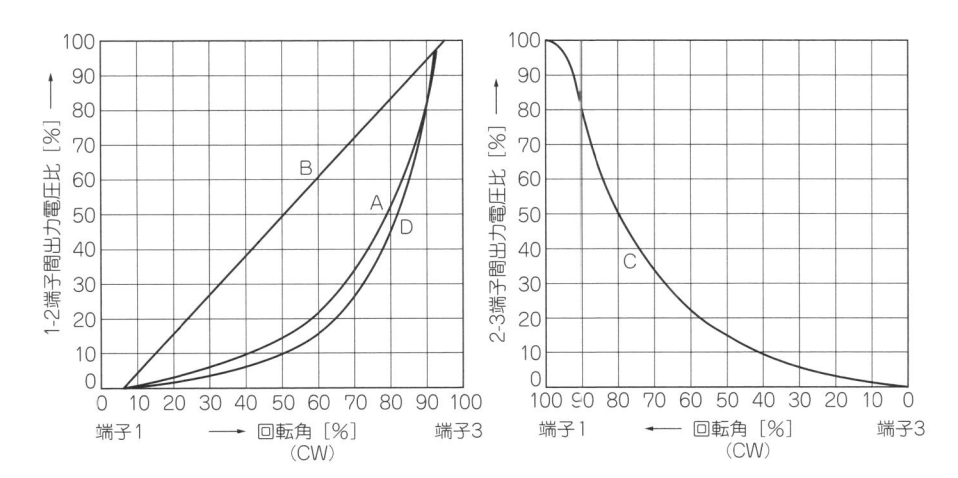

図6.B　ポテンショメータの抵抗変化特性

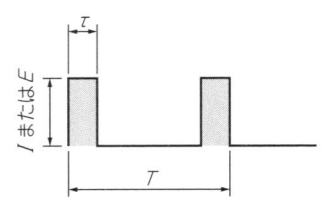

図6.13 短時間過負荷が断続的に加えられる波形

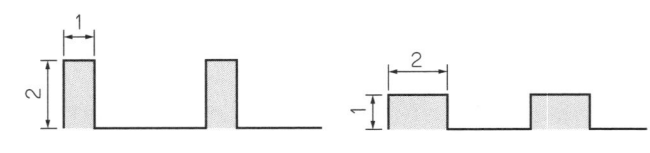

図6.14 抵抗器に加えるエネルギーが同じであっても，時間が短いほど熱応力が大きい

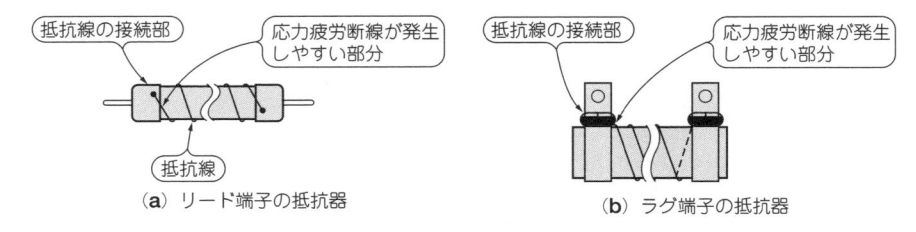

(a) 抵抗線への熱応力が大きい
(b) 抵抗線への熱応力が小さい

(a) リード端子の抵抗器
(b) ラグ端子の抵抗器

図6.15 巻き線抵抗器の断線例

　算出した平均電力が，前述した電力軽減やディレーティング後の電力以下であることが設計の目安です．しかし，実使用条件で実験し，安全性を確認することが大切です．

　大きい電力を非常に短い時間加え，繰り返しが数秒以上と長い場合は，抵抗器表面には熱伝導されないため，シャーシ取り付け型の抵抗器の放熱効果が発揮されません．このような場合は，空間に置いたときの定格電力を採用する必要があります．

　また，**図6.14**のように，抵抗器に加えるエネルギが同じであっても，加える時間が短いほど，熱エネルギが抵抗線周囲に放散されず，抵抗線単体でエネルギを消費することになり，抵抗線の熱ストレスは大きくなります．

　一般の巻き線抵抗器は，抵抗線端末が**図6.15**のようにキャップ端子などに接続固定されており，接続付近が電力供給時の熱応力による膨張収縮の繰り返しで，疲労断線に至る場合があります．

　異常電力による過負荷以外が原因の断線は，ほとんどが応力サイクルによる疲労断線で，熱サイクルでの高温酸化による断線は希少です．

　したがって，同じ熱エネルギであっても加える時間が短くなるほど，電力軽減率を大きくとる必要があります．

　かつては，ほうろう抵抗器のような大電力型の抵抗器はかなり需要がありましたが，機器の小型化や構成部品の小電力化にともない，抵抗器の需要も小電力の方向に進んできました．

　今後は，地球環境問題などにより鉛フリー化や省エネルギ化，省資源化がますます加速され，小電力高安定化とともに機械的にも強く，再利用しやすい取り付け構造などが求められるでしょう．

（北上俊憲）

**参考文献**
(1) JIS C 5201-1，電子機器用固定抵抗器，第1部，品目別通則，(財)日本規格協会．
(2) 総合電子部品ハンドブック，第1版，電波新聞社，1980．

# 第二部 抵抗器の基礎と応用

# 第7章 パワー・サーミスタ

　サーミスタは，温度によって抵抗値が変化する部品で，主として温度計測用センサなどに使用されています．パワー・サーミスタは，温度が上昇すると抵抗値が減少するNTC(negative temperature coefficient)サーミスタの一種で，温度が上昇すると急激にその抵抗値が減少する特性に着目され，過大電流の抑制用として容量の小さい電源などに使われています．

　本章では，このパワー・サーミスタについて解説します．

## 7.1 パワー・サーミスタの概要

　パワー・サーミスタは，サーミスタと同じく遷移金属酸化物の混合物をプレスして焼成したセラミックスの一種です．図7.1にパワー・サーミスタの抵抗-温度特性を示します．この図を見るとわかるように，パワー・サーミスタは低温時の抵抗値が高いので，電源スイッチON時に平滑コンデンサに流

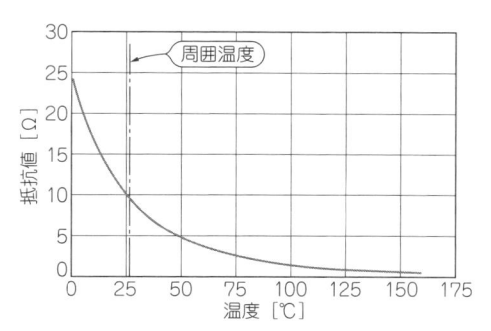

図7.1　パワー・サーミスタM10010の抵抗-温度特性

表7.1　パワー・サーミスタ Mark Ⅱ シリーズ（石塚電子）の電気的特性

| 型　名 | | 記　号 | M5R107 | M10007 | M10010 | 単　位 |
|---|---|---|---|---|---|---|
| 公称ゼロ負荷抵抗値 | | $R_{25}$ | 5.1 ± 10% | 10.0 ± 10% | 10.0 ± 10% | Ω |
| 公称$B$定数 | | $B_{25/85}$ | 2900 ± 5% | | 3150 ± 5% | K |
| 瞬時エネルギ耐量(参考値) | | $E_{max}$ | 2.0 | 3.4 | 8.2 | J |
| 最大許容電流＠$T_a = 25$℃ | | $i_{th(max)}$ | 2.5 | 1.9 | 2.3 | A |
| 残留抵抗値 | | $R_r$ | 0.32 | 0.62 | 0.49 | Ω |
| 熱放散定数 | | $\delta$ | 16.9 | 17.1 | 19.6 | mW/℃ |
| 熱時定数(参考値) | | | 20 | 30 | 60 | s |
| 使用温度範囲(素子内部温度) | | $T_{opr}$ | −40 〜 +160 | | | ℃ |
| 許容コンデンサ容量 | AC100 V | $C$ | 400 | 680 | 1640 | μF |
| | AC120 V | | 270 | 470 | 1130 | |
| | AC220 V | | 80 | 140 | 330 | |
| | AC240 V | | 60 | 110 | 280 | |

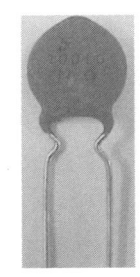

写真7.1　パワー・サーミスタの外観
（M10010，石塚電子）

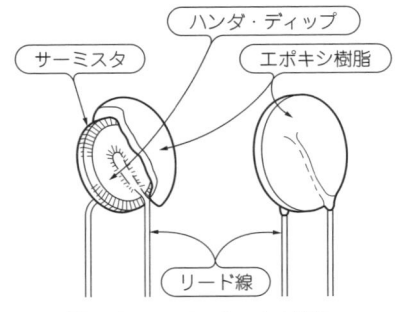

図7.2$^{(2)}$　パワー・サーミスタの構造

れる大きな充電電流を抑制することができます．電流が流れ出すと，パワー・サーミスタ自身の発熱によって部品の温度が上昇し抵抗値が低下し，定常動作時における損失は小さくなります．

パワー・サーミスタの例として，**写真7.1**，**表7.1**に石塚電子のMark Ⅱシリーズの外観と電気的特性を示します．**図7.2**に示すような構造になっています．

## 7.2　パワー・サーミスタの使い方

● 動作時の抵抗値をできるだけ下げる

パワー・サーミスタは，自己発熱によって温度が上昇して抵抗値が下がり，損失が小さくなります．この損失を最小限に抑えるためには，補償温度範囲160℃を越えないレベルで温度を上げることが，選定のポイントになります．

次に示す式は，内部温度$T_X$と残留抵抗$R_X$，消費電力$P_C$およびサーミスタに流れる電流$I_L$の関係を表したものです．

$$R_X = R_{25}\, e^{\alpha}$$

表7.2 パワー・サーミスタの素子温度と残留抵抗値の関係

| 温度 $T_X$ [℃] | 残留抵抗値 $R_X$ [Ω] | 消費電力 $P_C$ [W] | サーミスタに流れる電流 $I_L$ [A] | 温度 $T_X$ [℃] | 残留抵抗値 $R_X$ [Ω] | 消費電力 $P_C$ [W] | サーミスタに流れる電流 $I_L$ [A] |
|---|---|---|---|---|---|---|---|
| 25 | 10.0000 | −0.4900 | — | 105 | 1.0698 | 1.0780 | 1.004 |
| 30 | 8.4008 | −0.3920 | — | 110 | 0.9596 | 1.1760 | 1.107 |
| 35 | 7.0974 | −0.2940 | — | 115 | 0.8632 | 1.2740 | 1.215 |
| 40 | 6.0286 | −0.1960 | — | 120 | 0.7785 | 1.3720 | 1.328 |
| 45 | 5.1470 | −0.0980 | — | 125 | 0.7040 | 1.4700 | 1.445 |
| 50 | 4.4160 | 0.0000 | 0.000 | 130 | 0.6382 | 1.5680 | 1.567 |
| 55 | 3.8065 | 0.0980 | 0.160 | 135 | 0.5799 | 1.6660 | 1.695 |
| 60 | 3.2957 | 0.1960 | 0.244 | 140 | 0.5282 | 1.7640 | 1.827 |
| 65 | 2.8657 | 0.2940 | 0.320 | 145 | 0.4822 | 1.8620 | 1.965 |
| 70 | 2.5020 | 0.3920 | 0.396 | 150 | 0.4411 | 1.9600 | 2.108 |
| 75 | 2.1930 | 0.4900 | 0.473 | 155 | 0.4044 | 2.0580 | 2.256 |
| 80 | 1.9293 | 0.5880 | 0.552 | 160 | 0.3715 | 2.1560 | 2.409 |
| 85 | 1.7034 | 0.6860 | 0.635 | 165 | 0.3419 | 2.2540 | 2.568 |
| 90 | 1.5091 | 0.7840 | 0.721 | 170 | 0.3153 | 2.3520 | 2.731 |
| 95 | 1.3414 | 0.8820 | 0.811 | 175 | 0.2912 | 2.4500 | 2.900 |
| 100 | 1.1961 | 0.9800 | 0.905 | 180 | 0.2695 | 2.5480 | 3.075 |

☐：85 V 動作電流

$$\alpha = B_{25/85}\left(\frac{1}{273.15 + T_X} - \frac{1}{273.15 - 25}\right)$$

$$P_C = \delta(T_X - T_A)$$

$$I_L = \sqrt{P_C/R_X}$$

ただし，$R_{25}$ ：公称ゼロ負荷抵抗値(10)［Ω］

$B_{25/85}$：公称B定数(3150)

$\delta$　：熱放散定数(19.6)［mW/℃］

$T_X$　：内部温度

$R_X$　：残留抵抗値［Ω］

$P_C$　：消費電力［W］

$I_L$　：サーミスタに流れる電流［$A_{RMS}$］

**表7.2**に示したのは，$T_X$を変化させながら算出した残留抵抗値と消費電力です．この表から，サーミスタ電流が最大(1.6 $A_{RMS}$)になるAC85 V入力時の内部温度は135℃，消費電力は約1.7 Wであることがわかります．パワー・サーミスタの抵抗誤差10%を考慮すると，内部温度は150℃程度になるため，使用温度範囲(−40～+160℃)に対してマージンがあります．

● パワー・サーミスタの動作確認

▶突入電流の実測

**図7.3(a)**に示したのは，$T_a = 25$℃におけるAC140 V入力時の突入電流です．許容値の22 $A_{peak}$に対し18 $A_{peak}$となっており，問題がないことがわかります．**図7.3(b)**は，$T_a = 50$℃の突入電流です．

# 第7章

30 $A_{peak}$の電流が流れており，パワー・サーミスタの温度によって抵抗値が変化しています．

▶動作電流の確認

 図**7.4**は動作時の電流です．図に示すように動作電流は1.6 $A_{RMS}$（約2.3 $A_{peak}$）であり，許容電流値2.1 $A_{RMS}$を満足しています．また，パワー・サーミスタの表面温度も110℃であり，中心部までの温度差を考慮しても160℃以下に十分収まっていました．

● パワー・サーミスタ使用上の注意点

①ファンで強制空冷するシステムでは，風が直接パワー・サーミスタに当たらないようにします．温度が下がりすぎると，定常動作時に抵抗値が大きくなり電力損失が増加します．また，最悪の場合には，表面と内部温度のバランスが崩れて，パワー・サーミスタが破損する場合があります．

②高温で動作するので，電解コンデンサなどのようにとくに熱を嫌う部品からはできるだけ間隔を保って配置します．

③ON/OFFが頻繁に繰り返される機器では，パワー・サーミスタの温度が下がりきらない間に，再びONされることがあります．この場合，サーミスタの温度が高いままで抵抗値が下がりきっていないため，電流制限作用が機能しません．

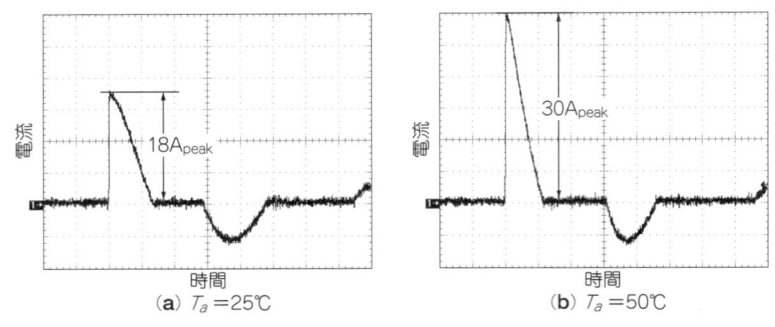

(a) $T_a = 25℃$　　(b) $T_a = 50℃$

**図7.3 パワー・サーミスタを挿入したときの突入電流波形**
(5 A/div, 2.5 ms/div)（M10010，石塚電子）

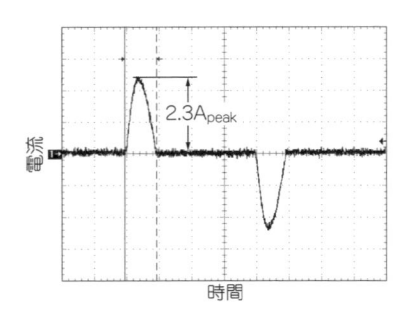

**図7.4 パワー・サーミスタを挿入したときの動作電流波形**
(1 A/div, 2.5 ms/div)（M10010，石塚電子）

## 7.3 パワー・サーミスタの応用例

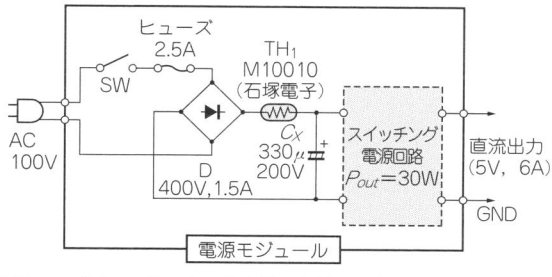

図7.5は，パワー・サーミスタを使った電源回路です．仕様を表7.3に示します．

● パワー・サーミスタの抵抗値 $R_{th}$ の算出

抵抗値は，次のようにオームの法則で求まります．

最大入力電圧140 $V_{RMS}$ 入力時の全波整流後のピーク電圧約198 $V_{peak}$ ($=\sqrt{2}\times 140$) を，突入電流の許容値22 $A_{peak}$ で割ると抵抗値が求まります．ここで，許容誤差10％を補正して，

$$R_{th} \geqq 1.1 \times \sqrt{2}\, \frac{v_{in}}{I_{peak}} = 1.1 \times \sqrt{2} \times \frac{140}{22} \fallingdotseq 9.9\,\Omega$$

と求まります．

カタログから，$T_a = 25\,℃$ 時における抵抗値 $R_{25}$ が，上記の算出値に近いM10007とM10010 (Mark IIシリーズ，石塚電子) を選びます (**表7.1** 参照)．

● 突入電流制限回路に流れる動作電流がパワー・サーミスタの最大許容電流以下かどうか

▶ 最大動作電流 $i_{th(max)}$ の算出

動作電流 $i_{th}$ が，選定したパワー・サーミスタM10007の動作条件における最大許容電流値を越えていないかどうかを確認します．動作電流とは，パワー・サーミスタ導通期間 $t_{on}$ の実効電流値 (**図7.6**) のことで，次式で表されます．

$$i_{th} = \frac{P_{out}}{\sqrt{2}\,\eta F_P v_{in} \sqrt{\dfrac{t_{on}}{2T}}} \quad\cdots\cdots (1)$$

ただし，$\eta$ ：電源の効率

$F_P$ ：力率

$T$ ：商用周波数における1周期の時間 (50 Hz地域なら10 ms) [s]

$t_{on}$ ：パワー・サーミスタの導通期間 (保持時間20〜40 msのときは2.5〜5.0) [ms]

図7.5 パワー・サーミスタを使った電源回路

表7.3 図7.5の電源回路の仕様

| 項目 | 記号 | 値 |
|---|---|---|
| 入力電圧 | $v_{in}$ | AC85〜140 V |
| 周囲温度 | $T_a$ | 25 ℃ |
| 平滑コンデンサ容量 | $C_X$ | 330 µF ± 20% |
| 突入電流許容値 | $I_{peak}$ | 22 $A_{peak}$ @ $T_a$ = 25 ℃ |
| 電流出力容量 | $P_{out}$ | 30 W |
| 動作時周囲温度 | $T_{a(opr)}$ | 50 ℃ |
| スイッチング電源の効率 | $\eta$ | 75% |
| 力率 | $F_P$ | 0.6 |

$v_{in}$：入力電圧［$V_{RMS}$］

$i_{th}$が最大になるのは$v_{in} = 85\ V_{RMS}$のときなので，

$$i_{th(max)} = \frac{30}{\sqrt{2} \times 0.75 \times 0.6 \times 85 \times \sqrt{\frac{2.5}{2 \times 10}}}$$

$$\fallingdotseq 1.6\ A_{RMS}$$

と求まります．

▶最大許容電流$i_{T(max)}$の算出

**表7.2**から，動作時の周囲温度は50℃まで上昇します．したがって，**図7.7**から最大許容電流の許容電流軽減係数$K_I$は0.9と求まります．**表7.1**から，パワー・サーミスタM10007の最大許容電流@$T_a$ = 25℃は1.9 $A_{RMS}$なので，0.9をかけて$i_{T(max)}$ = 1.7 $A_{RMS}$と求まります．

以上から，動作電流はパワー・サーミスタM10007の最大許容電流より小さいことがわかります．

同様に，M10010の場合も計算すると，

$i_{th(max)}$ = 1.6 $A_{RMS}$，$i_{T(max)}$ = 2.1 $A_{RMS}$

となり，条件を満足していることがわかります．

もし，条件が満たされない場合は，抵抗値が5.1 ΩのM5R107（**表7.1**）を直列に2個接続するか，抵抗値が同じで許容電流が大きい製品に変更します．

● 平滑コンデンサ $C_X$ の瞬時エネルギ耐量の確認

パワー・サーミスタM10007の瞬時エネルギ耐量によって，使用できる平滑コンデンサの容量$C_X$の最大値が決まります．$C_X$は次式から最大347 $\mu$Fと求まります．

$$C_X \leq \frac{2E_{max}}{v_{in(max)}^2} = \frac{2 \times 3.4}{140^2} \fallingdotseq 347\ \mu F$$

ただし，$E_{max}$：瞬時エネルギ耐量（M10007の場合 3.4）［J］

$v_{in(max)}$：AC入力電圧の最大値［$V_{RMS}$］

**表7.2**から，使用する予定の$C_X$の容量は330 $\mu$Fですが，許容差（±20％）を考慮すると1.2倍して396

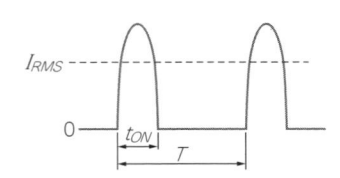

**図7.6** パワー・サーミスタの動作電流波形

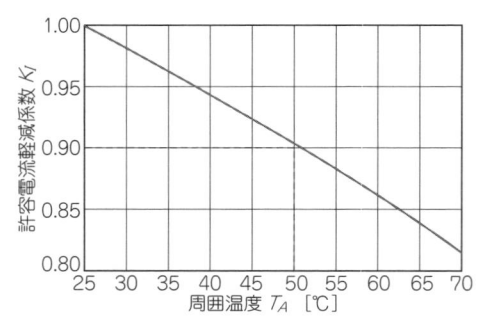

**図7.7** パワー・サーミスタMark Ⅱシリーズ（石塚電子）の許容電流軽減曲線

μFですから，M10007は使えません．

一方，M10010の許容コンデンサ容量を計算すると，

$C_X \leq 837\ \mu\text{F}$

となるので，使えることがわかります．

なお，前述したようにパワー・サーミスタM5R107（**表7.1**）を2個直列に接続するか，抵抗値が同じで許容電流が大きい製品に変更する方法もあります．

直列接続時の計算例は，次のようになります．直列接続したサーミスタの数で入力電圧を割った電圧値を使うことに注意してください．

$$C_X \leq \frac{2 E_{\max}}{\left(\frac{V_{in(\max)}}{2}\right)^2} = \frac{2 \times 2}{(140/2)^2} \fallingdotseq 816\ \mu\text{F}$$

以上の計算から，パワー・サーミスタM10010を使用することに決定しました． （山崎幸雄）

**引用文献**
(1) 石塚電子（株），Power Thermistor Mark Ⅱ カタログ，1999年2月．
(2) 土屋憲司；パワー・サーミスタとは，電子回路部品活用ハンドブック，CQ出版（株）

## 第二部 抵抗器の基礎と応用

# 第8章 電流測定用シャント抵抗器

　シャント抵抗器は分流器とも呼ばれ，抵抗値が非常に小さい抵抗器です．大電流用に数万A を流せるものや，ワイヤを曲げ加工した低価格なもののほか，一般の巻き線抵抗器を電流検出用に使うこともあります．近年ではマイクロモジュール用や，パワー型のハイブリッド回路用として設計された高精度な製品も市販されています．

　本章では，電流の精密検出用に製品化されたシャント抵抗器について解説します．

## 8.1　シャント抵抗器の種類

(1) 大電流タイプ

　大電流タイプのシャント抵抗器(Shunt Resistor)は，銅や真鍮などのブロックに，電流端子と電圧端子を設けて，図8.1のようにマンガニンの板材や棒材を電流量に応じて，複数並列に接続したもので，定格電流は数A～数万A流せるものがあります．

(2) 精密タイプ

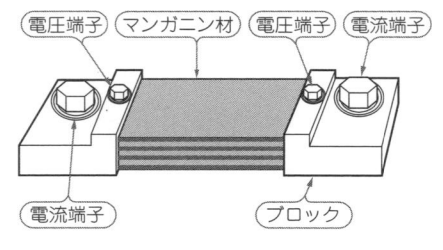

図8.1　大電流タイプのシャント抵抗器の構造

表8.1 精密タイプのシャント抵抗器の仕様(ピーシーエヌ)

| 型名 | 定格電力[W] | | 許容差別最小抵抗値[Ω] | | | | | 耐電圧[V] | 標準取り付けアルミ・シャーシ寸法[mm] |
|---|---|---|---|---|---|---|---|---|---|
| | シャーシ取り付け | 空間 | ±0.5% | ±0.1% | ±0.05% | ±0.02% | ±0.01% | | |
| RH-25E4 | 6 | 3 | 0.01〜 | 0.03〜 | 0.05〜 | 0.1〜 | 10〜 | 1000 | 152×102×51×t1 |
| RH-50ML | 10 | 4 | 0.005〜 | 0.01〜 | 0.02〜 | 0.05〜 | 1〜 | 2000 | 178×127×51×t1 |
| RH-75ML | 20 | 8 | 0.001〜 | 0.001〜 | 0.005〜 | 0.01〜 | 1〜 | 4500 | 305×305×t3 |
| RH-100ML | 30 | 12 | 0.001〜 | 0.001〜 | 0.005〜 | 0.01〜 | 1〜 | | |
| RH-250ML | 50 | 20 | 0.001〜 | 0.001〜 | 0.005〜 | 0.01〜 | 1〜 | | |

▶ 使用温度範囲：−55〜+125℃
▶ 抵抗温度係数：4端子型は±30〜±50ppm/℃，2端子型は±30〜±100ppm/℃

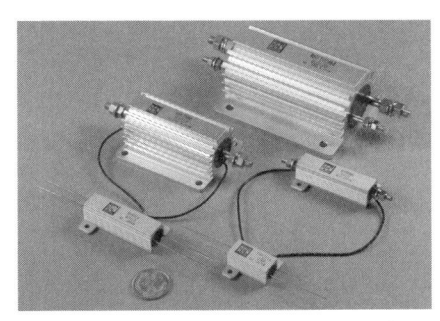

写真8.2 小型放熱機能タイプのシャント抵抗器 PBV，PBH の外観

写真8.1 精密タイプのシャント抵抗器の外観

表8.2 小型放熱機能タイプのシャント抵抗器PBV，PBHの仕様(ピーシーエヌ)

| 型名 | 定格電力[W] | | 抵抗値範囲[Ω] | 抵抗値許容差[%] | 抵抗温度係数[ppm/℃](20〜60℃) | 内部熱抵抗注[℃/W] |
|---|---|---|---|---|---|---|
| | 放熱器取り付け | 空間 | | | | |
| PBV | 10注 | 1.5 | 0.001〜1 | ±0.5, ±1 | ±30($R>10\,m\Omega$) | 3 |
| PBH | | | 0.01〜10 | ±2, ±5 | ±50($R>20\,m\Omega$) | 4 |

注：抵抗素体の限界温度は+125℃である．125℃を越える場合は，簡略式で熱抵抗を算出し，対応する放熱器を選定すること．(本文参照)

表8.1に，精密タイプのシャント抵抗器の仕様例を示します．これは，素体を放熱用ケースに挿入した絶縁型のシャント抵抗器です．定格電力は1〜50Wと豊富で，端子形状は写真8.1に示すようなリード線やねじ留めタイプなどが多種あります．

**(3) 小型放熱機能タイプ**

PBV(4端子型)は，抵抗温度係数が小さく，精密な電流検出に適しています．仕様を表8.2に示します．写真8.2は，2端子型と4端子型の外観です．裏面がアルミ板なので放熱器に取り付ければ10Wまで加えることができます．抵抗素体の限界温度は+125℃なので，限界温度を越えそうな場合は，次の簡略式で熱抵抗を算出し，それに対応する放熱器を選定します．

$$R_{tha} = \frac{(T_j - T_a) - \{(R_{thi} + R_{thd})P_{tr}\}}{P_{tr}}$$

ただし，$T_j$：抵抗素体限界温度[℃]

$T_a$：周囲温度[℃]

$R_{thi}$：内部熱抵抗［℃/W］
$R_{thd}$：放熱グリースなどの熱抵抗［℃/W］
$R_{tha}$：放熱器の熱抵抗［℃/W］
$P_{tr}$　：抵抗器への負荷電力［W］

たとえば，周囲温度 $T_a = 50$ ℃のとき，負荷電力 $P_{tr} = 5$ W で使用する場合，熱抵抗がいくらの放熱器に取り付ければよいかを計算します．PBV の内部熱抵抗は**表8.2**から $R_{thi} = 3$ ℃/W です．これらから，11.5 ℃/W 以下の放熱器に取り付ければよいことになります．

$$R_{tha} = \frac{(125 - 50) - \{(3 + 0.5) \times 5\}}{5} = 11.5 \text{［℃/W］}$$

● チップ・タイプのシャント抵抗器

**表8.3**に示したのは，表面実装用シャント抵抗器の仕様です．これらは素体から発熱した熱を電極な

表8.3　チップ・タイプ・シャント抵抗器の仕様（ピーシーエヌ）

| 型名 | 負荷能力[注]<br>[W] | 抵抗値範囲<br>[Ω] | 抵抗値許容差<br>[％] | 抵抗温度係数<br>[ppm/℃]（20～60℃） | 内部熱抵抗<br>[℃/W] |
|---|---|---|---|---|---|
| SMV | 1～3 | 0.001～1 | ± 0.5，± 1， | ± 30($R > 10$ mΩ) | ＜ 15 |
| SMR |  | 0.01～4.7 | ± 2，± 5 | ± 30($R > 20$ mΩ) | ＜ 15 |
| PMA | 0.3～3 | 0.002～1 | ± 1，± 5 | ± 30($R > 10$ mΩ) | ＜ 10 |
| PMB | 0.5～20 | 0.001～0.02 |  |  | ＜ 2.5 |

注：抵抗素体の限界温度は＋125℃である．＋125℃を越える場合は放熱対策が必要である．

(a) 左：SMV（4端子型），右：SMR（2端子型）

(b) PMA（表と裏のようす）

(c) PMB（4端子型の表と裏のようす）

(d) BVE（2端子型）

**写真8.3　チップ・タイプ・シャント抵抗器の外観**

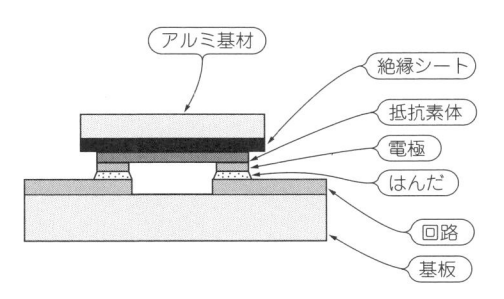

図8.2　PMA型チップ・シャント抵抗器の実装例

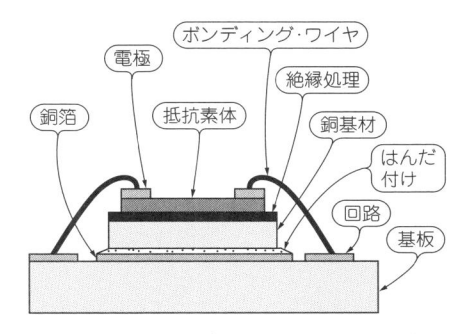

図8.3　PMB型チップ・シャント抵抗器の実装例

どから放熱するように設計されているため，取り付けを工夫することで小型ながら大きい負荷能力があります．**写真8.3**が外観です．

▶ SMV（4端子型），SMR（2端子型）

熱伝導のよい銅端子を使用し，端子厚さを0.3 mmにして，抵抗素体と端子間の熱抵抗を15℃/W以下にしてあるため，放熱効果の大きい基板に実装して，抵抗素体温度を＋125℃以下に維持することで，3 Wまで加えることができます．

▶ PMA

フェイス・ダウン実装用で，絶縁処理したアルミ板に抵抗素体を貼り付けて電極を形成してあり，その面を**図8.2**のように基板回路面にはんだ付けして使用します．

▶ PMB（4端子型）

ワイヤ・ボンド実装用で，銅板に熱伝導の良い絶縁材と抵抗素体を貼り付けることで，抵抗素体と銅板間の熱抵抗を2.5℃/W以下にしてあります．また，裏面を高放熱基板にはんだ付けすることで，熱伝導を効果的にし，抵抗素体温度を＋125℃以下に維持することで，最大20 Wまで加えることができます．

**図8.3**のように実装し，各電極は基板回路にワイヤ・ボンディングします．大きな電流を流す場合は，数本のワイヤをボンディングする必要があります．

▶ BVS/BVE（2端子型）

**表8.4**は極低抵抗タイプの仕様で，小型ながら最大160 Aの大電流を流せます．2端子構造でありながら，**図8.4**のように基板回路の電圧端子を内側から取ることで，4端子構造に近くなり，回路上での温度係数の影響を最小限にすることができます．

表8.4　極低抵抗型チップ・シャント抵抗器の仕様（ピーシーエヌ）

| 形名 | 負荷能力(W)注 | 標準抵抗値(Ω) | 抵抗値許容差(％) | 抵抗温度係数(20℃〜60℃) | 使用温度範囲 | 内部熱抵抗(基板実装時のa〜b間) |
|---|---|---|---|---|---|---|
| BVS | 0.5〜3 | 0.2 m/0.3 m/0.5 m/1 m/2 m/3 m/4 m | ±1 ±2 ±5 | ±50 ppm/℃ ($R≧1 mΩ$) | −55℃〜＋170℃ | 10℃/W未満 |
| BVE | 1〜5 | 0.2 m/0.3 m/0.5 m/1 m | ±5 | | | |

注：抵抗素子部は＋150℃が制限温度

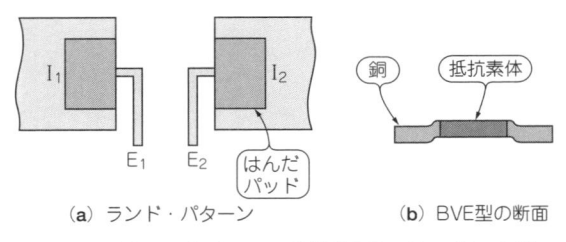

(a) ランド・パターン　　(b) BVE型の断面

図8.4　BVE型チップ・シャント抵抗器のランド・パターン例

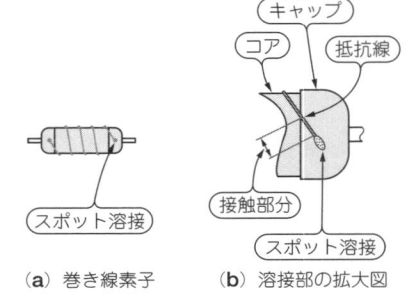

(a) 巻き線素子　　(b) 溶接部の拡大図

図8.5　抵抗線の溶接状態

## 8.2　シャント抵抗器の使用上の注意

● 熱起電力の影響

熱起電力は，異種金属の接合部において，双方の間に温度差が生じることによって発生します．

電力型巻き線抵抗器の低抵抗は，通常銅ニッケル材を使用しています．銅ニッケル材の対銅熱起電力は約 4 mV（0～100℃）と大きいため，たとえば，1 Ωの抵抗に 1 A 加えて，電圧 1 V を出力した場合，抵抗線と銅端子間の温度差が100℃あったと仮定すると，出力が0.4％増加することになるため，銅ニッケル材を使用した抵抗器では高精度な検出ができません．

このような場合は，マンガニン材などのような低熱起電力の抵抗材で製作されたシャント抵抗器が適しています．マンガニン材は，対銅熱起電力が－0.2 mV（0～100℃）以下です．

● 安定性への温度の影響

マンガニン材の最高使用温度は約＋140℃ですが，抵抗素体温度が高いほど変化が大きくなります．一般には，＋125℃以下が推奨されていますが，初期値からの変化をできるだけ小さくしたい場合は，＋70℃以下が適当と思われます．

したがって，周囲温度による電力軽減以外に，定格電力の50％以下で使用することを推奨します．

また，抵抗値精度が±0.1％以上の高精度品を長期に維持する必要がある場合は，さらに軽減が必要です．

● 抵抗線のスポット溶接部の影響

電力型巻き線抵抗器の多くは，抵抗線端末はキャップとスポット溶接で接続されています．この場合，図8.5のように抵抗線の溶接部付近には，抵抗線とキャップに接触部分が発生します．

高抵抗値では無視できますが，小型で低抵抗値になるほど抵抗線の巻き線長が短くなるため，有効巻き線長に対して接触部分の比率が大きくなり，使用中の発熱などで接触部分が不安定要因となります．このため，実装評価結果だけで判断することなく，メーカが保証する規格値を確認する必要があります．

〈北上俊憲〉

## 第二部　抵抗器の基礎と応用

# 第9章　抵抗器の選び方と使い方

前章までは，さまざまな抵抗器の種類と特徴などについて詳しく解説してきましたが，本章では具体的な電子回路においてどのように抵抗器を選び，使用すればよいかについて解説します．

## 9.1　基本的な抵抗器の使い方

小電用の抵抗器として電子回路で一般に使われているのは，炭素皮膜抵抗器です．いずれも円柱形のセラミックの基体（角板形もある）の表面に皮膜状の抵抗体を形成したもので，小型，安価で量産に適した構造です．

炭素皮膜抵抗器は抵抗体として炭素を使っており，もっとも安価ですが安定性やノイズなどの特性はやや劣ります．したがって，あまり高精度を必要としない部分に使います．

金属皮膜抵抗器は，抵抗体としてNi-Crやタンタルなどの合金を使ったものです．より高安定，低ノイズの回路に使います．

● 炭素皮膜抵抗器に比べて金属皮膜抵抗器は，許容差の選択肢が広く，温度安定度がよい
▶炭素皮膜抵抗器

炭素皮膜抵抗器は，一般に$-200 \sim -800\,\mathrm{ppm/℃}$程度の負の温度係数をもつため，あまり高精度の抵抗は作れません．一般には，許容差±5％（J）や±10％（K）のものが多く使われています．

たとえば，温度係数が$-300\,\mathrm{ppm/℃}$の炭素皮膜抵抗器は，温度が0℃から100℃まで変化すると30000 ppmつまり3％も抵抗値が変動します．したがって，抵抗の初期値を高精度にしてもあまり意味がないわけです．

## 第9章

▶金属皮膜抵抗器

単体の金属は一般に正の温度係数をもちますが,金属皮膜抵抗器は,合金の比を調整することによって温度係数を最小にできます.安価なもので±100 ppm/℃,高精度用で±5 ppm/℃の金属皮膜抵抗器があります.許容差の選択肢は広く,±5％(J),±2％(G),±1％(F),±0.5％(D),±0.25％(C),±0.1％(B),±0.05％(A)などから選ぶことができます.

● 温度係数の実験

一般的な炭素皮膜抵抗器(許容差±5％),金属皮膜抵抗器(許容差±5％,温度係数±100 ppm/℃),および金属箔抵抗器(許容差±0.05％,温度係数±15 ppm/℃)の抵抗値を,温度を変えて実測してみました.抵抗値はいずれも10 kΩです.

その結果,**図9.1**に示すように金属皮膜抵抗器や金属箔抵抗器は,炭素皮膜抵抗器に比べ,温度安定性がよいことがわかります.

つぎに,**図9.2**の簡単な $CR$ 発振回路で実験を行いました.抵抗器の温度を $T_a = 50℃$ から $100℃$ まで変化させたときの発振周波数の変化量を測定します.結果を**写真9.1**,**写真9.2**に示します.ちょっと

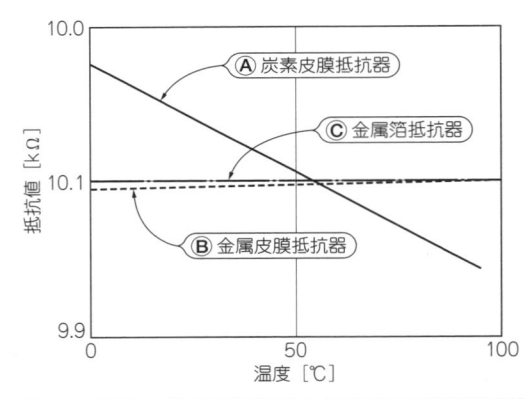

| 種類 \ 温度 | 0℃ | 50℃ | 100℃ |
|---|---|---|---|
| Ⓐ 炭素皮膜抵抗器 (10kΩ,±5％) | 10.076 kΩ | 10.002 kΩ | 9.943 kΩ |
| Ⓑ 金属皮膜抵抗器 (10kΩ,±5％,±100ppm/℃) | 9.994 kΩ | 9.998 kΩ | 10.001 kΩ |
| Ⓒ 金属箔抵抗器 (10kΩ,±5％,±15ppm/℃) | 9.999 kΩ | 10.000 kΩ | 10.000 kΩ |

図9.1 実測した炭素皮膜抵抗器と金属皮膜抵抗器の温度特性

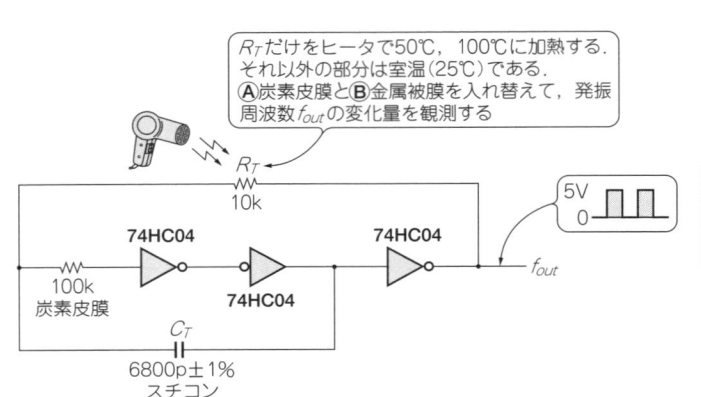

発振周波数 $f_{out} \fallingdotseq \dfrac{1}{0.45 C_T R_T}$ [Hz]の関係が成立している $f_{out}$ の変化量から $R_T$ の変化量が推測できる.例えば,$R_T$ を加熱したとき,$f_{out}$ が高くなったならば,$R_T$ の抵抗値が下がったと推測できる

図9.2 炭素皮膜抵抗器と金属皮膜抵抗器の温度特性の比較用実験回路

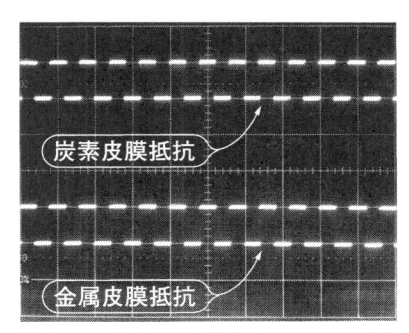

写真9.1 炭素皮膜抵抗器と金属皮膜抵抗器の発振波形（$T_a$=50℃, 50 $\mu$s/div）

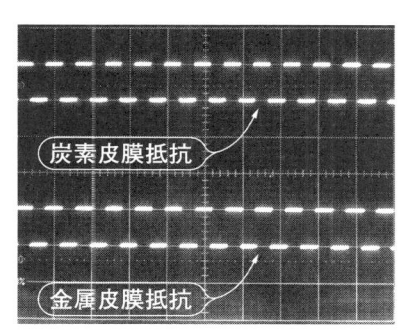

写真9.2 炭素皮膜抵抗器と金属皮膜抵抗器の発振波形（$T_a$=100℃, 50 $\mu$s/div）

わかりにくいですが，温度係数の小さい金属皮膜抵抗器（下段）はほぼ一定の発振周波数ですが，炭素皮膜抵抗器（上段）では発振周波数が変動しています．

● 抵抗アレイを利用する

このように，用途に応じて高安定，高精度の抵抗を入手することは可能ですが，高価になります．そこで，比較的安価な抵抗アレイを利用して高精度を得る方法がしばしば使われます．

高精度の抵抗が必要になるのは，抵抗分圧回路やOPアンプの反転/非反転/差動増幅回路など，抵抗比によって精度が決まる部分に多く見られます．この場合，温度変化に対して抵抗値がそれぞれ同じ方向に変動すれば，変動分はキャンセルされます．

抵抗アレイでは，各素子の絶対的な温度係数は±50〜±100 ppm/℃程度ですが，トラッキング（素子間の相対温度特性）は±10〜±25%程度に抑えられます．

● ノイズと高周波特性

そのほかの選択にあたっての注意事項として，ノイズや高周波特性などがあります．

▶ノイズ

炭素皮膜抵抗器のノイズは1 $\mu$V/V以下，金属皮膜抵抗器のノイズは0.1 $\mu$V/V以下程度です．

一般の使用には，どちらも十分に低ノイズと言えます．ただし，微小信号回路やオーディオ回路など，低ノイズが要求される回路では金属皮膜抵抗器を使います．

▶高周波特性

また，現実の抵抗器がもつ電気的性質は純抵抗分だけでなく，インダクタンス分やキャパシタンス分があります（図9.3）．高域でインピーダンスが変動したり，発振などの原因になる場合があります．

一般の炭素皮膜抵抗器や金属皮膜抵抗器は，抵抗値の調整のために抵抗体に螺旋状の溝が切ってあります．これはインダクタンス分の原因となるため，とくに高周波用として溝切りのないノー・カット抵抗も作られています．また，高周波ではリード線のインダクタンス分の影響も大きいため，チップ抵抗を使うほうが良好な高周波特性が得られます．

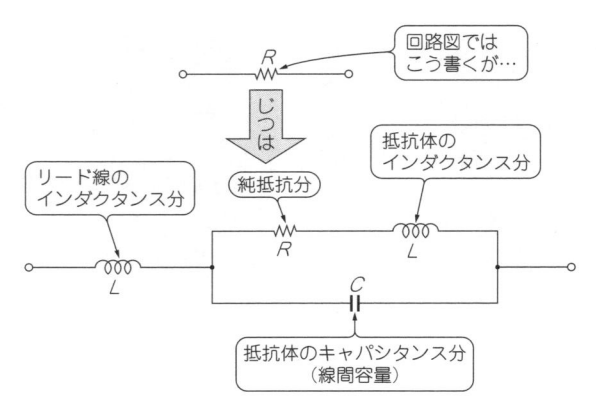

図9.3　現実の抵抗器の正体

● 定格電力のディレーティングを忘れずに

抵抗 $R$ の消費電力 $P$ は，抵抗に加わる電圧 $V$ または流れる電流 $I$ がわかれば容易に計算できます．

$$P = I \times V = I^2 \times R = V^2/R$$

この電力 $P$ は，ほとんどすべて熱となって抵抗の温度を上昇させ，外気や基板に放出されます．消費電力（発熱量）が同じでも，放熱の条件によって抵抗の温度は変わります．

一般に，抵抗の外形が小さいほど熱容量も表面積が小さいため，同じ電力を消費しても温度は高くなります．また，外気温度が高ければ，消費電力が同じでも温度は高くなります．

抵抗の定格電力は，それだけの電力を消費して発熱しても部品が壊れないという上限の温度が定まっています．しかし，周囲温度が高い条件下ではその分，部品温度が高くなるため，公称の定格電力からディレーティング（減定格）して使う必要があります（**図9.4**）．

さらに，抵抗の発熱が周囲の回路に及ぼす影響を考慮して，このディレーティングした定格に対してさらに2倍程度の余裕をもたせて使うべきです．

回路の電源が5Vならば，抵抗に加わる可能性のある電圧の最大値は5Vです．ここで，回路中の抵抗が消費する電力の最大値を求めると，100Ωなら，$5^2/100 = 0.25$ W，200Ωで0.125 W，400Ωで

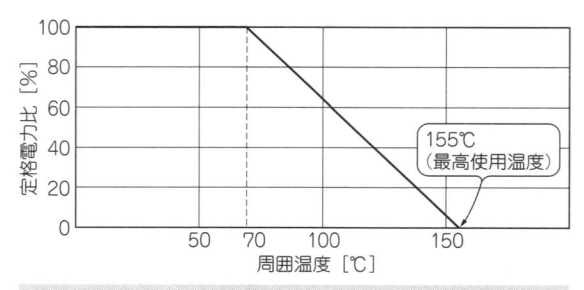

周囲温度70℃以下では定格電力いっぱいまで使えるが，それ以上では周囲温度に比例して定格を軽減して使用する．例えば，周囲温度が112.5℃のときは定格の50%で，155℃のときは0%で使用する．

図9.4　負荷軽減曲線の例

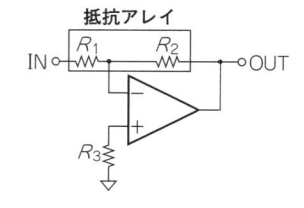

図9.5　OPアンプによる反転増幅回路

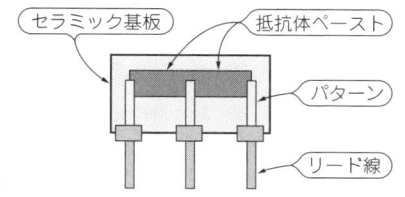

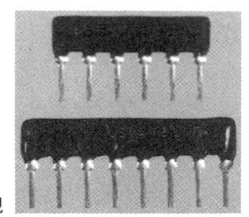

図9.6 抵抗アレイの構造

写真9.3 抵抗アレイの外観

0.0625 Wです．たとえば，周囲温度25℃程度のとき，定格電力を消費電力の2倍とすると，100 Ω以上なら1/2 W型，200 Ω以上なら1/4 W型，400 Ωなら1/8 W型を使えばよいことがわかります．つまり，この条件下では，大部分の抵抗は1/4 W型か1/8 W型で間に合うわけです．

比較的電源電圧が高い（±15 V）アナログ回路では，より定格電力の大きい抵抗を使うことが必要です．とくに高精度が必要な場合は，定格に対して余裕のある抵抗を選べば温度変動を抑えることができます．

(宮崎 仁)

● 抵抗アレイをOPアンプ回路に使用する

図9.5は，OPアンプを使用した基本的な反転増幅器です．利得$A$は，$A = -(R_1/R_2)$となります．ここで，$R_1$と$R_2$に同じ温度係数をもつ抵抗を使用すれば，温度による利得の変動を減らすことができます．

また，ディジタル回路のプルアップ抵抗などに使われる安価な抵抗アレイは，図9.6のようにセラミック基板上に抵抗体ペーストを印刷し焼成したもので，基板上の全素子がほぼ同等の特性をもちます

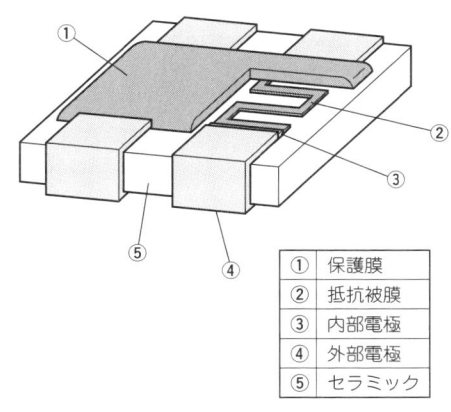

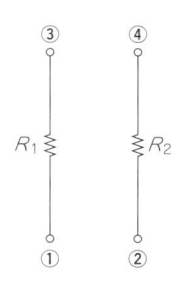

① 保護膜
② 抵抗被膜
③ 内部電極
④ 外部電極
⑤ セラミック

(a) 構造

(b) 回路構成

| $R_1$ | 1kΩ | 1kΩ | 1kΩ | 10kΩ | 10kΩ | 100kΩ |
| $R_2$ | 1kΩ | 10kΩ | 100kΩ | 10kΩ | 100kΩ | 100kΩ |

| 定格電力 | 抵抗値許容差 | | 抵抗値許容差 | | 最高使用電圧 | 最高過負荷電圧 | 定格周囲温度 | 使用温度範囲 |
|---|---|---|---|---|---|---|---|---|
| | 絶対 | 相対 | 絶対 | 相対 | | | | |
| 0.05W/Element | B：±0.1%<br>C：±0.25% | A：0.05%<br>B：0.1% | ±25 | 5 | 50V | 100V | +70℃ | −55℃〜+125℃ |

(c) 定格

図9.7 チップ抵抗アレイの例（CNN2A，KOA）

(写真9.3)．そこで，$R_1$と$R_2$に抵抗アレイを使うと，温度係数が大きくても相互に打ち消し合います．

したがって，このような安価な部品でも，十分な環境精度が得られます．ただし，絶対精度は，抵抗値のばらつきにより決まります．

また，図9.7に示すような高精度OPアンプ用の金属被膜チップ抵抗アレイを使用すると，より安定した精度が得られます．

● OPアンプ回路の抵抗値を決める

図9.5の回路で，抵抗アレイを使わず個別に抵抗器を使う場合はどうすればよいでしょうか．利得は1倍として考えてみましょう．

ここで使用する回路は，計測回路で使用することを前提に誤差を最優先します．まず，発生する誤差は，抵抗器に起因する誤差とOPアンプに起因する誤差が考えられます．

温度について考えると，抵抗値が小さいと流れる電流も多くなり，抵抗器の自己発熱による温度上昇やOPアンプの発熱が心配です．かといって，あまり大きいとバイアス電流の大きなOPアンプではバイアス電流による誤差や高湿度環境での誤差が心配です．

したがって，$R_1$と$R_2$には特殊な場合を除いて，DCで100 kΩ，1 kHz以下で47 kΩ，100 kHz以下で10 kΩ，1 MHz以下で4.7 kΩ程度の抵抗値を選択するのがよいでしょう．

$R_3$にはバイアス電流の大きなOPアンプでは反転入力ピンと同じ抵抗値にするため，$R_1$の半分の抵抗値を選びます．$R_3$は，OPアンプから見ると$R_1$と$R_2$が並列接続とみなされるからです．なお，CMOSまたはJFET入力のOPアンプのように，バイアス電流が極小のものは$R_3 = 0$ Ωでもかまいません．

(増田 幸夫)

## 9.2 高周波回路における抵抗器の応用

表9.1に示したのは，高周波回路で使われる抵抗の種類をまとめたものです．高周波回路における抵抗の役割を大別すると，以下の二つになります．

(1) 電流電圧制限…素子のバイアス制御，保護抵抗

表9.1 高周波回路で使う抵抗器の種類

| 抵抗材料 | 構造 | 適性 | 名 称 | 用 途 |
|---|---|---|---|---|
| 金属系 | 抵抗線 | × | 精密巻き線抵抗 | 直流 |
| | | × | セメント抵抗 | 直流 |
| | | △ | 無誘導巻き抵抗 | 直流 |
| | 金属膜 | ○ | 酸化金属皮膜抵抗 | 直流〜数百MHz |
| | | ○ | メタル・グレーズ抵抗 | 直流〜数百MHz |
| | | ○ | チップ抵抗 | 直流〜数GHz |
| | | ○ | サーメット抵抗 | 直流〜1 GHz |
| 炭素系 | 炭素膜 | ○ | 炭素皮膜抵抗 | 直流〜数百MHz |
| | 炭素混合 | ○ | セラミック焼成固体抵抗 | 数百MHz |

○：高周波で使用できる．△：数MHz以下なら使用できる．×：使用できない．

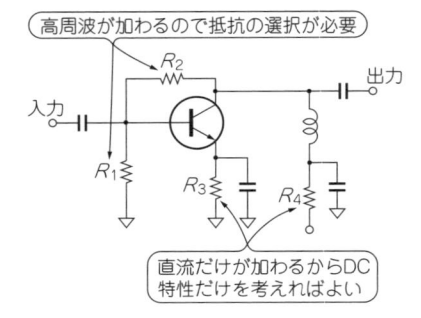

図9.8 高周波が加わる抵抗

## 9.2 高周波回路における抵抗器の応用

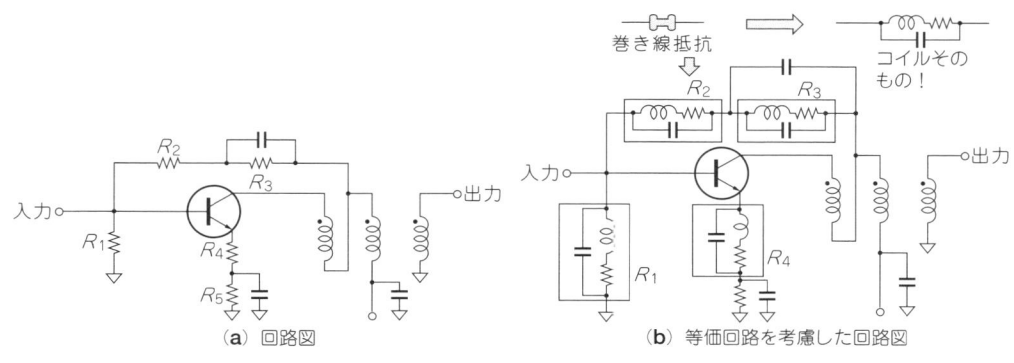

**図9.9　高周波増幅回路に巻き線抵抗器を使うと**
(a) 回路図
(b) 等価回路を考慮した回路図

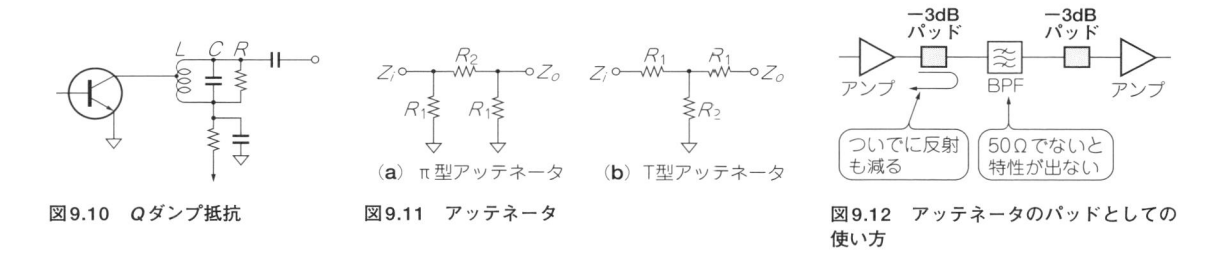

**図9.10　$Q$ダンプ抵抗**

**図9.11　アッテネータ**
(a) π型アッテネータ
(b) T型アッテネータ

**図9.12　アッテネータのパッドとしての使い方**

(2) インピーダンス・マッチング…ターミネータ，ダミー・ロード，アッテネータ，$Q$ダンプ

● 電流電圧制限用

　回路の電流電圧調整やバイアス設定のために使用する場合は，$L$や$C$で高周波成分を遮断する場合と，素子に直接接続して高周波を加えながら使う場合があります．たとえば，図9.8に示す回路の$R_1$と$R_2$には高周波が加わるため，使用周波数域でのインピーダンス特性を考慮しないと希望する性能が得られません．

　この使い方では，そのラインのインピーダンスやマッチングに影響を与えないような抵抗を選択しなければなりません．抵抗の等価回路にはインダクタンス成分やキャパシタンス成分が含まれるため，インダクタンス成分が多いと特性の暴れにつながります．

　図9.9は電流帰還と電圧帰還をかけた回路ですが，この帰還抵抗に巻き線抵抗を使ったら何が起こるでしょうか？…後述するスミス・チャートを見て，考えてみてください．

　図9.10は，回路の$Q$が設計値より高くならないように，インダクタンスに並列に抵抗を接続して$Q$を調整する使い方($Q$ダンプ)です．インピーダンスが必要以上に高くなると回路動作が不安定になるため，上限を抵抗で制限してしまうのです．

● インピーダンス・マッチング用

　インピーダンス・マッチングのもっともわかりやすい使い方は，ターミネータ(終端抵抗)とアッテ

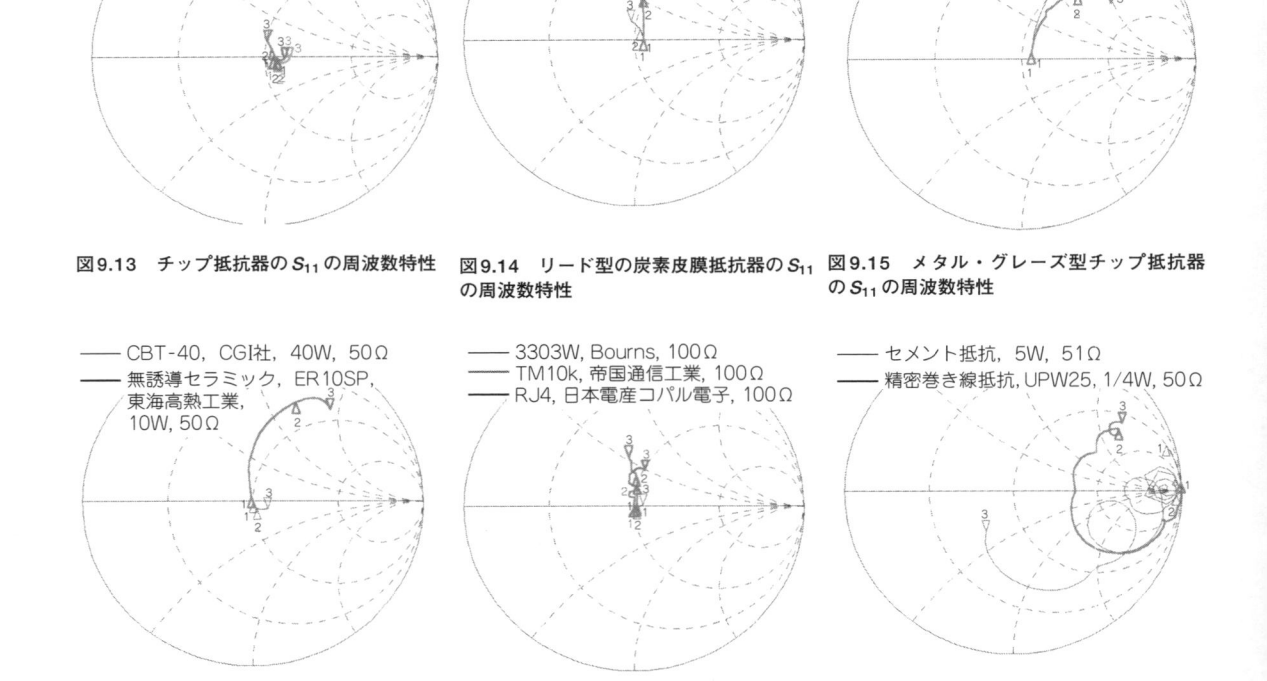

図9.13 チップ抵抗器の$S_{11}$の周波数特性

図9.14 リード型の炭素皮膜抵抗器の$S_{11}$の周波数特性

図9.15 メタル・グレーズ型チップ抵抗器の$S_{11}$の周波数特性

図9.16 終端抵抗器CBT-40と無誘導セラミック抵抗器の$S_{11}$の周波数特性

図9.17 各種半固定抵抗器の$S_{11}$の周波数特性

図9.18 セメント抵抗器と精密巻き線抵抗器の$S_{11}$の周波数特性

ネータ(図9.11)です．これらは，抵抗器の抵抗値で整合を取るという使い方です．

アッテネータは信号を減衰させるほかに，インピーダンス誤差を収束する使い方もあります．全ポートを指定インピーダンスに整合しなければならないデバイスに，インピーダンスにばらつきのあるデバイスを接続するときは，図9.12のように二つのデバイスの間に3dBぐらいのアッテネータを入れることがあります．信号は3dB減衰しますが，アッテネータが入ることでインピーダンスの不整合が緩和されるのです．このような使い方をパッドと呼びます．

高速ディジタル回路の整合抵抗もこの用途の仲間に入ります．

● 抵抗器の$S$パラメータを測定する

56Ω(一部は50Ωや51Ω)の抵抗器の$S$パラメータ$S_{11}$を測定してみました．その結果を図9.13〜図9.18に示します．図上のマーカ周波数は下記のとおりです．

△1：50 MHz, △2：1 GHz, △3：2 GHz

9.2 高周波回路における抵抗器の応用

表9.2 主なチップ抵抗器の仕様

| サイズ | 定格電力 [W] | 許容差 [%] | 抵抗値範囲 [Ω] | 温度係数 [ppm/℃] | 最高使用電圧 [V] | 使用温度範囲 [℃] |
|---|---|---|---|---|---|---|
| 1005 | 0.063 | 5 | 4.7～2.2 M | ±300 | 50 | −55～+125 |
|  |  | 2 | 10～1 M | ±200 |  |  |
| 1608 | 0.1 | 5 | 1～10 M | ±300 | 50 |  |
|  |  | 2 | 10～1 M | ±200 |  |  |
| 2012 | 0.125 | 10 | 11 M～22 M | ±300 | 100 |  |
|  |  | 5 | 1～10 M | ±200 |  |  |
|  |  | 2 | 10～1 M | ±200 |  |  |
| 3216 | 0.125 | 10 | 11 M～22 M | ±300 | 200 |  |
|  |  | 5 | 1～10 M | ±200 |  |  |
|  |  | 2 | 10～1 M | ±200 |  |  |
| 6331 | 1 | 5 | 4.7～1 M | ±200～±500 | 200 |  |

▶ チップ抵抗器（56 Ω）

主なチップ抵抗器の仕様を**表9.2**に示します．これ以外にも5025，3226，4532など，各種サイズがあります．

**表9.2**に示したものは，量産機種でもっともよく使用されているメタル・グレーズ抵抗器の一種です．チップ抵抗器は，構造上リード部分がないため，インダクタンス成分が少なく高周波特性は良好です．サイズにより3216などと呼ばれ，最初の2桁が角型の長辺（3.2 mm），後ろ2桁が短辺（1.6 mm）を示します．

定格電力は，周囲温度70℃での連続使用時の最大電力です．$S_{11}$の実測結果（**図9.13**）は，6331でも2 GHz程度なら使用上問題ありません．測定上限が2 GHzでしたが，3216以下の小さなチップはかなり高い周波数まで使用できそうです．

また，チップの形状が大きくなるにつれて$L$成分が増えていることがわかると思います．

▶ 炭素皮膜抵抗器（1/4，1/2 W，56 Ω）

基板に挿入するタイプの抵抗としてはもっともよく使用されています．ここでは，SSタイプと呼ばれる一回り小さな抵抗を測定しました．抵抗体がコイル状の構造ですが，$S_{11}$の実測結果（**図9.14**）から，1/4 Wは2 GHzまで使えそうです．しかし，形状が大きな1/2 Wは1 GHzまででしょう．

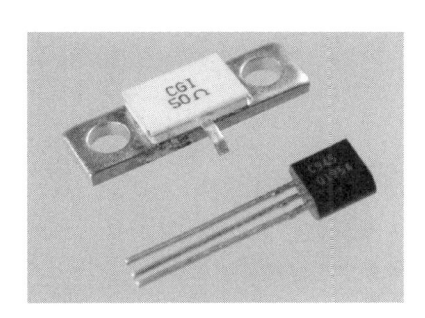

写真9.4 終端抵抗器の例
(Component General Inc., CBT‐40, 40 W, 50 Ω)

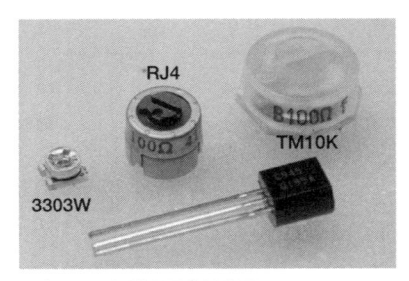

写真9.5　各種半固定抵抗器

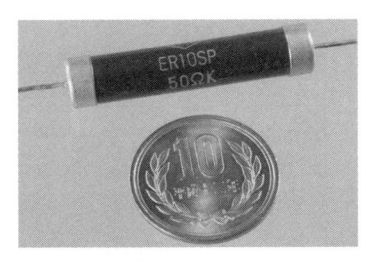

写真9.6　無誘導セラミック抵抗器
（ER10SP，10 W，50 Ω）（東海高熱工業）

▶メタル・グレーズ金属皮膜抵抗器（1/4 W，56 Ω）

炭素皮膜抵抗器は100 kΩ以上になると温度係数が0〜−1000 ppm/℃などと偏りますが，金属皮膜抵抗器は安定なうえ，高精度のシリーズが用意されているため，計測器の広帯域アンプやアッテネータ部分に精密抵抗として使用されます．ここで測定したのは1/4 W型で，図9.15の実測結果から，使用上限は500 MHz程度です．

▶酸化金属皮膜抵抗器（2 W，56 Ω）

パワー・アンプのバイアス回路など電力を必要とする回路で，1〜10 Wのものが使用されます．今回測定したのは2 W品です．表面からスパイラル状の抵抗体が見られるのでどうかと思いましたが，図9.15のような特性であり，数百MHzまで使用できると思います．

▶終端抵抗器（40 W，50 Ω）

ここで測定した終端抵抗器は，米国Component General社のCBT‒40（写真9.4）です．図9.16に示すように3216チップ抵抗器と同様な特性ですが，こちらは放熱することで6 GHzまで40 Wの負荷に耐えます．抵抗値許容差は±5％でサブストレートに酸化ベリリウムを使用し，アルミナ・セラミックでカバーされています．ダミー・ロードやマイクロ波ストリップ・ラインの終端に使います．

▶半固定抵抗器

サーメットとメタル・グレーズ型の100 Ωの半固定抵抗器を50 Ωに調整して実験しましたが，図9.17に示すように良い特性を示したので驚きました．考えてみれば，半固定抵抗器の抵抗体は，ベース面に塗り固めたチップ抵抗と類似した構造であるため誘導成分が少ないと考えられます．

実験したのは，写真9.5に示す表面実装用3 mm角3303 W（Bourns社），RJ4（日本電産コパル電子），TM10K（帝国通信工業）です．高周波が加わる半固定抵抗器の使い方として，バランス回路や電力調整回路があります．小型の特定小電力送信機では送信電力を半固定抵抗器で直接調整することもあります．

▶無誘導抵抗（10 W，50 Ω）

巻き線抵抗器は過負荷特性がよいため電力回路で使われますが，高周波回路においては巻き線のインダクタンス成分の影響で良好な高周波特性が得られません．そこで，巻き方を工夫して隣接した巻き線や，巻き区間で発生する磁束を互いに打ち消してインダクタンスを減少させるような巻き方，つまり自己誘導を打ち消すような無誘導巻きが考案されました．

最近は，構造上でインダクタンスを減らした抵抗器も無誘導抵抗と呼ばれています．測定した抵抗は焼結したセラミック抵抗器（東海高熱工業）で表面がガラス・コートされているER10SPタイプで

10 W，50 Ωの製品(**写真9.6**)です．カタログ上の特性は100 MHzでインピーダンスが90％とありますが，実測結果もそのとおりの特性(**図9.16**)です．

▶巻き線抵抗器，セメント抵抗器

今回測定した巻き線抵抗器は，Neohm社のUPW25型です．誘導成分を低減しているため無誘導抵抗の一種といえますが，巻き数が多いので低減効果は50 MHz以上ではまったく見られません．**図9.18**に示すように，50 MHzですでに大きくインピーダンスが崩れています．巻き線抵抗器は，安価な割に温度係数が小さい，精度が高いなどのメリットがありますが，高周波を直接加えるような使い方は望ましくないのは一目瞭然です．

セメント抵抗器は，巻き線抵抗器をセメントで固めた構造のため，特性の暴れ方は巻き線抵抗器に似ています．この抵抗も高周波を直接加える用途にはまったく使用できません．今回測定した製品は5 W，51 Ω品です．

〈伊勢蝦　鶴蔵〉

## 9.3 パワー回路における抵抗器の応用

スイッチング・レギュレータやインバータなどのパワー回路に使用する抵抗器に求められる条件を考えてみましょう．

(1) 定格電力が大きいこと

小信号回路で使われる抵抗とは異なり，パワー回路なのでその定格電力が大きいことは絶対条件です．

(2) 放熱が容易な構造であること

大きな電力が抵抗器で消費されることになるので，抵抗器は発熱します．したがって，その放熱対策を簡単にできる構造も必須です．

(3) 不燃性であること

万一抵抗器が異常発熱しても，燃焼すると火災など2次的な被害が起こるので，不燃性でなければなりません．ヒューズ付きタイプがあるのはそのためです．

(4) 高い電圧で使えること

パワー回路では使用条件が100 V以上になることも多く，その場合の抵抗器は使用電圧の上限が高いことが必要となってきます．

(5) 高精度の抵抗器は少ない

抵抗値の精度は高いほどよいのですが，上記の条件を満たすと高精度のタイプは製作が難しくなってきます．また，抵抗だけでなくコンデンサやコイルも高精度のタイプは難しいので，結果として抵抗だけ高精度でも意味がない場合が多いのです．もちろん，特注すれば高精度抵抗も製作可能です．

(6) 巻き線抵抗が多い

これらの条件を満たした抵抗となると，結果的には抵抗体として巻き線抵抗を使ったタイプが大半になっているのが現状です．

巻き線抵抗なので，内部で抵抗体がコイル状になっています．このインダクタンス分が高い周波数

表9.3 電力用抵抗器の主なメーカ

| メーカ名 | 電話番号 | URL |
|---|---|---|
| アルファ・エレクトロニクス㈱ | (03)3258-4095 | http://www.alpha-elec.co.jp/ |
| ㈱MKTタイセー | (03)3982-0029 | http://www.mkt-taisei.co.jp/ |
| KOA㈱　営業本部 | (042)336-5300 | http://www.koanet.co.jp/ |
| 進工業㈱ | (044)922-2141 | http://www.susumu.co.jp/ |
| タクマン電子㈱ | (0265)86-4886 | (なし) |
| 多摩電気工業㈱ | (03)3723-1211 | http://www.tamael.co.jp/ |
| 東海高熱工業㈱　セラミック第2営業部 | (03)3340-1549 | http://www.tokaikonetsu.co.jp/ |
| ビシェイジャパン㈱ | (0427)29-0661 | http://www.vishay.com/ |
| 日本ヒドラジン工業㈱　E&C営業部 | (0463)21-6218 | http://www.hydrazine.co.jp/ |
| 福島双羽電機㈱ | (03)5700-3611 | http://www.fu-futaba.co.jp/ |
| ㈱ピーシーエヌ | (045)473-6441 | http://www.pcn.co.jp/ |
| 松下電器産業㈱ | (06)6906-1652 | http://www.panasonic.co.jp/maco/ |
| ミクロン電気㈱ | (045)542-3960 | (なし) |
| ローム㈱ | (075)311-2121 | http://www.rohm.co.jp/ |

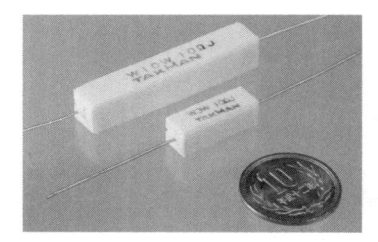

写真9.7　セメント抵抗器(タクマン電子)

写真9.8　金属板抵抗器(福島双羽電機)

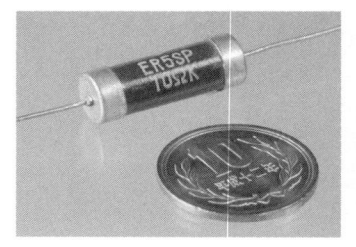

写真9.9　セラミック抵抗器(東海高熱工業)

では問題となるので，使用できる周波数に上限があります．

　その欠点を補うために無誘導巻きにしたタイプもありますが，残念なことに受注生産であることが多く，需要を考えるとやむを得ないと思われます．

● 主なパワー回路用抵抗器

　電力用抵抗の主なメーカを**表9.3**に示します．

▶セメント抵抗器(**写真9.7**)

　抵抗体をセラミックのケースに入れセメントで封入したものを一般にセメント抵抗器と呼んでいます．抵抗体には巻き線抵抗を使ったものが多いのですが，金属酸化皮膜などを使用したものが商品化されています．

　定格電力は2W程度からで，自然空冷で使用します．**写真9.7**はリード線付きですが，プリント基板に自立するタイプなど，形状もいくつかあります．また，ヒューズ付きもあります．

　さらに大電力用途として，アルミ放熱フィンが付いたタイプでは，最大定格1.5kWまであります．抵抗体が巻き線のタイプは，無誘導巻きのものも販売されています．

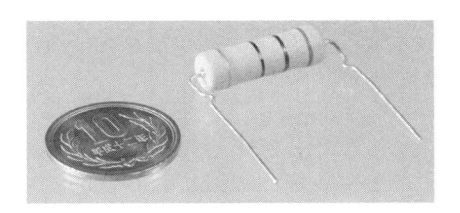

**写真9.10 酸化金属皮膜抵抗器**
(タクマン電子)

**写真9.11 金属箔抵抗器**
(アルファ・エレクトロニクス，ビーシーエヌ)

▶メタル・クラッド抵抗器

　主に巻き線抵抗器の抵抗体をアルミニウムの金属ケースに入れてセメントで封入したものです．これもセメント抵抗器の一種です．しかし，ケースが金属で放熱フィンや筐体に直接取り付けできるので，放熱性に優れています．その結果，同じ定格電力ならば，小型化されています．

　メタル・クラッド抵抗器も抵抗体が巻き線のタイプは高い周波数では問題があるので，無誘導巻きのものが用意されています．

　受注生産品では，0.5％の高精度タイプも用意されているようです．

▶金属板抵抗器（**写真9.8**）

　金属板抵抗器はセメント抵抗の一種ですが，抵抗体に金属板を使用しています．抵抗体が金属板なので，インダクタンス成分が少ないのが特徴です．

　比較的高い周波数の電流検出に主に使用され，精度を求めない保護回路などが実現できます．

▶セラミック抵抗器（**写真9.9**）

　セラミック抵抗器は，セラミックに導電物質を添加し高温焼結したソリッド抵抗の一種で「エレマ抵抗」の名で販売されています．特筆する点は，パワー回路用としては例外的に高周波特性がよいところです．

　ほかにも耐電圧が高い，過負荷に強い，耐熱性に優れているといった特徴があります．メーカによれば水中での使用が可能で，今までにない新しい用途にも応用が広がりそうです．

▶酸化金属皮膜抵抗器（**写真9.10**）

　パワー回路用というほど大電力用途ではないのですが，3W以下のタイプはよく使われます．パワー回路には珍しい抵抗体が皮膜系の抵抗です．

　抵抗体が巻き線系の抵抗器に比べ，一般に高周波特性がよいのが特徴です．一方，サージ電圧に弱いので，使用に当たっては最高使用電圧に対して一定のディレーティングで設計するか，耐サージ電圧の大きなタイプを採用するとよいでしょう．

▶金属箔抵抗器（**写真9.11**）

　抵抗体が金属箔の抵抗器で，主に大電流検出用に使用されます．低い抵抗値の種類が多いのですが，いずれも高精度で温度安定性も優れています．その精度を活かすため4端子回路のタイプも販売されています．構造は，放熱フィンや筐体に簡単に取り付けられるようになっています．高精度である点を活かすには，放熱して抵抗の温度変化を少なくして使いましょう．この抵抗を使うと高精度の電流測

## 第9章

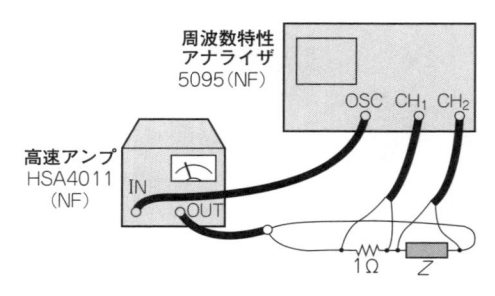

**図9.19** 周波数特性の測定回路

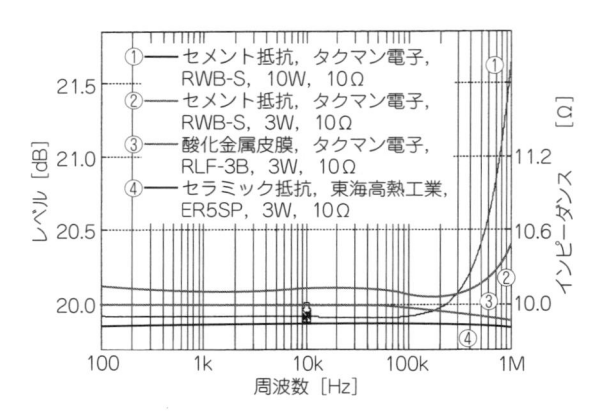

**図9.20** 各種抵抗器の周波数特性

定が可能になります．

● パワー回路用抵抗器の周波数特性を測定する

巻き線抵抗が多いので，周波数特性を測定してみたくなりました．測定回路を**図9.19**に示します．測定結果を比較しやすいように，抵抗値は10Ω，測定電流は0.5 Aで実験しました．測定結果を**図9.20**に示します．

測定した抵抗器は，セラミック抵抗器を除きすべて巻き線抵抗器で，無誘導巻きではありません．したがって，寄生インダクタンスの影響が予想されます．つまり，そのインピーダンス $Z$ は次式で表されるでしょう．

$$Z = R + j\omega L$$

　　ただし，$R$：抵抗値，$L$：インダクタンス成分

抵抗値 $R$ に対する $L$ の影響ですから，$R$ が変わると $L$ の影響も違います．そのため，**図9.20**は参考値として見てください．

また，**図9.19**の測定回路に示すように，1Ωが基準なので10Ωはその10倍，つまり20 dBです．測定結果が20 dB前後にばらついているのは，抵抗値のばらつきです．

多くの測定値が100 kHz以上で上昇しているのは，前述したインダクタンス成分の影響です．

測定結果を見ると，セラミック抵抗器と酸化金属皮膜抵抗器が良好な特性を示しています．また，セラミック抵抗器や酸化金属皮膜抵抗器は100 kHz以上でわずかですが，インピーダンスが低下しています．これは端子間容量の影響と推察されます．

● パワー回路用抵抗器の使い方のポイント

(1) 消費電力は定格電力の1/3

抵抗は定格電力まで使えるわけではありません．抵抗の動作温度によって，消費電力を軽減する必要があるからです．さもないと最悪の場合は抵抗の破壊につながります．

通常の用途では，消費電力は定格電力の1/3程度にしましょう．抵抗の使用温度を最高100℃とすれば，自然空冷状態ではそのディレーティング・カーブ（軽減曲線）が約1/3になるからです．つまり，「100℃まで使える設計をしましょう」ということです．

(2) きちんと放熱する

　放熱フィンや筐体などに取り付けるタイプは，抵抗器自身が放熱して使用することが前提になっています．そのため，接触面にシリコーン・グリスなどを塗って，しっかりと固定して放熱させます．

　自然空冷のタイプは，風通しのよい所に設置します．基板に取り付けるタイプは，周辺には部品を置かず，すきまを開けてパターンを設計します．こうすることで，風通しをよくし，ほかの部品が抵抗の熱で熱せられることから防ぎます．

(3) 絶対に最高使用電圧以下で使う

　抵抗に高電圧が加わる場合が多いので，最高使用電圧を厳守してください．ふだん小信号ばかり扱っているエンジニアの中には，抵抗器に最高使用電圧があることを知らない人もいます．

　抵抗には電圧依存性（高い電圧が加えられると抵抗値が減少して見える現象）があるのが普通なので，最高使用電圧に近い領域ではその点にも注意しましょう．

(4) 不明なところは評価試験を

　サージ電流のように，連続的には定格電力よりずっと下なのに，瞬時に大きな電力が消費される場合は，どの程度の定格の抵抗器を選んでよいか悩みます．

　参考となるサージ電圧やサージ電流の耐量を示すデータもないのが普通です．このような場合は，実際に抵抗器を現実と同じ状態で試験する装置を作り，評価するとよいでしょう．手間をかけるようですが，地道に試験を繰り返すと，他社にはない，ましてや抵抗メーカにすらないノウハウが得られるでしょう．その価値は非常に高いはずです．

〈瀬川　毅〉

# 第三部 コイルの基礎と応用

# 第10章 チップ・コイル

コイルは三大受動部品 *L*, *C*, *R* の一つですが，これらの中ではもっとも理想から離れているため，敬遠されがちな素子です．しかし，コイルの基本を理解して適切に選択して設計し，用法を守りさえすれば回路の特性や安定性，信頼性などで他よりも優位に立てる可能性があるともいえます．

本章では，小型固定コイルの基礎とチップ・コイルについて解説します．

## 10.1 コイルの種類と構造

コイルは，用途に合わせていろいろな構造の製品が作られており，それらの構造に応じた形状をしています．コイルは，大きく固定コイルと可変コイルに分けられますが，大量に使用されているのは固定コイルです．**図10.1**に，固定コイルの分類と使用例を示します．また，**写真10.1**に固定コイルの

| 回路用途 | 部品形状 | 代表的な構造 | 代表的な機器 |
|---|---|---|---|
| 信号系 | ラジアル・リード | 巻き線 | TV，VTR，その他のAV機器 |
| | アキシャル・リード | 巻き線 | TV，VTR，その他のAV機器 |
| | SMD | 巻き線，積層 | DVD，MD，その他のポータブルAV機器 コンピュータ周辺機器（HDD，DVD） |
| パワー系 | ラジアル・リード | 巻き線 | TV，VTR，チューナ |
| | アキシャル・リード | 巻き線 | TV，VTR，その他のAV機器 |
| | SMD | 巻き線 | DVカメラ，DSカメラ，携帯電話 DC-DCコンバータ |
| 高周波系 | SMD | 巻き線，積層，薄膜 | 携帯電話，キーレス・エントリ，各種携帯機器 |

（固定コイル）

図10.1 固定コイルの分類

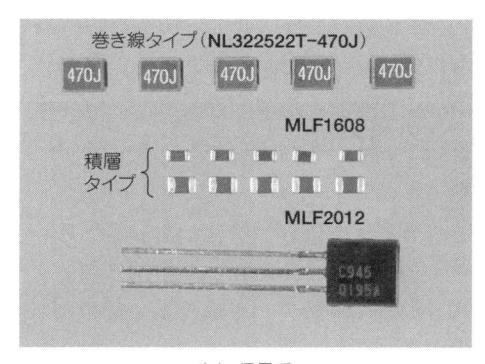

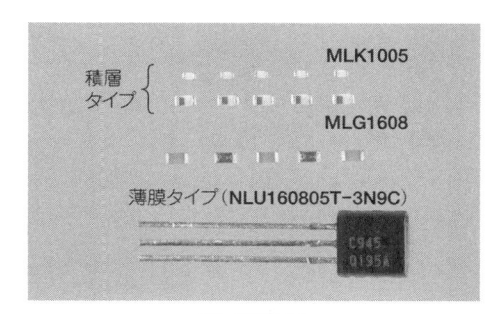

(a) 信号系  (b) 高周波系

**写真10.1 信号系と高周波系のチップ・コイルの外観**(TDK)

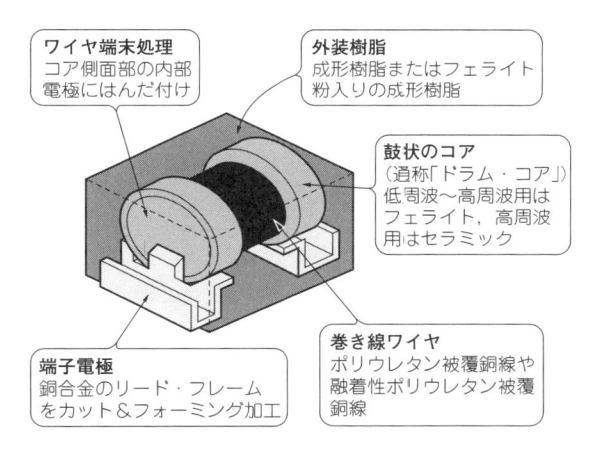

**図10.2 巻き線コイルの構造**(NLシリーズ，TDK)

外観を示します．近年では，チップ・タイプの表面実装部品(Surface Mount Device：SMD)の比率が非常に高まっています．

**図10.1**に示す構造の中では，巻き線タイプがもっとも歴史が古く，極端な小型低背構造にすることは得意ではありませんが，$Q$が高く直流抵抗が小さいコイルに適しています．また，積層構造は小型低背化に向き，低周波用から高周波用まで広いインダクタンス範囲でシリーズ化されています．

とりわけ100 MHz以上の高周波用途でインダクタンス精度が必要な場合は，薄膜コイルが適しています．

用途に応じてさまざまな構造のコイルがありますが，ここではSMDタイプの代表的なコイルについて説明します．

● **巻き線コイル**

**図10.2**に，一般的な巻き線コイルの構造を示します．TDKのNLシリーズの場合，コア材質の使い分けによりインダクタンス値では10 nHから10 mHまで，用途的には高周波用から低周波用までがシリ

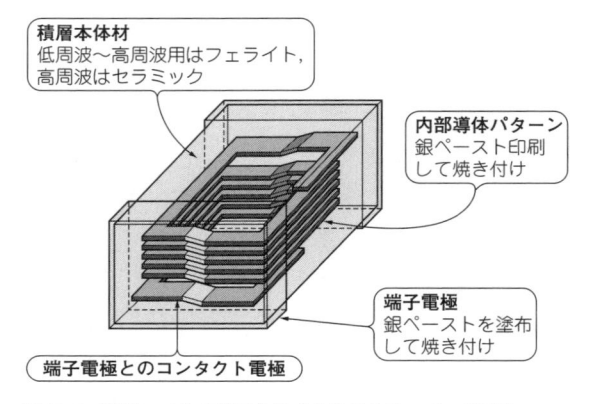

図10.3 積層コイルの構造(MLG/MLFシリーズ,TDK)

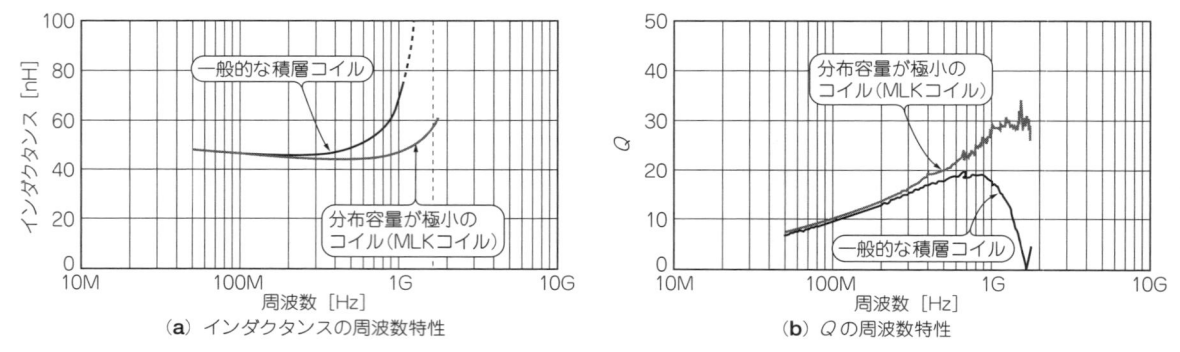

(a) インダクタンスの周波数特性

(b) $Q$の周波数特性

図10.4 積層コイルのインダクタンスおよび$Q$の周波数特性(1005サイズ)

ーズ化されています．信号系の用途では古くから多用されている代表的な製品です．

● 積層コイル

　積層コイルは積層チップ・コンデンサと構造は似ていますが，内部導体パターン構造と積層本体の材質が異なります．図10.3に，一般的な積層コイルの構造を示します．この図は完成状態ですが，製造時には集合状態で導体パターンと層間材を交互に積層し，個々に分割した後に焼成し，さらに端子電極を形成して完成させます．構造的には小型低背化が容易であり，同図の製品では積層材の使い分けにより，インダクタンス値47 nHから100 μHまで，用途別にも高周波用から低周波用までがシリーズ化されています．

　また，とくに高周波用として，コイルの等価分布容量が極小になるパターン構造を採用し，かつ基板実装時の方向性をなくした製品もあります．

　図10.4は，積層コイルのパターン構造と周波数特性との関係を調べたもので，パターンの分布容量が極小ならば使用周波数範囲が大幅に伸びることがわかります．

　図10.5と図10.6は，パターン構造とコイルの実装方向によりインダクタンスが変化する増減効果を

引き出し電極に流れる電流

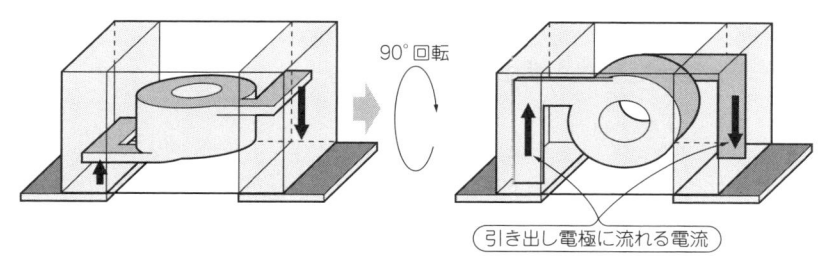

ランド・パターンからコイル導体への電流の流れを見た場合，右図では引き出しパターンのインダクタンスの分が増加する（増減効果）．

**図10.5　一般的な積層高周波コイル**

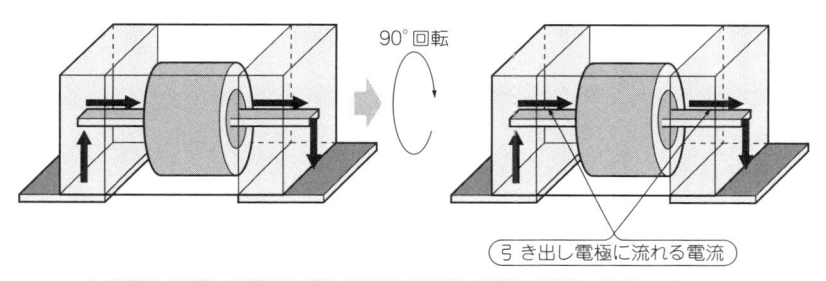

引き出し電極に流れる電流

ランド・パターンからコイル・パターンへの電流の流れに変化がない．

**図10.6　積層方向を変えたコイル**（分布容量が極小）

説明したものです．なお，図10.5は，前述の図10.3を描き直したものです．

図10.5の一般的なコイルでは，数％〜十数％程度の変化が生じますが，100 MHz以上の高周波用途では，この変化は無視できないものです．

● 薄膜コイル

100 MHz以上の高周波用では，一般に空芯構造のコイルが使われるので，そのインダクタンスは巻き数と導体パターン精度で決まってしまいます．

もちろん，巻き線や積層のいずれの構造でも精密なパターンが形成されますが，それでも±5％程度の許容差が一般的な実力値です．したがって，±2％程度の狭い許容差が必要な用途には薄膜コイルの出番となります．

一言に薄膜コイルといっても，パターン形成方法としてはフォト・エッチング技術を利用したもの，電気めっき技術を利用したものなどがありますが，フォト・プロセスを利用しているところに特徴があります．前者の基本プロセスは，プリント基板と似ていますが，パターン精度を高めて端子電極を付加したところが大きな違いともいえます．

なお，薄膜プロセスでは層数が少ないほど工数的に有利なため，蚊取り線香状のパターンが一般的です．パターン構造は，後述する図10.11を参照してください．

## 10.2 チップ・コイルの電気的特性

● インダクタンス

　コイルの公称インダクタンスは，μH(マイクロ・ヘンリー)を単位とし，2桁の数字と，これに続くゼロ(0)の数を表す1桁の合計3桁で表されます．10μH未満の場合は，Rを小数点として表記します．また，0.1μH未満の場合は，nH(ナノ・ヘンリー)を単位としてNを使って表します．

　**表10.1**は，これらの標記例をまとめたものです．また，インダクタンスの許容差はアルファベット1文字(**表10.2**)で表されます．

　ところで，理想的なコイルはインダクタンス成分しかなく，しかも線形なので周波数特性はありません．しかし，実際のコイルには周波数特性があります．その主な要因は，以下のとおりです．
(1)パターン間の分布容量によるもの
(2)表皮効果による磁路の変化によるもの
(3)磁性体コアの周波数特性によるもの(有芯コイルの場合)

　(1)の項目がもっとも影響が大きいので，「自己共振周波数」のところで詳しく説明します．

　そこでまず(2)についてですが，低周波ではコイル・パターンへの信号電流によって生じた磁束がコイル・パターン自身も貫きます．一方，高周波になると表皮効果により，磁束はコイル・パターンを貫けなくなります．このことは磁束の減少を意味し，**図10.7**に示すようにインダクタンスの低下をもたらします．この低下は，ある周波数までで収まることは容易に納得できるでしょう．

表10.1 インダクタンスの表示例

| 表示 | インダクタンス |
|---|---|
| 1N0 | 1.0 nH (0.001 μH) |
| 10N | 10 nH (0.010 μH) |
| R10 | 0.10 μH |
| 100 | 10 μH |
| 101 | 100 μH |
| 102 | 1000 μH (1.0 mH) |

表10.2 インダクタンスの許容差を表す文字

| 表示 | インダクタンス許容差 |
|---|---|
| F | ±1% |
| G | ±2% |
| J | ±5% |
| K | ±10% |
| M | ±20% |

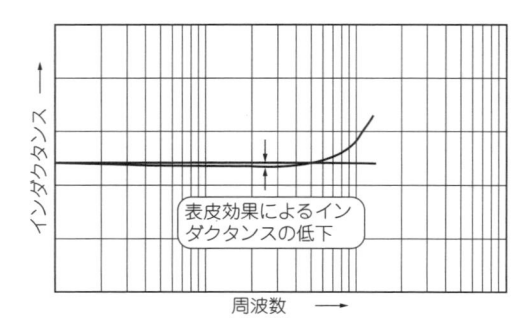

図10.7 表皮効果の影響によるインダクタンス値の周波数特性

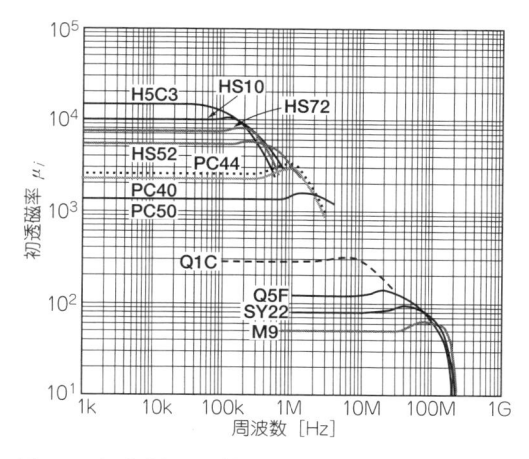

図10.8　初透磁率の周波数特性

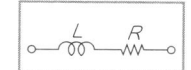

図10.9　$Q$を算出するのに使うコイルの等価回路

次に，(3)についてですが，コイルのコア材に使う強磁性体の初透磁率$\mu_i$は周波数特性をもちます．トロイダル・コアを使用したコイルは閉磁路構造のため，インダクタンスは$\mu_i$に比例するので，使用周波数領域を考慮する必要があります．

しかし，ドラム・コアなどを使用した開磁路タイプのコイルは，磁束がコア内部（磁性体）と外部（空中）を直列に通るのでコア材の$\mu_i$の周波数特性の影響は少なく，ほとんど問題にならないようです．**図10.8**は，フェライトの初透磁率の周波数特性の一例です．

● クォリティ・ファクタ $Q$

コイルの$Q$は，$L$と$R$の直列回路（**図10.9**）とみなして次式で表されます．

$$Q = \frac{\omega L}{R}$$

ただし，$L$：見かけのインダクタンス［H］
　　　　$R$：等価直列抵抗（ESR：Equivalent Series Resistance）［Ω］
　　　　$\omega$：角周波数（$= 2\pi f$）［rad/sec］

上式の$\omega$以外の$L$と$R$にも周波数特性があるので，$Q$は無限に大きくはならずに，ある周波数でピークを迎え，自己共振周波数$f_0$でゼロになります．

なお，（直流に近い）低周波では$R$は直流抵抗$R_{DC}$とほぼ同じ値ですが，高周波では表皮効果や近接効果などにより，$R \gg R_{DC}$となり，必ずしも直流抵抗の小さいコイルの$Q$が高いとは限りません．

● 自己共振周波数 $f_0$（SRF）

コイルはパターン間の分布容量とインダクタンスにより$LC$並列回路を形成しており，この共振周波数を自己共振周波数（SRF：Self Resonant Frequency），または単に$f_0$（エフ・ゼロ）と呼んでいます．

この$f_0$より低い周波数領域では誘導性となり，確かにコイルとしては働きますが，$f_0$に近づくにつれ

# 第10章

$L = 10 \times 10^{-9}$ H
$C = 0.175 \times 10^{-12}$ F $\}$ $f_0 = 3.805 \times 10^{-9}$ Hz

見かけのインダクタンス $L_{app} = \dfrac{L}{1-\omega^2 LC} = \dfrac{L}{1-(f/f_0)^2}$

(a) 等価回路

計算

(b) 周波数と見かけのインダクタンス

一般化

(c) 周波数比とインダクタンス変化率

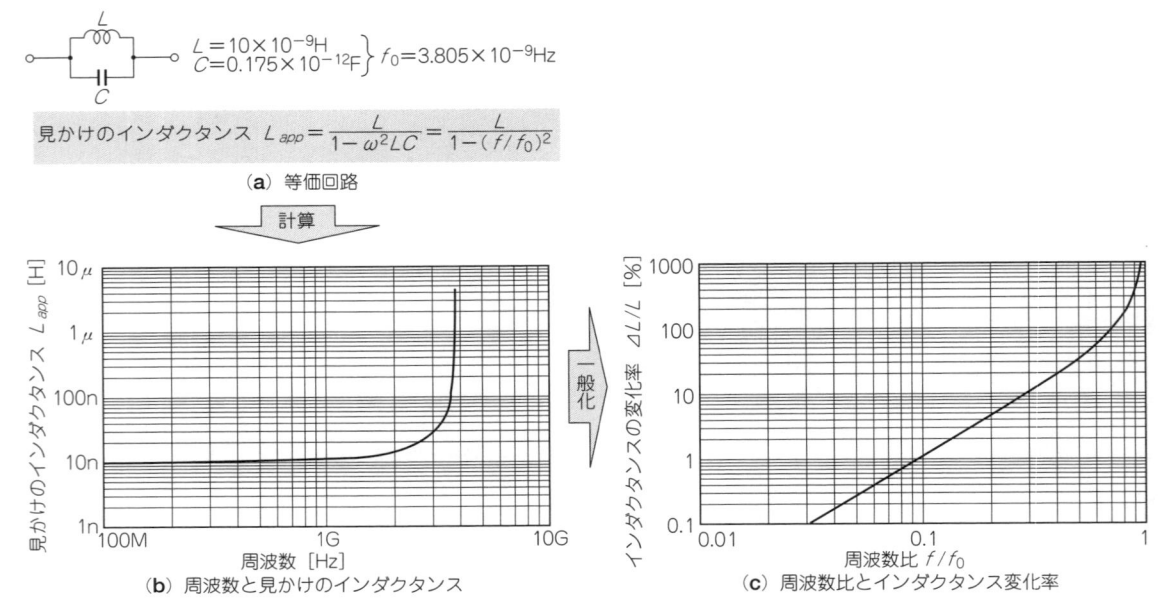

図10.10 分布容量の影響

て見かけのインダクタンスが大きくなるので，インダクタンス値が重要な回路では注意が必要です．

コイルを単純なLC並列回路とみなして算出した結果を，図10.10に示します．図に示すように，インダクタンス値が重要な場合には，使用周波数に対して$f_0$が3倍程度以上のコイルが望ましいことがわかります．

● 直流抵抗 $R_{DC}$

直流抵抗は，コイルの巻き数，導体材料，形状などで決まりますが，通電時の発熱に大きくかかわるので，とりわけパワー系のコイルでは重要なパラメータになります．

● 定格電流

定格電流を決める要素として「ジュール熱による温度上昇」と「磁性体の磁気飽和によるインダクタンスの低下」の二つが挙げられます．前者はコイルの温度上昇が25℃以下を保証できる最大直流電流，また後者は通電によるインダクタンスの低下が10％以下を保証できる直流電流値となっているのが一般的です．

実際のコイルでは，上記の両方またはいずれか小さい電流値を定格電流として規定します．

● 温度上昇

コイルの導体材料（銅，銀など）の抵抗率の温度係数は一般に正なので，直流抵抗は周囲温度が高いほど大きな値になります．したがって，とくに電源回路用のコイルでは高温時に損失が増加する点に

(a) コイル・パターンと基板パターン間の分布容量(薄膜コイルの例)

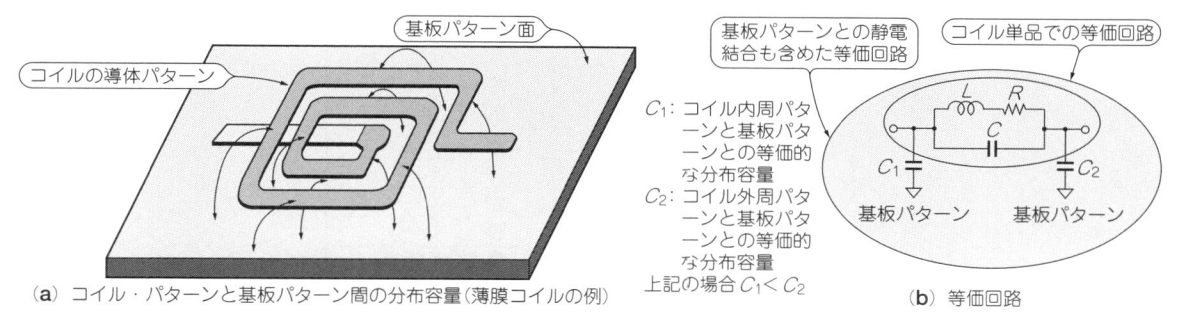

$C_1$: コイル内周パターンと基板パターンとの等価的な分布容量
$C_2$: コイル外周パターンと基板パターンとの等価的な分布容量
上記の場合 $C_1 < C_2$

(b) 等価回路

**図10.11 コイル・パターンと基板パターンの容量結合**

注意が必要です．
なお，脈流分の多い電流の場合は，温度上昇の推定は必ずしも容易ではなく，実験確認が必要です．

● **方向性**

一般にコイルを基板に実装すると，基板の回路パターンとの間に電気的な結合が生じるので，実装方向によって回路特性が変わることがあります．

主な要因として，以下の三つが挙げられます．
(1) コイルのパターン巻き数の増減効果による
(2) コイルのパターンと回路パターンとの分布容量による
(3) コイルの磁束の向きが変わることによる

(1)は，すでに説明したように，数百MHz以上での高周波回路ではその影響が大きいために，とくに高周波用のコイルでは本体に方向表示をマーキングしているのが一般的です．もちろん，インダクタンスについても仕様書に定めた所定の方向で測定することが求められています．

(2)については，高周波用の薄膜コイルを事例として図10.11に載せましたが，巻き線コイルでも同様の現象が生じますし，実際に電源回路設計者からコイルの実装方向を変えるとノイズの出方が異なるという話を聞いたこともあります．

(3)については，縦型のコイル(磁束の向きが基板面と直角方向)の場合には磁束の向きが変わるので，コイルが周辺部品と磁気的に結合している場合には影響が出る可能性があります．

## 10.3 チップ・コイルの選択と使い方

すでに述べたように，製品仕様に関してチップ・コイルの構造ごとに得意，不得意があります．考慮すべき項目としては，製品形状，電気的特性のほかにも，量産機器で採用するには，価格や信頼性，納期，アフタ・サービスなども考慮する必要があります．また，自動車や医療機器などの人命にかかわる用途，または人工衛星への搭載機器などのように絶対に不良の許されない用途では，信頼性が極めて重要なファクタになるので過去の使用実績なども参考にしなければなりません．

表10.3 コイルの構造による用途の一般的な傾向

| 用途 | | 巻き線 | 積層 | 薄膜 |
|---|---|---|---|---|
| 回路用途 | 低周波 | ◎ | ◯ | △ |
| | 高周波 | ◯ | ◎ | ◎ |
| | パワー | ◎ | △ ◯ | △ |
| 電気的仕様 | インダクタンス範囲 | ◎ | ◯ | △ |
| | インダクタンス精度 | ◯ | ◯ | ◎ |
| | 高いQ値 | ◎ | ◯ | △ |
| | 低い直流抵抗値 | ◎ | ◯ | ◯ |
| | 高い自己共振周波数 | ◯ ◎ | ◯ ◎ | ◎ |
| | 大きな許容電流値 | ◎ | ◯ | ◯ |
| | 方向性 | ◯ | ◎ | ◎ |
| | 磁気シールド | ◎ | ◯ | △ |
| 製品サイズ | 小型 | ◯ | ◎ | ◎ |
| その他 | バルク包装 | △ ◯ | △ ◎ | △ |

◎最適　◯適　△不適

注:設計構造に依存する場合は複数標記した

**表10.3**は,構造ごとにコイル仕様の一般的な傾向をまとめたものです.この表を参考にコイルの候補を大まかに絞り,さらに仕様書やサンプルを取り寄せて実際の機器で評価して選定するのがよいでしょう.新規設計の場合などは,コイル・メーカへ用途と重要特性を提示して提案してもらうことも望ましいと思います.

● 他の部品と組み合わせた動作を考える

ところで,コイルも回路部品の一つなので,基板上のほかの部品と組み合わせて動作を考える必要があります.インダクタンス許容差,実使用周波数でのQ値などは,回路特性や回路のマージンにかかわりますので,特にクリティカルな回路では,特性許容差の上下限でのシミュレーションや実験評価が望まれます.

● 数百MHz以上の高周波回路で使用する場合

仮にコイルの特性仕様が同一であっても,メーカ各社の製品間には特性の測定差があり得ます.この測定差は,コイル特性を保証する測定器の測定方式,および測定治具の違いに起因します.しかし,近年はコイル・メーカで測定器と測定端子を統一する動きがあり,最近の製品ではこの問題は解消されつつあるようです.

● 実装上のポイント

忘れてならないのは,基板上での配置やはんだ付けにかかわる事柄です.JEITA(電子情報技術産業協会)の資料(2)に詳しく記載されているので,主な事項を抜粋しました.

**図10.12**は基板のランド・パターン設計に関するもの,**図10.13**は基板への実装方向と位置に関するもの,**図10.14**ははんだ盛り量に関するものです.

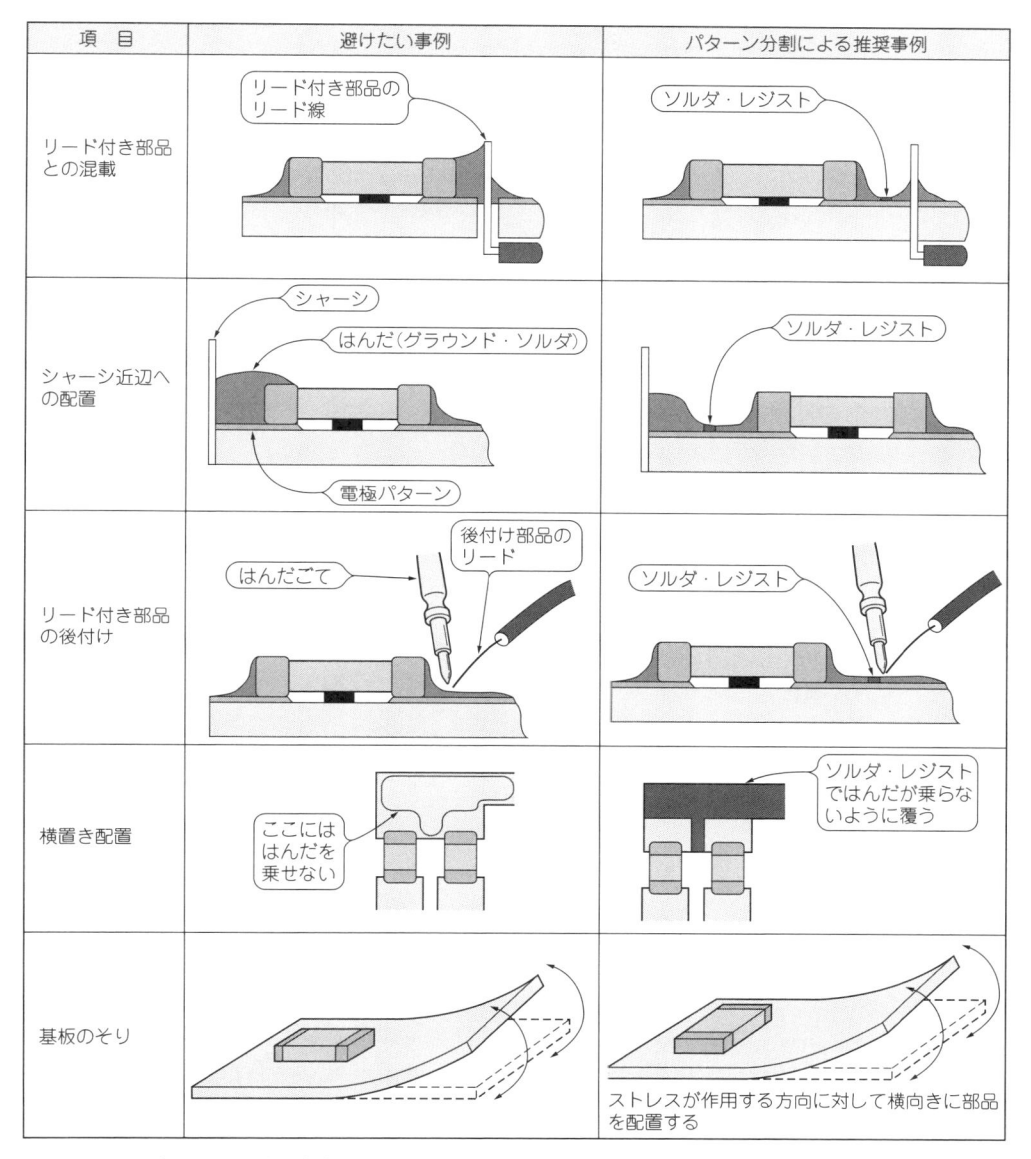

| 項目 | 避けたい事例 | パターン分割による推奨事例 |
|---|---|---|
| リード付き部品との混載 | リード付き部品のリード線 | ソルダ・レジスト |
| シャーシ近辺への配置 | シャーシ／はんだ（グラウンド・ソルダ）／電極パターン | ソルダ・レジスト |
| リード付き部品の後付け | はんだごて／後付け部品のリード | ソルダ・レジスト |
| 横置き配置 | ここにははんだを乗せない | ソルダ・レジストではんだが乗らないように覆う |
| 基板のそり | | ストレスが作用する方向に対して横向きに部品を配置する |

図10.12 チップ・コイルの実装方法

 また，回路の動作にかかわることとして，コイル間の磁気結合が挙げられます．基板上で，複数のコイル，とくに磁気シールドなしの場合にはコイルの軸方向ができるだけ並行にならないように（巻き線部分が接近しないように）するのが望ましいといえます．
 図10.15は，好ましい配置とそうではない配置を巻き線コイルの例で記載したものです．

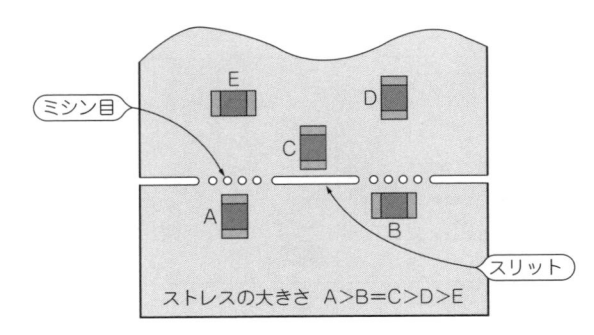

図10.13　チップ・コイルの実装方向と位置

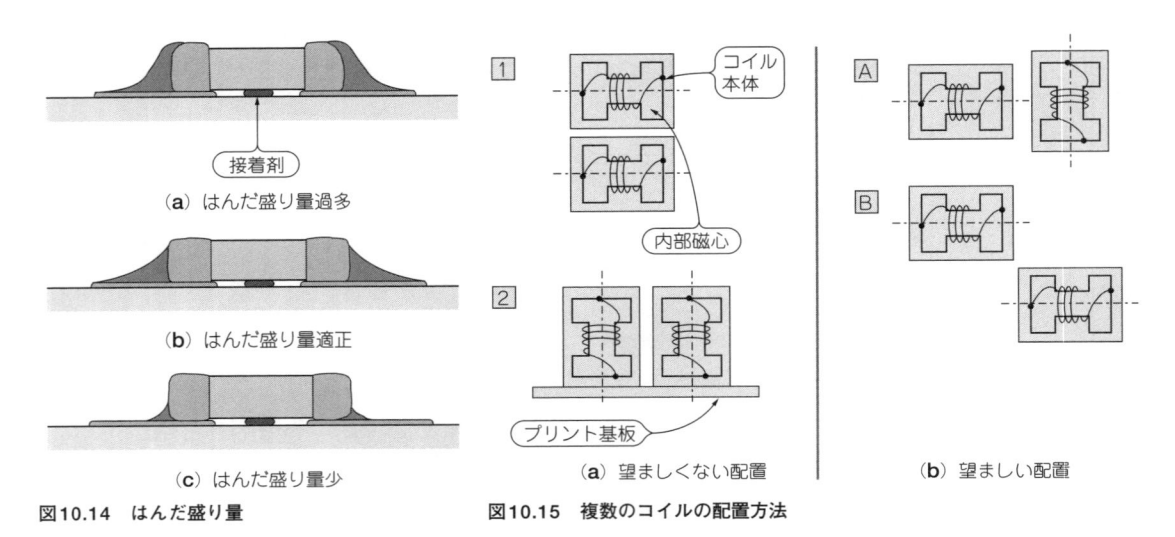

図10.14　はんだ盛り量

図10.15　複数のコイルの配置方法

●チップ・コイルの今後の動向

　コイルは電子回路の中では大変に地味な存在であり，単に巻き線パターンがあるだけの部品ともいえますが，追求すべき課題も数多く残されています．コイルの機能が半導体に置き換えられることはあっても，決してなくなることはなく，むしろコイルへの要求や期待がますます高まるのではないかと思われます．

　コイルの今後の課題として，次のような点で改善が求められています．

(1) バルク包装への対応

　　信号系コイルや高周波コイルの包装材の削減．実装方向性のないコイルの開発．

(2) 環境負荷の低減

　　端子電極のはんだめっきから鉛フリーめっきへの移行．製造工程における有機溶剤の使用量の削減．

(3) 高性能化

　　高$Q$，高$f_0$，低$R_{DC}$のさらなる追求．

(4) 小型軽量化

1005サイズから0603サイズ(積層高周波コイル)への小型化.

(5) 高密度実装対応

底面電極化(高周波コイルのフィレットレス電極)

(6) 低損失化

丸線ワイヤから平角ワイヤへの移行(パワー・コイル)

(7) 大電流対応

新磁性材料の活用(パワー・コイル)

(8) 低コスト化

コイル設計の最適化,構造の深耕など

〔長坂 孝〕

**参考・引用＊文献**

(1) ＊ JIS C 5320 電子機器用高周波コイルおよび中間周変成器通則,1994年3月1日改正,JIS C 5320,pp.5〜6,日本工業標準調査会,1972.
(2) RCR-2333 電子機器用固定積層磁器コンデンサの使用上のガイドライン,1995年3月制定,pp.7〜8,p.16,(社)日本電子機械工業会,1995.(現JEITA)
(3) TDK㈱ホームページ,製品カタログ検索 インダクタ(コイル)
http://www.tdk.co.jp/tjfx01/coil.htm

# 第三部 コイルの基礎と応用

# 第11章 小型コイル

小型コイルとは10 mm角以下ぐらいの大きさのコイルをいいます．従来，小型コイルといえばラジオやテレビに使われる中間周波トランスのような可変型が主力でしたが，ディジタル機器の伸長とともに，固定型コイルが増えています．

本章では，チップ・タイプ以外の小型コイルについて解説します．

## 11.1 小型コイルの分類

小型コイルの用途を大きく分類すると，次のようになります．

(1) 可変コイル

　テレビやラジオ，カー・ラジオなどに使われている中間周波トランス(IFT)など．

(2) 固定コイル

　携帯機器に搭載されるDC-DCコンバータ用コイルなどで，用途や電流値によって多種多様の製品がある．

(3) 固定トランス

　液晶のバック・ライトなどに使用される耐高電圧用トランス．耐圧，形状などで多様化している．

(4) 広帯域トランス

　一般には，バランと呼ばれるトロイダル・コアを使用したトランス．

(5) $LC$フィルタ

　小型コイルとコンデンサを組み合わせることにより形成された信号用フィルタ．

(6) その他

　コモン・モード・チョーク，チョーク・コイルのようなノイズ対策品．

なお,コイルのことをインダクタとも呼びます.「コイル」は螺旋状の形状に由来する名称で,「インダクタ」はその機能を表した名称です.

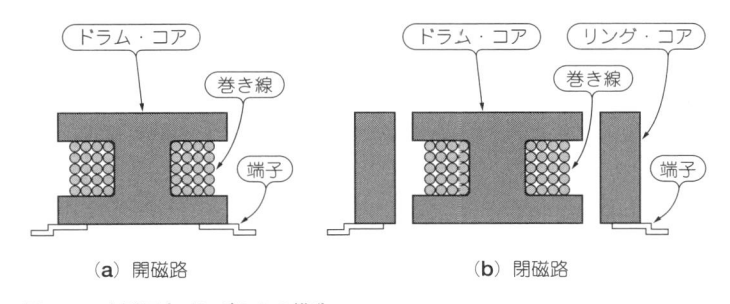

## 11.2 小型固定インダクタ

● 小型固定インダクタの構造と特徴

図11.1に,小型固定インダクタの構造を示します.小型固定インダクタを大きく分類すると,図に示す開磁路構造と閉磁路構造の2種類があります.

開磁路構造のものは,ドラム・コアに巻き線しただけで低コストです.しかし,発生する磁束がすべて外部へ出てしまい,回路上のほかの電子部品に影響を与えます.したがって開磁路構造のコイルを使用する場合は,ほかの部品と距離を離して配置するなどの工夫が必要です.

閉磁路構造は,ドラム・コアに巻き線したものにリング・コアをかぶせた構造です.したがって,開磁路で問題になる漏れ磁束が少ないことから,ほかの電子部品への影響は小さくなります.しかし,リング・コアがあるぶんだけコストは高くなります.

● 小型固定インダクタの特性

表11.1に,代表的な固定インダクタの特性を示します.写真11.1はそれらの外観です.

大きさは5～12 mm角まで,高さは最低で2 mmまでというさまざまなバリエーションがあります.外形が小さくなるほど使われる線材は細くなり,直流抵抗値$R_{DC}$が大きく,許容直流電流値$I_{DC}$が小さくなります.

5～7 mm角のタイプは携帯電話,ディジタル・ビデオ・カメラ,ディジタル・スチル・カメラなど

(a) 開磁路　(b) 閉磁路

図11.1 小型固定インダクタの構造

(a) D63LCB　(b) D75C　(c) D124C

写真11.1 小型固定インダクタの外観(東光)

表11.1 チョーク・コイルの特性一覧（東光）

| 外形[mm] | 縦横 | 6 mm角 | | 7.3 mm角 | | 12 mm角 | |
|---|---|---|---|---|---|---|---|
| | 最大高 | 3.0 | | 5.0 | | 4.5 | |
| タイプ | | D63LCB | | D75C | | D124C | |
| インダクタンス範囲[$\mu$H] | | 1〜150 | | 1〜560 | | 3.3〜100 | |
| インダクタンス[$\mu$H] | $R_{DC}$, $I_{DC}$ | $R_{DC}$ [m$\Omega$] | $I_{DC}$ [A] | $R_{DC}$ [m$\Omega$] | $I_{DC}$ [A] | $R_{DC}$ [m$\Omega$] | $I_{DC}$ [A] |
| 4.7 | | 27 | 1.66 | 39 | 1.96 | 11.8 | 5.6 |
| 6.8 | | — | — | 50 | 1.79 | — | — |
| 10 | | 49 | 1.14 | 55 | 1.63 | 18.0 | 4.2 |
| 15 | | 62 | 0.93 | 81 | 1.33 | 29.6 | 3.2 |
| 22 | | 95 | 0.77 | 115 | 1.09 | 37.4 | 2.5 |
| 33 | | 140 | 0.63 | 182 | 0.84 | 45.7 | 1.9 |
| 47 | | 185 | 0.53 | 221 | 0.75 | 77.7 | 1.7 |
| 68 | | 270 | 0.44 | 345 | 0.60 | 133.0 | 1.4 |
| 100 | | 415 | 0.36 | 432 | 0.50 | 167.0 | 1.1 |

$R_{DC}$：直流抵抗，$I_{DC}$：許容直流電流，インダクタンス許容差：±20%，
インダクタンス測定周波数：100 kHz，測定環境温度：20℃．

の小型DC-DCコンバータ用として，また10 mm角以上のタイプは主にノートPCの電源部のDC-DCコンバータ用に使用されています．

● 小型固定インダクタの選定上のポイント

　小型固定インダクタを選定する際は，コアの磁気飽和とコイルの温度上昇特性を考慮する必要があります．

　図11.2に，コイルの直流重畳特性を示します．コイルに流れる直流電流$I_{DC}$が増えていくと，ある値からインダクタンス$L$が急激に減少します．これは，電流を流すことによって，コアが磁気飽和したためです．コアが磁気飽和すると，リプル電流が増えるので，インダクタンスが低下しない範囲で使用します．

　また，直流電流が流れるとコイルが発熱し，温度が上昇します．これは銅損（銅線の直流抵抗）とコアによる鉄損によるもので，磁束が飽和すると透磁率が低下して電流が増加し，さらに発熱します．

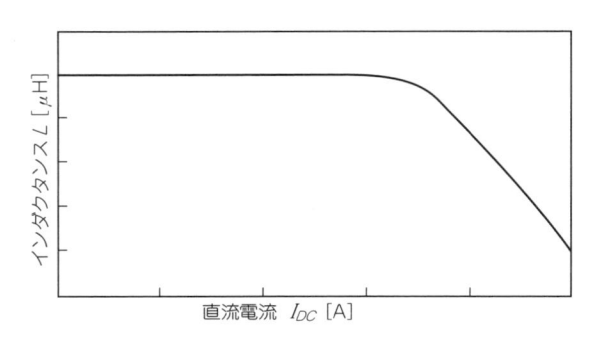

図11.2　コイルのインダクタンスの直流重畳特性

そして，発熱が増えると熱暴走を起こすことがあります．そのため，カタログに記載された温度上昇許容電流以下で使います．

上記の2項目の検討事項のうち，少ない方の電流値以下で使用するようにします．

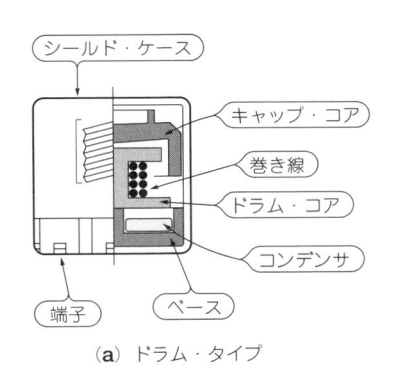

## 11.3 小型可変インダクタ

● 小型可変インダクタの構造

一般的に，小型可変インダクタは磁性材料と巻き線の位置関係を変えることによって，インダクタンスを変化させています．図11.3に小型可変インダクタの構造図を，また写真11.2に代表的なコイルの外観を示します．小型コイルでは，磁性材料としてフェライトがもっとも多く使われています．

小型可変インダクタの構造を大きく分けると2種類あります．一つは「ドラム・タイプ」と呼ばれるもので，フェライトにじかに巻き線して上からフェライト・キャップをかぶせたものです．もう一つは，「ボビン・タイプ」と呼ばれるもので，樹脂製の枠に巻き線し，中心にねじ状のフェライト・コアを挿し込んだものです．両方とも，フェライトにねじとドライバ溝が切ってあり，これを回転させることによってインダクタンス値を調整することができます．

● 小型可変インダクタのサイズと端子数

インダクタンスが大きいものほど形状も大きくなります．サイズには7mm角と5mm角のものがあり，高さはインダクタンスの値にもよりますが，もっとも低背なタイプは高さ2mmほどです．

端子数はトランスを構成するために5本または6本のものが一般的です．また，小型コイルの場合，LC同調回路としてコンデンサとペアで使用される場合が多いため，大部分のコイルにはコンデンサを

(a) ドラム・タイプ　　(b) ボビン・タイプ　　(c) ヘリカル・タイプ

図11.3 小型可変インダクタの構造

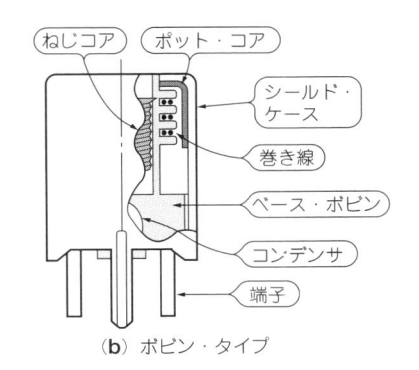

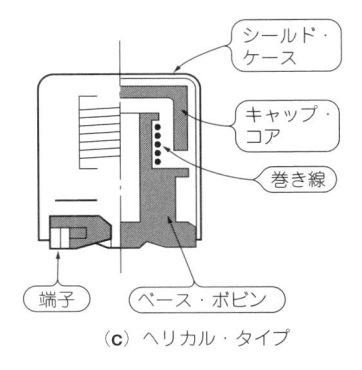

(a) 小型コイル(5CBM)　(b) コンデンサ内蔵(5CCL)　(c) 高周波コイル(5CCB)

写真11.2 小型可変インダクタの外観(東光)

内蔵するためのポケット（くぼみ）が付いています．

● インダクタンス値と可変幅

得られる最大インダクタンスはドラム・タイプのものは大きく，ボビン・タイプは巻き線の間隔が開くために小さくなります．**表11.2**に両者の特性の比較を示します．

形状が小さくなればなるほど，構造的に可変機構部の動作範囲が狭くなり，インダクタンスの可変範囲が小さくなります．

可変幅は7 mm角コイルで±15％，5 mm低背型で±6％ほどです．しかし，フェライトの透磁率などによるインダクタンスのばらつきを考慮して，可変幅の規格は実力の約3分の1程度となっています．

すなわち，7 mm角コイルの場合，目標インダクタンス値±約6％，5 mm角低背コイルの場合で目標インダクタンス値±約2％程度です．

● ほとんどの可変小型コイルはトランスとして使われる

可変小型コイルは，単なるインダクタとして使われることはまれで，ほとんどが2次巻き線や3次巻き線をもつトランスとして使用されます．このため，巻き数比を自由に設定でき，抵抗やコンデンサのように電気的特性という意味での標準品はなく，また端子ピンへの割り当てについても標準品が少なく，かなりカスタム・メイド的な色彩が強いものとなっています．

● 可変小型コイルの用途

可変小型コイルは，同調回路，発振回路，中間周波トランスなどにもっとも多く使用されます．周波数的には，約100 k～200 MHzの間です．200 MHz付近で使用されるインダクタは，可変コイルの形状では1ターンぐらいとなってしまうためにインダクタンスのばらつきが大きく，また回路としての浮遊インダクタンス成分も無視できないので，これ以上の周波数で使われることはありません．

インダクタンスを可変する目的は，回路の容量成分のばらつきを調整することによって吸収し，必要とする共振周波数を得ることにあります．

表11.2 ドラム・タイプとボビン・タイプの比較

| 項　目 | ドラム・タイプ | ボビン・タイプ |
|---|---|---|
| 最大インダクタンス | 大きい | 小さい |
| 可変インダクタンス幅 | 大きい | 小さい |
| コア中央位置でのインダクタンスのばらつき | 大きい | 小さい |
| 巻き線間容量値 | 大きい | 小さい |
| 巻き線間容量値のばらつき | 大きい | 小さい |
| 温度変化や振動など外部的要因によるフェライト位置ずれ | 大きい | 小さい |
| $Q$の値 | 大きい | 小さい |
| 1次側2次側コイルの結合 | 大きい | 小さい |
| 1次側2次側コイルの結合のばらつき | 大きい | 小さい |

● ドラム・タイプとボビン・タイプの使い分け

ドラム・タイプは大きなインダクタンスが得られるところから約 10 MHz 以下の周波数で使用され，ボビン・タイプはそれ以上の周波数で使われます．高い周波数でボビン・タイプが使われるのは，小さいインダクタンスでの巻き線の微調整が効くことと，巻き溝が分かれているためにコイルの分布容量を管理しやすいからです．

周波数がオーバーラップする 10 MHz 近辺では，両者を目的に応じて使い分けます．RF の同調回路のような高い $Q$ が求められる回路にはドラム・タイプ，発振回路のように安定度を求められるところにはボビン・タイプを使用します．

● その他の使用上の注意

量産の際，回路のばらつきによってコアの調整範囲に収まらないようなトラブルを避けるために，コイルの可変範囲のセンタ位置で可変コイル以外の回路を調整しておく必要があります．

同じ形状のコイルでも周波数ごとにフェライトが準備されているので，使用周波数が広範囲に及ぶものには少し注意が必要です．

また，温度特性や $Q$ などに対しても，目的にあったフェライトが準備されています．

## 11.4 信号用 *LC* フィルタ

コイルは *LC* フィルタの構成部品ですが，製品として一体化されたものが多く使用されています．図 11.4 に示した図はフィルタを分類したものですが，この中でコイルを使用したものは *LC* フィルタとヘリカル・フィルタです．

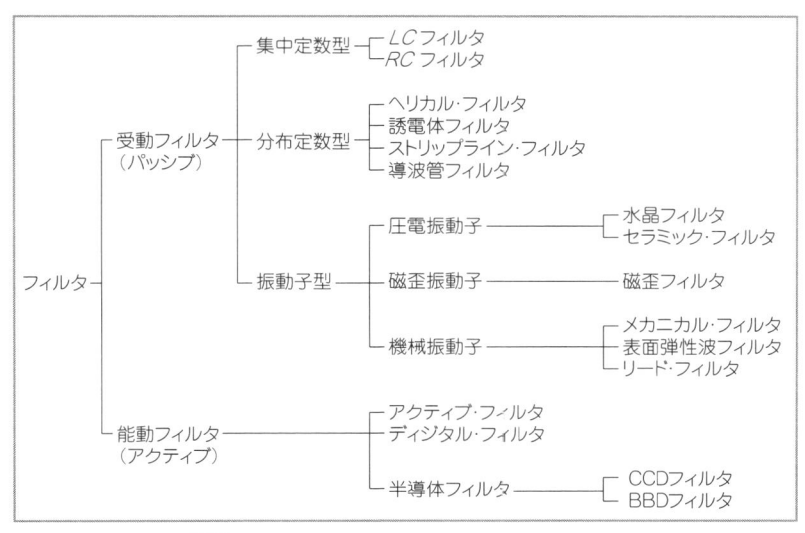

図11.4 フィルタの種類

# 第11章

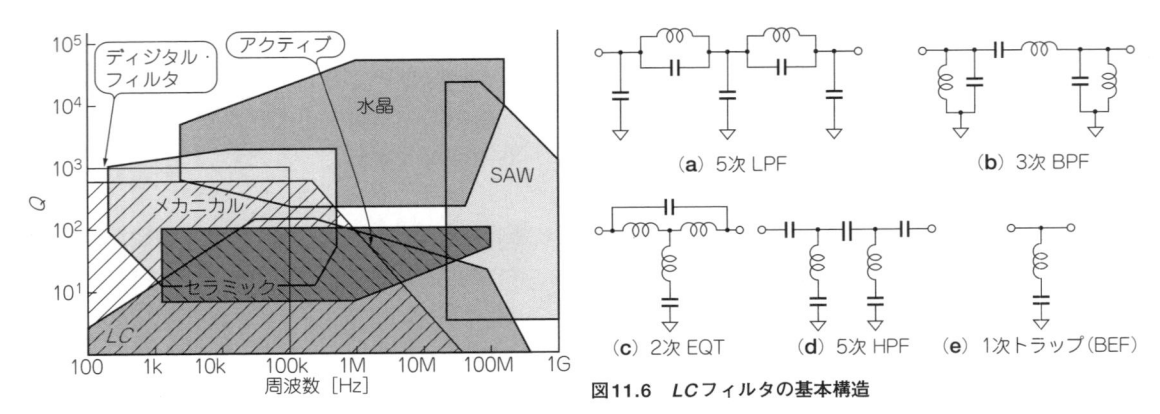

**図11.5 各種フィルタの種類**

**図11.6 LCフィルタの基本構造**
(a) 5次 LPF
(b) 3次 BPF
(c) 2次 EQT
(d) 5次 HPF
(e) 1次トラップ(BEF)

図11.5に示すように，LCフィルタはおよそ数kHzから約150 MHzの周波数領域をカバーし，ヘリカル・フィルタは約200 MHzから約1 GHzまでの周波数領域をカバーします．

一般的なLCフィルタの基本回路を図11.6に示します．ここに示す回路は基本形なので，フィルタを実現する際には双対変換されたり，相互結合が利用されたりします．また，用途により，これらの回路を組み合わせて目的の特性を得ることもあります．たとえば，広帯域のバンドパス・フィルタを実現させるためにローパス・フィルタとハイパス・フィルタを組み合わせたりします．

● **LCフィルタの構造**

LCフィルタを構成する代表的なコイルの構造としては，図11.3に示したドラム・タイプやボビン・タイプのほかに，ヘリカル・タイプがあります．

ヘリカル・タイプは，図11.7に示すように一端が開放された弦状の巻き線をコイルとし，巻き線間の分布容量で同調させるコイルです．隣り合うコイルの仕切り板に窓を設けてコイル同士を結合させ，BPF特性を得ることができます．多段構成によって選択度を上げることができますが，挿入損失もその分大きくなります．

このほかに，チップ・コイルとチップ・コンデンサを基板上に実装してフィルタを実現する方法もあります．ただし，要求特性が厳しい場合は，素子のばらつきを吸収できる可変タイプのコイルで構成されたフィルタをお勧めします．

写真11.3に，東光のLCフィルタの例を示します．

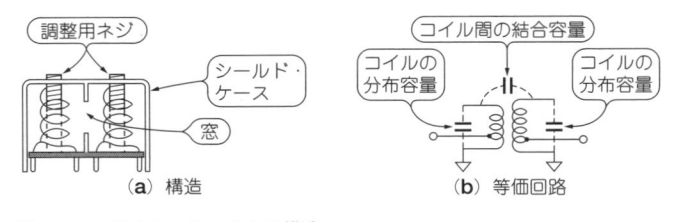

**図11.7 ヘリカル・フィルタの構造**
(a) 構造
(b) 等価回路

11.4 信号用LCフィルタ

単位：[mm]

(a) 4FT　　(b) CBT13　　(c) 7HT　　(d) 5CHT

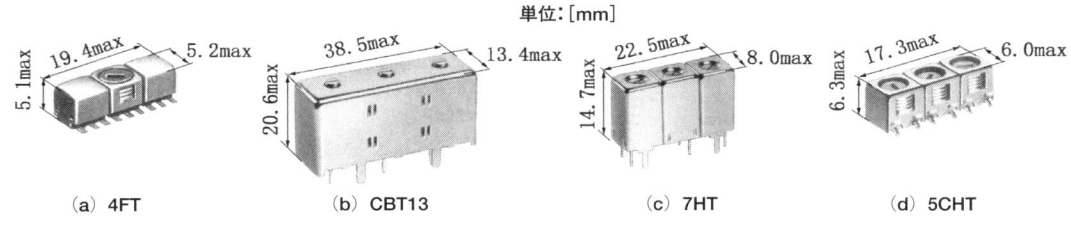

写真11.3　各種LCフィルタの外観（東光）

(a) 4FT

4FTは，映像信号帯の1 MHzから約30 MHzの範囲で使用されるビデオ用フィルタです．LPF，HPF，BPF，それにEQTやトラップなどが実現可能です．4FTはコイル3個を組み合わせた構成ですが，コイル2個や1個のものもあります．

(b) CBT13

CBT13は，100 MHzから200 MHzのBPFに使用されます．3 dBの帯域幅を中心周波数$f_0$で割った値を「比帯域」といい，比帯域約10％のものを実現できます．比帯域が小さいものや極端に大きいものは実現できません．CBT13はコイル3個の構成ですが，2個の構成でBPFの選択度が緩やかなCBW13もあります．

(c) 7HT

7HTは，約300 MHzから約800 MHzのBPFに使われます．比帯域が約5％のBPFが実現できます．7HTはコイル3個の構成ですが，コイル2個の構成の7HWもあります．

(d) 5CHT

5CHTは，約400 MHzから約1 GHzのBPFに使われます．比帯域約5％のBPFが実現できます．5CHTはコイル3個の構成ですが，コイル2個の構成の5CHWもあります．

● ディレイ・ライン

信号の振幅成分はそのままで，位相やGD（Group Delay time，群遅延時間）だけ周波数特性をもつフィルタのことをオールパス・フィルタ，または位相等化器または遅延等化器と言います．そして，GDを平坦にしたものをディレイ・ライン（遅延線）と呼んでいます．通過域のGD（群遅延時間）を平坦にするためには，LPFとEQT（Equalizer Transformer，位相等化器）を組み合わせることが一般的に行われています．

図11.8は，2次の位相等化器［図11.6(c)］を2段使用して設計したディレイ・ラインの特性です．$L$の$Q=40$，$C$の$Q=1000$と現実的な素子の値を使用しています．

EQT-Aは，0.5 MHzまで2000 nsのディレイ・ラインです．振幅が約0.3 dB落ち込んでいるのは，$L$や$C$の$Q$が有限の値であるためです．位相等化器を2段使用して1 MHzまでGDが平坦なディレイ・ラインを設計すると，GDの値は1000 nsとなります．図11.8の斜線部の面積は，EQTの段数により一定となります．

**図11.8** EQTの特性

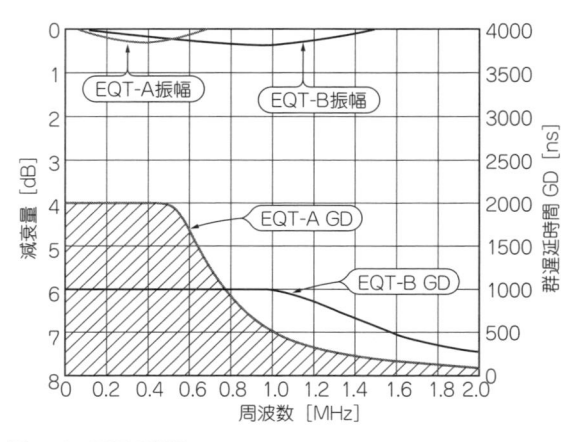

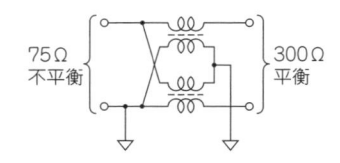

**図11.9** バラン・トランスの回路

**写真11.4** DBM用バラン・トランス B5F
（東光）

仮に，EQT2段で10 MHzまでGDが平坦なディレイ・ラインを設計すると，GDは200 nsとなります．ある周波数まで何nsのディレイ・ラインが必要であるという場合が一般的です．

▶目的のディレイ・ラインを何段で実現できるか

10 MHzまで500 ns遅延させるディレイ・ラインは，EQT何段で実現できるかを計算で求めてみます．

$10(MHz) \times 500(ns) = 5000$

$5000 \div 2000 \times 2(段) = 5(段)$

したがって，5段のEQTが必要です．実際に5段のEQTを実現した場合，振幅の凹みも大きくなり，約1 dBの減衰が予想されます．

## 11.5 特殊なコイル部品

● バラン・トランス

これは"Balance to Unbalance Transformer"のバランスとアンバランスの合成語といわれ，通称として「バラン」または「バルン」と呼ばれています．

バラン・トランスは，不平衡型回路と平衡型回路を接続する場合に回路間に入れて整合をとったり，信号源側と負荷側のインピーダンスが異なる場合にインピーダンス変換を行ってエネルギを効率よく伝達するために使います．

代表的な例として，テレビのアンテナ回路に使われている平衡型300 Ωを不平衡型75 Ωに変換するバランの回路を**図11.9**に示します．

めがね型コアを使用したバランの外観を**写真11.4**に示します．巻く線材は，平衡度を保つためツイスト・ペア線が使われます．

通過させたい周波数により，コアに使用するフェライトの周波数特性や形状および巻き数を選ぶことで**図11.10**に示すような特性が得られます．

コイルの巻き線間には分布容量が存在し，この容量成分とインダクタンス成分で自己共振を起こす

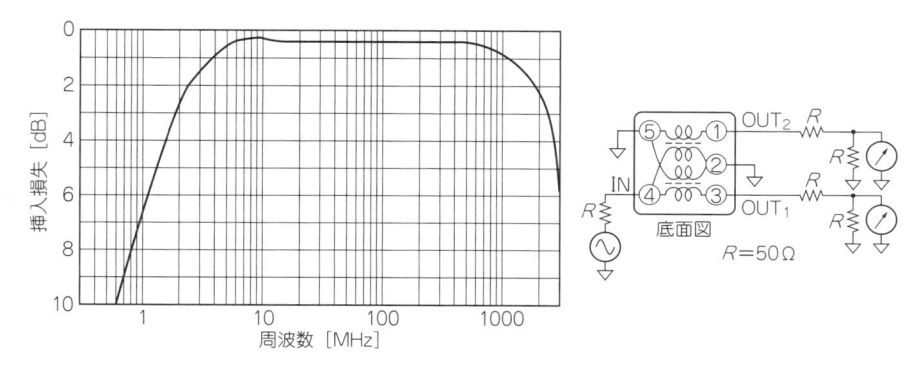

**11.5 特殊なコイル部品**

**図11.10** DBM用バラン・トランスB5Fの周波数特性

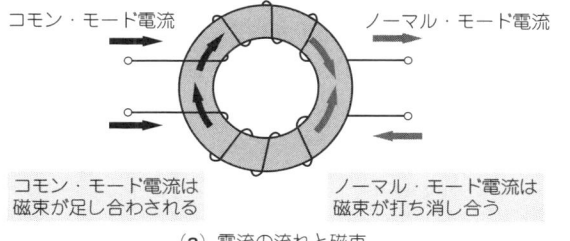

**図11.11** コモン・モード・チョークの動作原理
（a）電流の流れと磁束
（b）記号

**写真11.5** IEEE1394用コモン・モード・チョークB5W（東光）

ため，自己共振周波数以下の周波数帯域で使用します．

● コモン・モード・チョーク

伝送する信号に妨害を与えるコモン・モード・ノイズを減衰させる部品で，減衰させたいノイズ周波数帯に応じて電源ライン用と信号ライン用があります．

**図11.11**に示すようにコモン・モード・チョークは，伝送信号であるノーマル・モード電流に対しては発生した磁束が打ち消す方向となり何の働きもしません．しかし，外部からの誘導などにより生じるノイズ成分などのコモン・モード電流により生じた磁束はお互いに加え合わせる方向となって高インピーダンスを示し，ノイズ成分に対して除去効果を表します．このように，目的の信号には影響を与えず，ノイズ成分だけを抑制する働きがあります．

コモン・モード・チョークの用途として数十kHz～数MHzのノイズ除去に使われますが，近頃注目されているのが，IEEE1394やUSB2.0などのPCと周辺機器を接続する高速シリアル・インターフェースのノイズ除去用です．

IEEE1394やUSB2.0の信号伝送速度は400 Mbpsであり，広帯域でのノイズ除去効果が要求されます．**写真11.5**はIEEE1394用コモン・モード・チョークで，IEEE1394に必要な1ポート分であるコモン・モード・チョーク2組をめがねコアを使用して1個の部品に組み込んだ例です．このコモン・モード・チョークのノイズ除去効果を**図11.12**に示します．

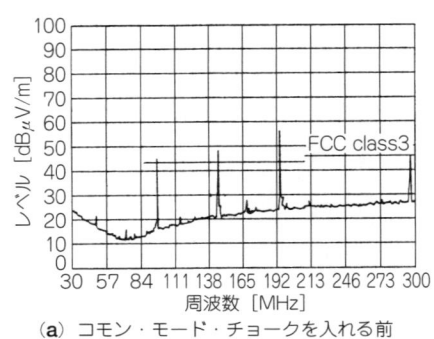

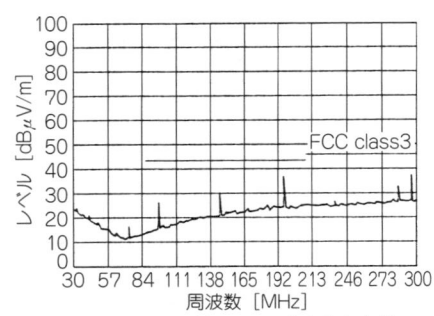

(a) コモン・モード・チョークを入れる前　　　(b) コモン・モード・チョークを入れた後

**図11.12　B5Wによるノイズ除去の例**

　コモン・モード・チョークには周波数特性があり，除去したいノイズ成分の周波数帯に合致した周波数除去特性をもったコモン・モード・チョークを使用しないと効果がありません．

〈藤原　弘/村井　保/島影新吉/島田武志/木村　悟〉

**参考文献**
(1) 山村英穂；トロイダル・コア活用百科，初版1983年，CQ出版㈱．
(2) USB2.0期待高まるも情報不足に嘆きと不安の声，日経エレクトロニクス，2000年1月3日号，日経BP社．
(3) 柳沢健/神林紀嘉；フィルタの理論と設計，p.10，産報出版，1978(第5版)．
(4) Anatol I. Zverev；Handbook of filter synthesis, p.73, John Wiley and Sons, Inc., 1967.

# 第三部 コイルの基礎と応用

# 第12章 コイルの選び方と使い方

前章までは，さまざまなコイルの種類と特徴などについて解説してきましたが，本章では具体的な電子回路においてどのようにコイルを選び，使用すればよいかについて解説します．

## 12.1 コイルの動作原理

コイルは，電線を巻いただけの単純な構造です．コアに巻いたコイルの性能はほとんどコア材によって決まってしまいます．

コア材は磁性部品ですが，回路エンジニアは磁性部品を苦手にしている人が多いようです．その原因の一つは電磁気学のわかりにくさにあるのでしょう．できれば電磁気学の文献を読まれることをお勧めします．

● コイルがインピーダンスをもつ原理

コイルの両端に交流電圧 $v$ を加えて，電流が流れたとします．この電流が時間的に変化すると，コイルのコア材の磁束が時間的に変化し，この磁束変化が電磁誘導による起電力を生じます．そしてこの起電力は，コイルの電流の変化を妨げようとする向きに発生します．これを自己誘導といいます．この電流を妨げようとする現象は，インピーダンスそのものです．コイルの両端に発生する電圧は，この起電力そのものなのです．

したがって，コイルの電流が急に増加しようとすると，電流と反対方向，つまり電流を減少させる方向に起電力が誘導されて，電流の増加を妨げます．逆に電流が減少しようとすれば，その減少を妨げる方向，つまり増加させる方向に働くのです（図12.1）．

# 第12章

図12.1　コイルの動作原理

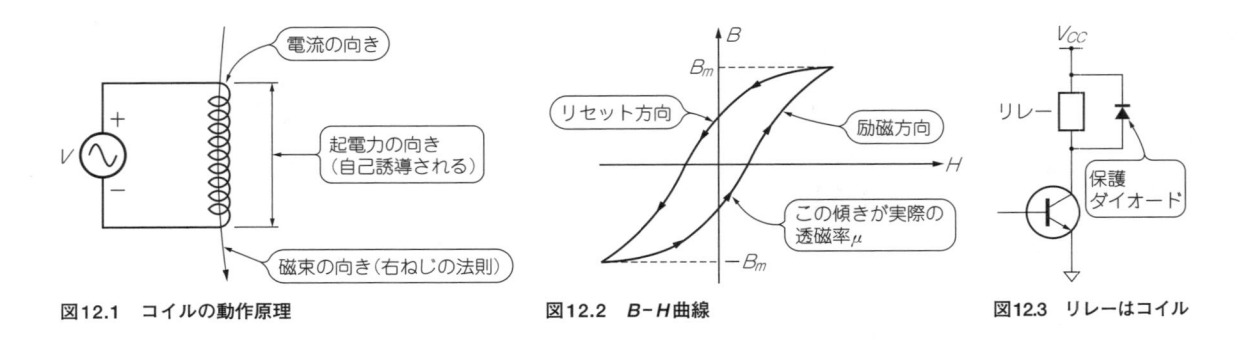

図12.2　B-H曲線

図12.3　リレーはコイル

● コイルはコア材の **B-H** 特性が決め手

$B$-$H$特性（**図12.2**）を使えば，コアの材料である磁性部品の性質の多くを説明できます．

横軸は磁界$H$ですが，コイル電流と考えてもかまいません[注1]．電流が増えると磁束密度$B$も増えて，電流が減少すると磁束密度$B$も減少するわけです．磁束密度が変化するのですから，当然磁束$\Phi$も変化します．

増加の曲線と減少の曲線が一致しないのが磁性体の面白い性質の一つで，ヒステリシス特性と呼ばれています．空芯コイルの場合，磁性体がコア材ではないのでヒステリシス特性をもちません．また，曲線は滑らかに描かれていますが，実際は小さな階段状になっているそうです[注2]．「そうです」と書いたのは筆者がこの現象を再現しようと実験したものの，うまくいかなかったからです．

● 基本パラメータ$\mu$，$B_m$，$A_L$値

さて，電磁気学，とくに磁気工学の詳細については専門の文献をご覧いただくとして，少し違う角度から$B$-$H$特性を見てみましょう．

電磁気学に触れない約束でしたが，最低限コア材のパラメータとして$\mu$，$B_m$，$A_L$の三つは覚えたほうがよいでしょう．

▶ 最大磁束密度$B_m$

コイルは磁束が変化することによって，インダクタンスとして振る舞います．電流が増加すると磁束も増加しますが，磁束密度は$B_m$以上には増加できません．この状態を磁気飽和と呼びます．磁気飽和すると磁束の変化が起きないので，コイルは単なる電線になってしまいます．なお，一般に$B_m$は温度特性をもちます．

▶ 透磁率$\mu$

厳密には磁束の多さを表しているのですが，ここではコンデンサの誘導率に相当すると考えてください．つまり，$\mu$が大きいとインダクタンスも大きくなるわけです．$\mu$は温度特性をもち，温度上昇とともに大きくなりますが，ある温度（キュリー点）から急激に減少します．

少々脱線ですが，電磁気学の教科書には$B = \mu H$と書かれています．そこで，もう一度$B$-$H$カーブ

---

注1：アンペア周回路の法則という．　注2：バルクハウゼン効果という．

を見てください．$B$と$H$は直線ではありません．

これは磁界(電流)によって$\mu$が変化していることを意味しています．言い換えると，$\mu$は電流に依存するわけです．結局，コイルのインダクタンス値は電流によっても多少変化しているのです．

▶ $A_L$値

$A_L = \mu \times k$

ただし，$\mu$：透磁率

$k$：コア材で決まる定数

で求まります．インダクタンスを求める場合は，$\mu$ではなく$A_L$値を使うほうが便利です．

たとえば，コイルの巻き数を$n$とすると，インダクタンスは次式から簡単に求められます．

$L = A_L \times n^2$

● リレーもコイルだ

身近なリレーのコイルを考えてみましょう(図12.3)．コイルに電流を流すとリレーは接点を閉じます．このときコイルのコア材の磁束は，増加方向に励磁されます．

電流を切ると接点は開きます．このとき，コイルのコア材の磁束は減少方向，つまり初期状態に向かいます．この減少方向の動きのことを，リセットと呼びます．

ところで，「コイルの電流が急に切れたときは，逆起電力が発生します」と回路の本には書かれています．実は，この逆起電力のエネルギの元はこの減少方向に向かう磁束変化なのです．逆起電力などと悪くいわれて，きっとコア材も不本意でしょう．一般に，逆起電力を防ぐために保護ダイオードをつけます．これは本来，磁束を初期状態に戻すための回路，つまりリセット回路なのです．

● コイルの損失

コイルの理想的でない部分，つまり$Q$(Quality Factor)を下げる原因について考えます．まず，電線の抵抗成分があります．これを銅損と呼びます．また，先ほどのヒステリシス曲線による損失をヒステリシス損または鉄損と呼びます．さらに過電流損があります．周波数が上がってくると，電線における表皮効果による抵抗成分やコア材におけるヒステリシス損と過電流損が増加します．さらに，構造的な浮遊容量も影響してきます．

つまり，高周波では$Q$の高いコイル，言い換えると高周波でも高インピーダンスのコイルを得ることは難しいわけです．空気はその意味ではヒステリシス損も過電流損もなく，キュリー点もない理想コアです．しかし，いかんせん$\mu$が小さすぎます．将来，高$\mu$のガスがガラスに封入されたコイルが登場するかも知れません．

(瀬川 毅)

# 第12章

## 12.2 基本的なコイルの使い方

● コイルの等価回路と構造

　図12.4はコイルの等価回路です．$R$は直流抵抗分で，$C$は巻き線の寄生容量です．この$C$とコイル自身のインダクタンス$L$により部品固有の共振点をもち，その共振点以下の周波数でしかコイルとして機能しません．

　図12.5は一般的なコイルの構造で，磁性体にはフェライトを使用し，巻き線にはポリウレタン線を使用します．外側のフェライトの磁気シールドのあるものとないものがあります．磁気シールドのあるものは，そのぶん巻き線のスペースが少なくなりますが，外部磁界の影響を受けにくく安定したインダクタンスが得られます．

　写真12.1はトロイダル・コイルです．電線をいったん小さなボビンに巻き取り，そのボビンをドーナッツ状（トロイド状）の磁性体に対して巻きつける方法で巻き線をするので，やや高価です．しかし，磁路が閉じているため，漏洩磁束が小さいという特徴があります．

　図12.6は，同じ磁性体を使用したコイルの直流重畳特性例です．同じ磁性体では巻き数を増やせば

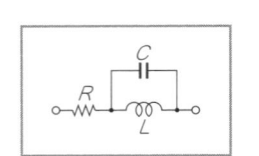

図12.4　コイルの等価回路

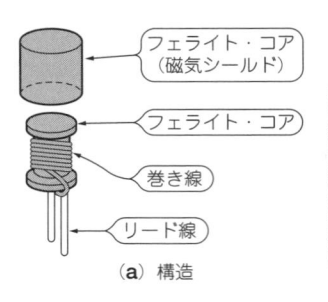

図12.5　一般的なコイルの構造
（a）構造
（b）実物

写真12.1　トロイダル・コイル

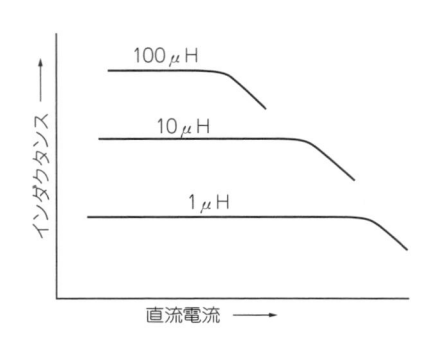

図12.6　コイルのインダクタンスの直流重畳特性

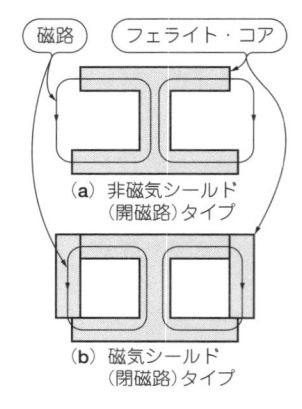

図12.7　一般用巻き線タイプ・インダクタのコア構造
（a）非磁気シールド（開磁路）タイプ
（b）磁気シールド（閉磁路）タイプ

インダクタンスが増えますが，それに比例して磁性体に発生する磁束が上がります．磁束は電流×巻き数に比例します．しかし，磁性体には最大飽和磁束密度があり，その点を越えると磁性体が「磁気飽和」を起こし，インダクタンスが減少します．

したがって，電流を多く流す用途では，最大飽和磁束密度の大きい磁性体を使用しなければいけません．最大磁束飽和密度は磁性体の断面積に比例するので，磁性体の断面積を増やすか，または最大飽和磁束密度の大きな磁性体を使います．

（増田幸夫）

● **共振用途に使うとき**

▶ $Q$ の高いインダクタを選ぶ

$Q$ が低いと，共振回路の出力が低下します．$Q$ の高い巻き線タイプのインダクタが適しています．

▶ 直流重畳特性に注意

直流電流とインダクタンス値の変化の関係を直流重畳特性と呼びます．インダクタに流れる電流が増えると，コイルから発生する磁束が増加して，磁性体を通る磁束が増えます．しかし，磁束密度には限界があるため，ある電流値を越えると飽和してそれ以上電流が増えても磁束密度が増加しなくなります．結果として，インダクタンス値が低下しはじめます．

共振回路を設計するときは，インダクタに流れる電流値を検討して，直流重畳特性と照らし合わせ，問題がないかを確認する必要があります．

---

## コラム 12.A ●●●● 負荷 $Q$ と無負荷 $Q$ ●●●●

$Q$ には2種類あります．設計目標の選択特性から算出される負荷 $Q$ と，コイル単体で測定した無負荷 $Q$ です．負荷 $Q$ は中心周波数 $f_0$ と帯域幅 $B$ から計算でき，無負荷 $Q$ はコイルを測定して得られる値です．

$$Q_L = \frac{f_0}{B} \quad \cdots \cdots (1)$$

$$L = 20 \log_{10}\left(1 - \frac{Q_U}{Q_L}\right) \quad \cdots \cdots (2)$$

ただし，$Q_L$：負荷 $Q$
　　　　　$Q_U$：無負荷 $Q$
　　　　　$f_0$：中心周波数 [Hz]
　　　　　$B$：帯域幅 [Hz]
　　　　　$L$：損失 [dB]

無負荷 $Q$ が有限の値のため，実際の回路では挿入損失 $L$ が発生します．つまり，損失を減らすためにはできるだけ無負荷 $Q$ の高いコイルを使用する必要があります．

コンデンサの場合は，誘電損失や $Q$ について深く考えなくても，そこそこ動く回路を作ることが可能です．それはコンデンサ・メーカが損失をできるだけ少なくすることだけを考えているからで，故意に損失を増やした(高周波用)コンデンサが存在しないからです．

（伊勢蝦 鶴蔵）

図12.7に示すように，巻き線タイプの一般回路用インダクタには，磁性体が閉ループ構造の閉磁路タイプと開ループ構造の開磁路タイプがあります．図12.7(b)からわかるように，非磁気シールド構造（開磁路）のインダクタは，コイルから発生する磁束が，途中，空間を通るため磁性体が飽和しにくく，インダクタンスが低下しにくいという特徴があります．

▶ 自己共振周波数

インダクタは，端子間に容量成分（浮遊容量）をもつので自己共振を起こします．その共振周波数以上ではインダクタとして使用できません．

必要な周波数より自己共振周波数が高いインダクタを選ぶ必要があります．

● チョーク用途に使うとき

▶ 直流重畳特性のよいインダクタを選ぶ

とくに，回路の電流が大きく変化する場合は，直流重畳特性のよいインダクタを選びます．

前述したように，磁性体の飽和しにくい非磁気シールド（開磁路）タイプが適します．

▶ 直流抵抗の小さいインダクタを選ぶ

ビデオ・カメラなどのバッテリ機器の使用時間の延長のため，電流回路の低電圧化が進んでいます．このような低電圧回路に対応するときは，直流抵抗は無視できない要素です．

インダクタに電流を流すと，直流抵抗および磁性体の損失によって発熱します．一般にチップ・インダクタのコアには，数十MHzくらいまで使用可能なNi-Zn系フェライト材を使っています．フェライト材は磁性体の損失が少ないため，発熱は電線の抵抗，すなわち銅損がおもな原因です．

構造上，低直流抵抗に適しているインダクタは，コイル導体の断面積を大きく取れる巻き線タイプ，およびコイルの巻き数あたりのインダクタンス値が大きい磁気シールド・タイプです．

なお，インダクタの損失 $D$ は以下の計算式で求まります．

$$D \propto I_{DC}^2 \times R_{DC}$$

ただし，$D$ ：損失［W］
　　　　$I_{DC}$ ：直流電流［A］
　　　　$R_{DC}$ ：直流抵抗［Ω］

（小谷光輝/坂東政博）

● 電源のフィルタとして使う

図12.8は，電源のフィルタとしてコイル $L_1$ と $L_2$ を入れた回路です．とくにCMOSロジック回路は，

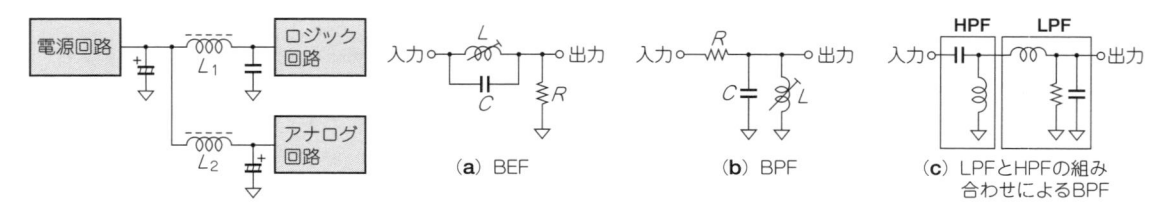

図12.8 電源ラインのフィルタ

図12.9 同調回路や $LC$ フィルタとしての使い方

(a) BEF
(b) BPF
(c) LPFとHPFの組み合わせによるBPF

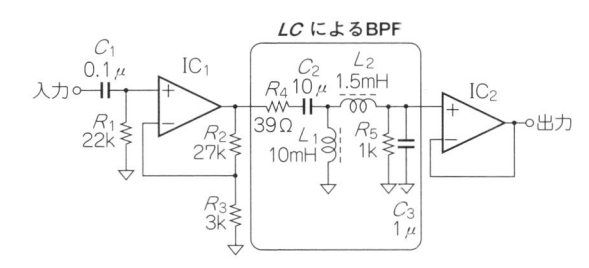

図12.10　*LC*によるバンドパス・フィルタ

論理が反転するときに一瞬過大電流が流れます．ロジックの出力回路がPチャネルとNチャネルのMOSトランジスタで構成されており，ON/OFFが切り替わる瞬間に同時にONする期間があり，そのときに過大な電流が流れるのです．

このときに発生するスパイク・ノイズをアナログ回路の電源に流入するのを防ぐのが，これらのコイルの役目です．電源回路がスイッチング方式の場合は，アナログ回路の電源ノイズを除去する目的で$L_2$が必要です．

このような用途で使うコイルは，直流抵抗が大きいと電圧降下が大きくなり，目的の性能を発揮できないことがあります．直流抵抗のできるだけ小さいものを選びましょう．

● 同調回路または*LC*フィルタとして使う

図12.9は，同調回路やフィルタとして使用した例です．図(a)は，特定の周波数成分を取り除くBEF（バンド・エリミネーション・フィルタ）です．

図(b)は，特定の周波数成分だけを取り出すBPF（バンドパス・フィルタ）です．この場合は*LC*の共振周波数においてインピーダンスが大きくなるので，それと抵抗との比率によりBEFまたはBPFとして機能します．このとき，非常にQが高く，共振周波数を合わせないと目的の性能が出ません．そこで，可変コイルを使用して特定の周波数に合わせる必要があります．

図(c)は，LPFとHPFを組み合わせ，帯域をもたせたBPFです．アクティブ・フィルタと比較した*LC*フィルタの特徴は，ダイナミック・レンジが大きく，電源が不要，Qが高いなどです．

しかし，この同調回路や*LC*フィルタは低インピーダンスで駆動しなくてはいけないので，フロントエンド（初段）には向きません．

図12.10は，入力から1 kHzの信号を取り込むための計測用フロントエンドの回路です．まず，$C_1$と$R_1$のCRフィルタにより商用周波数成分を下げます．商用周波数成分を下げておかないと$IC_1$で増幅した場合に商用周波数成分で信号が飽和し，目的成分（1 kHz）が消えないようにする目的です．このフィルタは1 kHzが−0.02 dBで，この程度であれば温度などが変化しても精度にさほど影響しないはずです．60 Hzの減衰量は−3.9 dBと少ないので効果はあまり期待できません．

$IC_1$は利得10倍にしました．BPFの通過帯域は500 Hz〜5 kHzです．出力はOPアンプで受け，$IC_2$の出力では不要な成分はほぼなくなり，目的成分だけが得られます．

（増田幸夫）

# 第12章

表12.1 高周波回路用チップ・インダクタの携帯電話における役割

| 回路ブロック | 用途 | 場所 | 目的 |
|---|---|---|---|
| RFおよびIF部 | インピーダンス・マッチング | RFおよびIF回路の部品間の伝送線路 | インピーダンスの不整合による反射と損失を最小限にする |
| | 共振 | シンセサイザやPLL発振回路 | 必要周波数を発生させる |
| 電源部 | チョーク | RFおよびIF回路に使われる能動部品の電源ライン | 高周波成分などをカットする |

## 12.3 高周波用コイルの使い方

　高周波回路用としては，チップ・タイプのコイルが携帯電話や無線LANなど，移動体通信器の高周波回路のインピーダンス・マッチング用，共振用，チョーク用に使われ，数十MHzから数GHzまでの周波数をカバーしています．表12.1に，高周波回路用チップ・インダクタの携帯電話における使用回路と機能を示します．

　高周波回路用チップ・インダクタには，巻き線タイプ，積層タイプ，薄膜タイプがあり，これらのインダクタはそれぞれ特性が違います．

● 共振回路に使うとき

　図12.11に示すような共振回路に使う場合，以下の点に注意して選択します．

▶ $Q$ の高いものを選ぶ

　$Q$ が低いと，エネルギーの一部が熱として失われてしまいます．その結果，図12.12に示すように取り出したい周波数の電流値が低くなり感度が悪くなります．

　太い線を使った低抵抗の巻き線タイプが $Q$ が高いので適します．

▶ インダクタンス許容差の小さいものを選ぶ

　許容差が大きい，すなわちインダクタンス値のばらつきが大きいと，図12.13のように取り出したい周波数がずれてしまいます．周波数精度を上げるためには，許容差の狭いもの（できれば±2%/±3%）を使います．

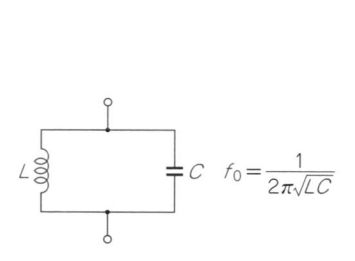

図12.11 $LC$並列共振回路　$f_0 = \dfrac{1}{2\pi\sqrt{LC}}$

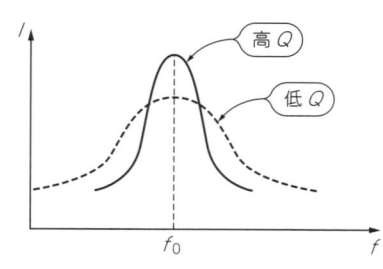

図12.12 許容差の大きさと感度

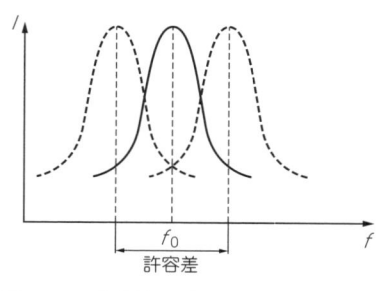

図12.13 許容差と共振周波数

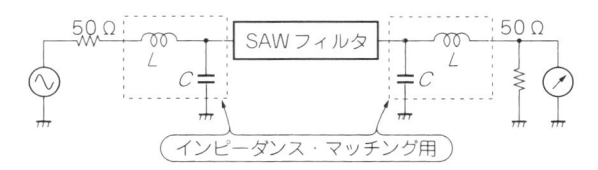

**図12.14 コイルの $Q$ 値と入出力特性を測定するためのSAWフィルタ・マッチング回路**

コア寸法精度，巻き線精度を向上することで狭偏差（±2％）に対応した部品があります．

● **インピーダンス・マッチングに使うとき**

▶ $Q$ の高いインダクタを選ぶ

フィルタのインピーダンス・マッチングに使用した場合，$Q$ が低いと通過帯域での減衰特性の損失が大きくなります．

図**12.14**は，$Q$ 値の異なるインダクタをSAWフィルタのインピーダンス・マッチング回路に挿入し，入出力間の減衰特性を実測した例です．

図**12.15**からわかるとおり，$Q$ が低いと損失によって通過帯域幅が狭くなったり，通過帯域内にリプルが生じたりするなどフィルタとしての性能が低下します．逆に $Q$ の高いものを使うと，通過帯域が広く安定した減衰特性となります．

▶ インダクタンス許容差の小さいものを選ぶ

インダクタンスの許容差が大きいと，通過帯域での帯域幅の変動や群遅延特性の乱れが発生します．

図**12.16**，図**12.17**は，携帯電話の1st IF部におけるSAWフィルタのインピーダンス・マッチング回路での減衰特性と群遅延特性です．インダクタンスの許容差が大きいと，群遅延特性がフラットにならず位相のずれが生じます．結果的に，必要な信号と位相情報が十分得られません．

なお，インピーダンス・マッチング用のインダクタには積層タイプ，巻き線タイプ，薄膜タイプがあり，それぞれの特徴を活かして選択します．

- 積層タイプは小型サイズですが，$Q$ 特性および許容差特性がよく低コストです．

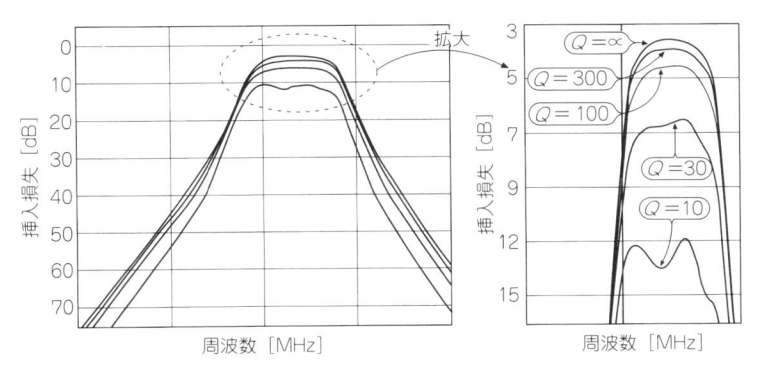

**図12.15 挿入損失−周波数特性の $Q$ 値依存性**

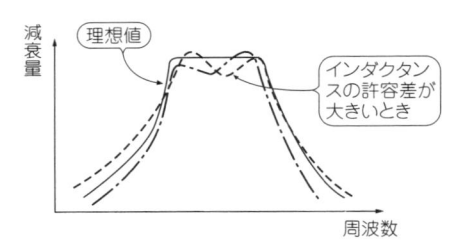

図12.16 SAWフィルタ・マッチング回路の減衰特性

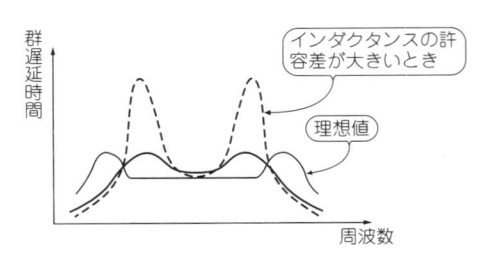

図12.17 SAWフィルタ・マッチング回路での群遅延特性

- 巻き線タイプは，低直流抵抗であり高い$Q$がとれます．
- 薄膜タイプは，精度が高くインダクタンス許容差±2%に対応しています．

図12.18に，巻き線タイプ・インダクタ，積層タイプ・インダクタ，薄膜タイプ・インダクタの$Q$の周波数特性の違いを示します．

● チョーク用途に使うとき

電源部にRF信号およびIF信号を回り込ませないようにすることが目的です．

### コラム 12.B ●●● わざとコイルの$Q$を低くして使うこともある ●●●

　コイルの$Q$をわざと低くして，損失を増やすことがあるので，インダクタンスと同じくチェックする必要があります．$Q$をわざと低くするのは，図12.BのようにRFCやデカップリングで使用するチョークの場合です．この使い方では，広い帯域で一定したインピーダンスを保持することが求められます．

　もし共振点があると，その周辺でインピーダンスと位相が急に変化するために，回路に影響を与え，発振する可能性があるからです．そのためコア材に損失の大きな材料を使用する場合があります．フェライト・ビーズなどは，この使い方の典型です．

（伊勢蝦 鶴蔵）

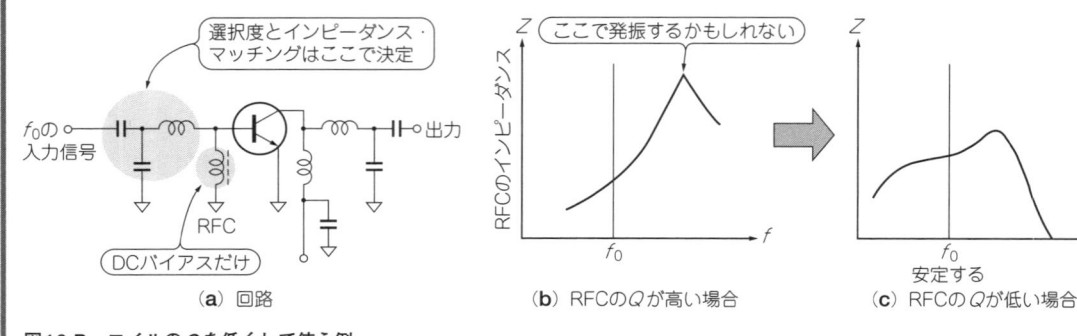

(a) 回路
(b) RFCの$Q$が高い場合
(c) RFCの$Q$が低い場合

図12.B コイルの$Q$を低くして使う例

図12.18　構造の違いによる周波数特性の違い

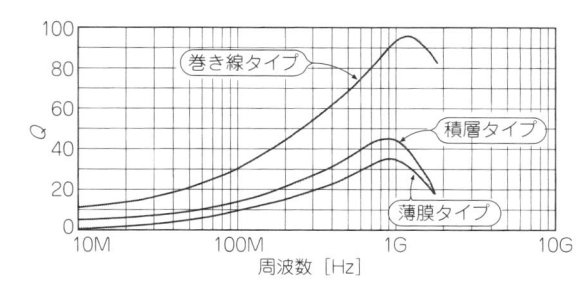

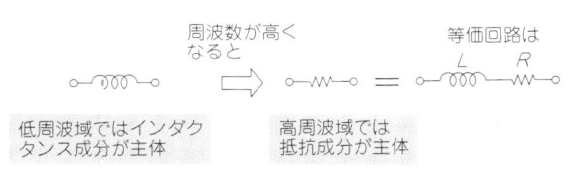

図12.19　高周波におけるインダクタの等価回路

▶ RF信号およびIF信号の周波数域において，インピーダンスが約300 Ωのインダクタを選ぶ．
　インピーダンス$Z$は$|Z| = 2\pi f L$で表されるので，インダクタンス$L$は，
　　$L = Z/2\pi f$（$f$：周波数，$|Z| ≒ 300$ [Ω]）
と求まります．たとえば，信号周波数800 MHzで使うときは$L = 56 \sim 68$ nH，260 MHz（2nd IF）で使うときは，150～180 nHのインダクタを選ぶことになります．
　一般にRF帯で使う場合，インダクタンスは100 nH以下で対応できるので，積層，巻き線，薄膜の3タイプから，希望する$Q$値をもったインダクタを選ぶことができます．
　IF帯で使う場合は，インダクタンス値はほぼ120～220 nHが必要なので，巻き線タイプが適します．

▶ パワー・アンプに使うときは定格電流に注意する
　パワー・アンプ部は，2～3段で信号を増幅しています．一般に，終段増幅部の電源部では0.2～1.0 Aの大きな電流が流れるので，十分な定格電流をもつ巻き線タイプのインダクタを選びます．
　また，インダクタの直流抵抗が高いと電圧降下により，アンプの電源電圧が低下しアンプの出力が下がります．したがって，直流抵抗の低いものを選ぶことも重要です．

## 12.4　ノイズ対策用チップ・インダクタの使い方

● チップ・フェライト・ビーズ・インダクタの特徴
　代表的なノイズ対策用インダクタであるフェライト・ビーズ・インダクタは，フェライトの高周波における損失を利用してノイズを除去するインダクタです．
　低周波では微小インダクタンスのコイルとして振る舞いますが，高周波では抵抗成分が主体のインピーダンスをもちます．この抵抗成分がノイズを抑制します（図12.19）．
　図12.20はフェライト・ビーズ・インダクタと高周波回路用コイルのインピーダンス・カーブの比較です．この図からわかるように，フェライト・ビーズ・インダクタは，高周波用インダクタと比べて低周波域から抵抗成分が支配的なため，共振による波形ひずみを発生しにくい特徴をもっています．
　図12.21に，チップ・フェライト・ビーズ・インダクタの構造を示します．

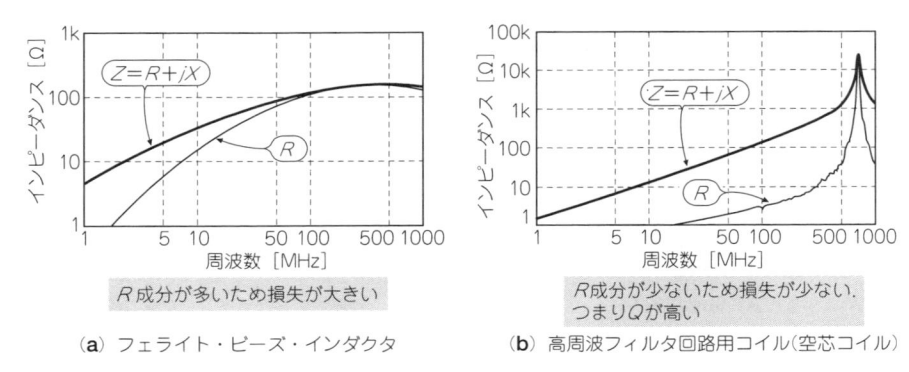

**（a）フェライト・ビーズ・インダクタ**
R成分が多いため損失が大きい

**（b）高周波フィルタ回路用コイル（空芯コイル）**
R成分が少ないため損失が少ない．つまりQが高い

**図12.20　フェライト・ビーズ・インダクタと高周波用インダクタのインピーダンス特性**

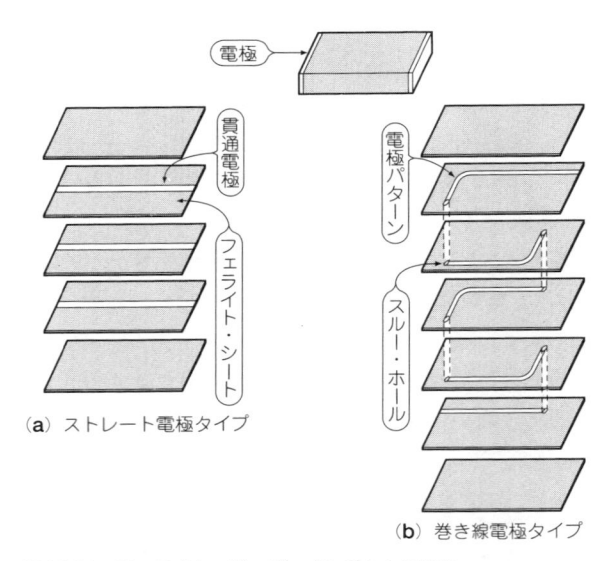

**（a）ストレート電極タイプ**

**（b）巻き線電極タイプ**

**図12.21　フェライト・ビーズ・インダクタの構造**

● フェライト・ビーズ・インダクタの選び方の基本

▶信号周波数とノイズ周波数に注意して選ぶ

　一般に，電子機器から発生するノイズは回路の信号より高い周波数です．したがって，ノイズ対策用フェライト・ビーズ・インダクタは，ある周波数以下の「必要な信号」は通し，ある周波数以上の「不要なノイズ」は通さないローパス特性を示します．そのため，インピーダンス-周波数特性を確認しながら，信号周波数とノイズ周波数を考慮した部品の選択が必要です．

　**図12.22**に，インピーダンス-周波数特性と信号周波数，ノイズ周波数の関係を示します．

● フェライト・ビーズ・インダクタの種類

▶一般用（電源用）フェライト・ビーズ・インダクタ

　広帯域で大きなノイズ除去効果のある一般用，電源用のフェライト・ビーズ・インダクタは，比較

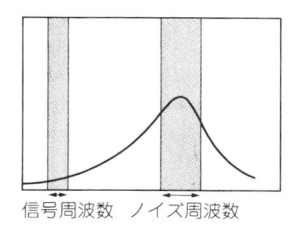

(a) 一般用（電源用）：広帯域において高いインピーダンス特性を示す

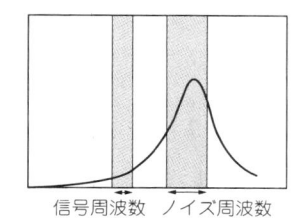

(b) 高速信号用：信号周波数とノイズ周波数が近接しているため，急峻なインピーダンス・カーブとなっている

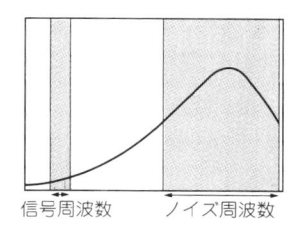

(c) 高周波ノイズ対応：一般用よりもさらに高周波域まで高インピーダンス特性を示す

**図12.22 インピーダンス-周波数特性と信号およびノイズの周波数帯域**

(a) インダクタの等価回路

(b) インピーダンス特性

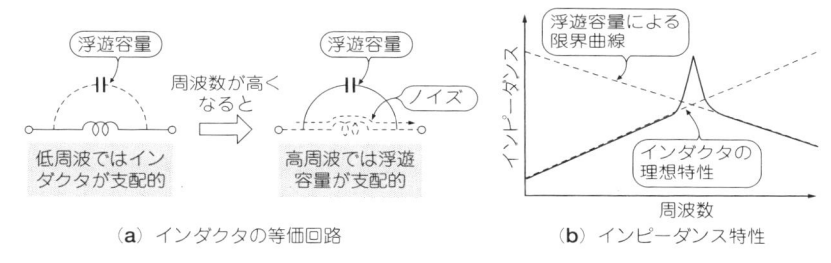

**図12.23 インダクタの浮遊容量とインピーダンス特性の限界**

的低い周波数からインピーダンスが発生します．信号周波数域が低いラインや信号周波数に影響されない電源ラインに適します．

▶高速信号用のフェライト・ビーズ・インダクタ

信号周波数域で比較的低いインピーダンス特性を示しますが，ノイズ周波数域では急峻にインピーダンスが高くなります．したがって，信号周波数が高い場合でも信号を減衰させずにノイズだけを効果的に除去することができます．

▶高周波ノイズ除去用インダクタ

CPUの高速化，高速グラフィックスの普及にともないノイズ対策の周波数は高周波域（500 M～数GHz）に広がっています．

従来のフェライト・ビーズ・インダクタは，100 MHz周辺のノイズ周波数域で高いインピーダンスを発揮します．それよりさらに高い周波数域では，インダクタに並列に寄生する浮遊容量を通してノイズをバイパスしてしまいます（**図12.23**）．最近，この浮遊容量の小さい，1 GHzにおいて1 kΩを実現するフェライト・ビーズがあります．**図12.24**に示すBLM18HGシリーズなどです．

● DC電源ラインに挿入するインダクタの選び方

DC電源ラインは大電流が流れるので，定格電流が大きく，電圧降下の少ない低直流抵抗特性のフェライト・ビーズ・インダクタを選びます．

また，信号ラインに挿入する場合と違い，急峻なインピーダンス-周波数特性である必要はありません．広帯域でインピーダンスが大きい方が効果があります．

なお，カタログにあるインピーダンス特性カーブは，電流負荷がほとんどないときの静特性です．実際には，負荷電流が流れると磁気飽和によってインピーダンスが少し低下するので，この点を考慮して選びます．

この用途には，低直流抵抗特性で定格電流に対して余裕のあるフェライト・ビーズ・インダクタを選びます．

---

## ●●●● 空芯コイルの設計方法 ●●●●   コラム12.C

空芯コイル(**写真12.A**)は，コイルの基本です．民生用としては$Q$が高く，コストも安いため，今でもチューナなどに使用されています．ただし，空間に磁束を放射するので周辺のコイルや部品と結合しやすく，実装が難しい部品です．図12.C(a)のように90°の角度をつけて実装したり，シールド・ケースで分離する必要があります．

空芯コイルのインダクタンスの計算式を，図12.Dに示します．

（伊勢蝦 鶴蔵）

写真12.A　空芯コイルの例

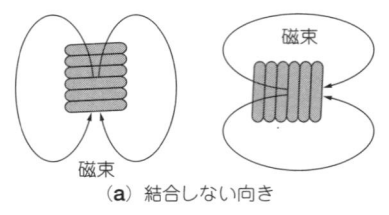

(a) 結合しない向き

(b) 結合するとトランスになってしまう

図12.C　空芯コイルの結合

(a) コイルの寸法

$$L = KL_0 = K\mu\pi a^2 \frac{N^2}{l} \text{[H]}$$

ただし，$L$：インダクタンス [H]，
$a$：半径 [m]，$l$：長さ [m]，
$N$：巻き数 [回]，$K$：長岡係数，
$\mu$：透磁率 [H/m]

(b) インダクタンス

| $\frac{2a}{l}$ | $K$ | $\frac{2a}{l}$ | $K$ |
|---|---|---|---|
| 0.1 | 0.959 | 1.2 | 0.648 |
| 0.2 | 0.920 | 1.4 | 0.611 |
| 0.3 | 0.884 | 1.6 | 0.580 |
| 0.4 | 0.850 | 1.8 | 0.511 |
| 0.5 | 0.818 | 2.0 | 0.526 |
| 0.6 | 0.789 | 3.0 | 0.429 |
| 0.7 | 0.761 | 4.0 | 0.365 |
| 0.8 | 0.735 | 6.0 | 0.285 |
| 0.9 | 0.711 | 8.0 | 0.237 |
| 1.0 | 0.688 | 10.0 | 0.203 |

(c) 長岡係数表

図12.D[(1)]　空芯コイルのインダクタンスの設計

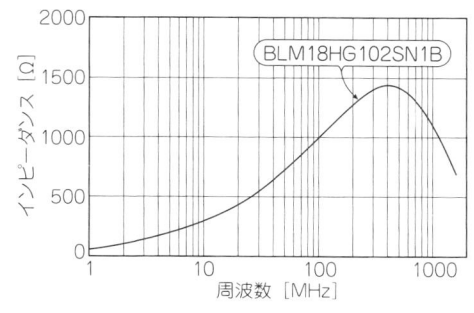

## 12.4 ノイズ対策用チップ・インダクタの使い方

図12.24 1 GHzで1 kΩのチップ・フェライト・ビーズ・インダクタBLM18HG102SN1B（村田製作所）のインピーダンス-周波数特性

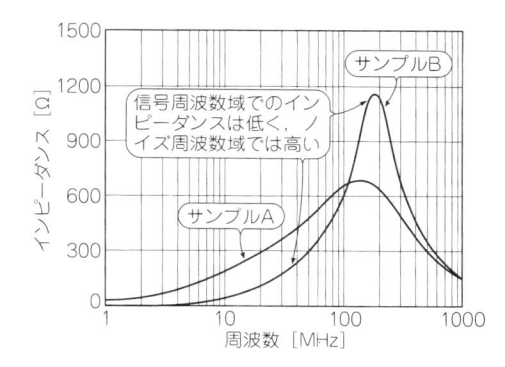

図12.26 2種類のチップ・フェライト・ビーズ・インダクタのインピーダンス-周波数特性

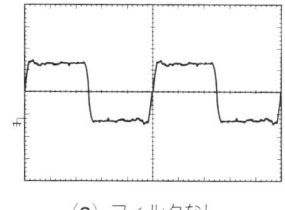

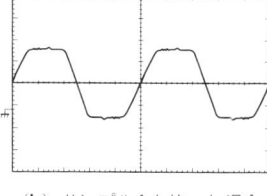

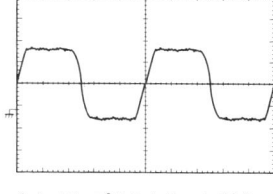

（a）フィルタなし　　（b）サンプルAを使った場合　　（c）サンプルBを使った場合

図12.25 各種フェライト・ビーズ・インダクタを信号ラインに挿入したときのディジタル信号波形

● 信号ラインに挿入するインダクタの選び方

　ノイズ対策の効果を高めるには，よりインピーダンスの高いフェライト・ビーズ・インダクタを使います．しかし，信号周波数域でインピーダンスが高いと，信号成分が損失して信号波形のなまりが大きくなり，回路の動作が不安定になります．信号周波数が比較的高い場合は，信号周波数でインピーダンスが低く，ノイズ周波数で高くなる高速信号用フェライト・ビーズ・インダクタを選びます．
図12.25は，
- フィルタなし
- サンプルA…広帯域でインピーダンスが大きいインダクタ（図12.26）
- サンプルB…インピーダンス特性が急峻なインダクタ（図12.26）

の3種類について，10 MHzの信号ラインに挿入したときのディジタル波形を実測したものです．

　サンプルAは，信号の周波数域からインピーダンスがあるので，ディジタル信号の低次の高調波が減衰します．その結果，波形がなまっています．

　一方，サンプルBは低周波でのインピーダンスが低いので，信号の低次高調波への影響が少ないため，波形への影響も少なくなっています．

〈小谷光輝/坂東政博〉

表12.2 電力用コイル/トランスのメーカ

| メーカ名 | 電話番号 | URL |
|---|---|---|
| ㈱菅野電機研究所 | (03)3763-6701 | (なし) |
| 日立フェライト電子㈱ | (0857)53-6460 | http://www.hfe.co.jp/ |
| タムラ精工㈱ | (0492)34-1711 | http://www.tamura-ss.co.jp/ |
| ㈱タムラ製作所　インダストリアルデバイス事業部，営業グループ | (0492)84-5721 | http://www.tamura-ss.co.jp/ |
| TDK㈱　インダクティブデバイス事業部 | (03)5201-7229 | http://www.tdk.co.jp/tjfx01/ |
| 東光㈱　コイル販促グループ | (0492)79-1611 | http://www.toko.co.jp/ |
| 東邦亜鉛㈱　電子部品営業部 | (0274)22-2331 | http://www.toho-zinc.co.jp/ |
| ㈱トーキン　第2生産事業本部，販売部 | (044)751-6211 | http://www.tokin.co.jp/ |
| 豊澄電源機器㈱ | (03)3818-2511 | http://www.toyozumi.co.jp/ |
| 日立フェライト電子㈱ | (0857)53-6460 | http://www.hfe.co.jp/ |
| ㈱ユニオン電機 | (0426)25-9898 | http://www.uniondk.co.jp/ |

## 12.5　パワー回路におけるコイルの使い方

● 大電流を流せることが第一

　パワー回路用に使うコイルは，大電流を流せることが絶対条件です．もちろん，大電流が流れても磁束が飽和してはいけません．磁束が飽和しないためには，コア材の$B_m$は大きいほうがよいのですが，一方で$B_m$が大きい材料は鉄損も大きくて……うまくいかないものです．

　コアとして望ましいことは，$A_L$値と$B_m$がともに大きく，鉄損の少ないタイプがよいのですが，これがなかなか難しいのが現実です．パワー回路では，それらの現実により厳しく直面しなければなりません．

　そこで，使用する周波数や用途によって，コアが使い分けられているのです．

● *B-H*曲線の非線形も気にしない

　*B-H*「曲線」とは上手い命名で，「直線」ではありません．曲線ということは，コイルを流れる電流に応じて，インダクタンス値が変化するわけです．そういう理由から，線形性が重要な小信号用途では，直線とみなせる微小部分だけをコイルとして使います．贅沢な使い方といってよいでしょう．

　しかし，大電流を流すパワー回路で同様なことをすると，巨大なコイルになってしまいます．したがって，パワー回路ではそのような贅沢は望めません．やむなく，非線形であってもコイルには変わりがないので，気にせずに使うのです．

　以上の理由で，高精度のコイルはありません．となると，パワー回路で小信号回路のような高次のチェビシェフ・フィルタを実現するのは無理ということになります．

　「大電流を流すと磁束飽和を起こす→大型のコアを使う」という順で，パワー回路用のコイルは大型化の道をたどりました．大きいことは重くなることで，パワー回路のコイルは「大きい・重い」というのが定説です．近年は，軽薄短小のトレンドの中で，スイッチング・レギュレータは高周波化が進み，コイルやトランスが非常に小型化しています．少し定説を覆しました．

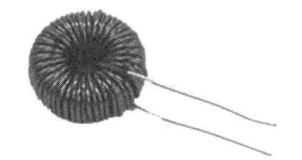

**写真12.2** ギャップレス・アモルファス・コアを使ったスイッチング・レギュレータ用コイル GLA-03-0082（3 A，80 μH，田村精工）

**写真12.3** 力率改善用コイル RLET48-25（5 A，5 mH，タムラ製作所）

● 主なパワー回路用コイル/トランス

表12.2に，国内の主なパワー回路用コイル/トランス・メーカの一覧を示します．

▶スイッチング・レギュレータ用

この用途のコイルは種類が多く，次のような共通の特徴があります．

- 直流重畳特性（後述）がよい
- 鉄損が少ない

これらはDC出力であること，スイッチング周波数が100 kHz以上と比較的高いことによります．

写真12.2は，アモルファスのコア材を使い，ギャップがないトロイダル・コアのタイプです．アモルファスのコア材は，鉄損を小さくするのに有効です．また，トロイダル・コアでギャップがないことは，漏れ磁束を極めて減小させるでしょう．

▶ノイズ対策用コイル

ノーマル・モードのノイズ対策用のコイルです．ノイズ対策用のコイルは，そのインダクタンス値も大切ですが，ノイズ成分つまり高周波成分を鉄損に変える働きも重要です．つまり，高周波で問題となる鉄損を逆に有効利用しているのです．まさに，発想の転換です．$B_m$は大きいのですが，鉄損も大きい珪素鋼のコア材を使い，上手にまとめた好例です．

▶力率改善用コイル

コンデンサ・インプット型の整流回路が引き起こす「電源高調波問題」の改善を目的としたコイルです．コンデンサ・インプット型の整流回路にチョーク・コイルを入れて，チョーク・コイル・インプット型の整流回路に近い動作をさせるものです．

写真12.3は，商用周波数用でインダクタンスは5 mH以上と大きく，またサイン波の電流ピークでも，磁束飽和しないような設計になっています．

この種のコイルは，入力電力100 VA以下の比較的小電力の電子機器で力率改善のために使われています．それ以上は，PFC(Power Factor Correction)と呼ばれる一種のスイッチング・レギュレータを使用することになるでしょう．

▶コモン・モード・チョーク・コイル

ノイズ・フィルタなどに使われているノイズ対策用のコイルです．多くが商用電源と接続して使わ

第12章

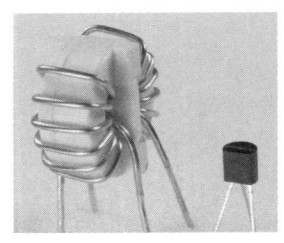

写真12.4　コモン・モード・チョーク

写真12.5　EIコアを使った商用電源用トランス（ユニオン電機）

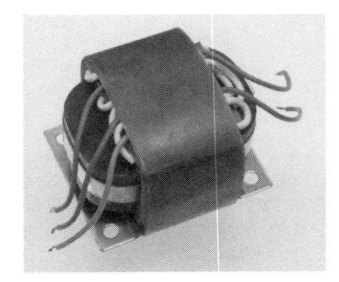

写真12.6　カット・コアを使った商用電源用トランス

れます．
　写真12.4のように2本の巻き線が巻かれていますが，別々に分割して巻かれている点に注目してください．コモン・モード・フィルタの原理からいえば，2線はできる限り均等に巻いたほうがよいはずです．これは，次のような理由からです．コモン・モード・チョーク・コイルが商用電源に接続されると，2線間にAC100 VやAC200 V以上の電圧が加わります．別々に巻かれているのは，その絶縁対策のためです．
▶商用トランス
　コイルがメイン・テーマですが，その親戚にあたるトランスも紹介しましょう．商用トランスの代表的な二つのタイプです．EIコアを使ったもの(写真12.5)は，コスト的に優れ，とてもポピュラです．一方，カット・コアを使ったもの(写真12.6)は，EI型より漏れ磁束が少なく小型化できます．
▶ノイズ対策用トランス
　商用電源に絶縁トランスを入れてノイズ対策をする方法はよく知られています．とくに，ノイズ対策用，たとえば，ノイズ・ゼロ・トランスなどと名づけられたタイプ(写真12.6)は，トランスの1次側と2次側を各々シールドして厳密に絶縁しています．

● パワー回路用コイル/トランスの使い方
▶磁気飽和をさせない
　コイルを使う上で，絶対避けなければならないのが磁束飽和です．図12.27は，よくあるバック・コンバータの出力部です．写真12.7に動作時の波形を示します．磁束が飽和すると磁束変化がないわけですから，コイルはインダクタンス値を失い，巻き線の銅線で短絡された状態になります．
　これは大変危険な状態で，このときコイルが焼損することは希ですが，周辺回路の半導体を破損させることもあり，機器の機能を消滅させるかもしれません．
　また，ほかの例としてノイズ耐性の試験で，ノイズ・シミュレータで1 kV以上の高圧パルスを加える場合があります．そのときコモン・モード・チョーク・コイルが磁束飽和してコイルの働きをせず，トラブルに巻き込まれたケースもよく耳にします．
▶直流重畳特性に注意する
　スイッチング・レギュレータのように，直流電流がコイルに流れる場合，コイルのインダクタンス

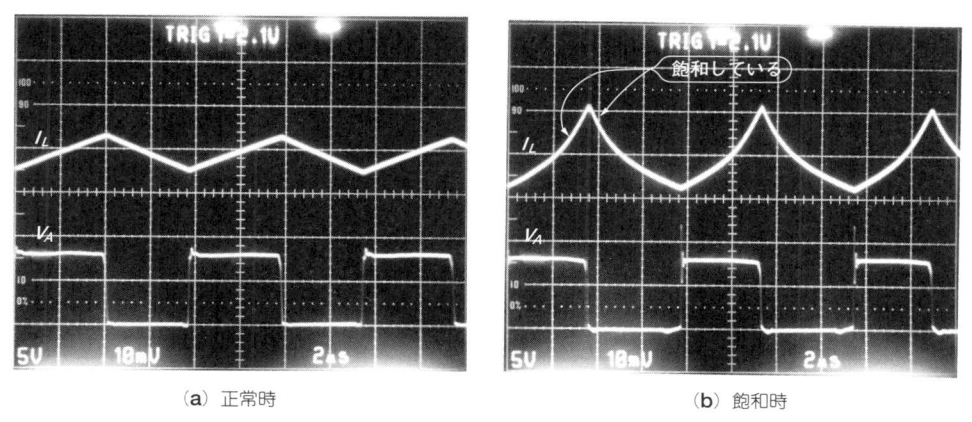

## 12.5 パワー回路におけるコイルの使い方

(a) 正常時　　　　　　　　　　　　(b) 飽和時

**写真12.7** バック・コンバータ回路の出力部の電圧波形と電流波形（上：0.2 A/div，下：5 V/div，2 μs/div）

値は直流電流の増加に伴い減少する現象が起きます．このように，コイルに直流電流を流したとき，インダクタンスが変化する特性を直流重畳特性と呼びます．

一般に，ダスト系のコア材では直流電流の変化に対しインダクタンスの変化も少しずつです．対して，フェライト系のコア材の場合は，直流電流のある一点から急に変化します．これはどちらが良いというわけではありません．使用する機器の仕様や特性によって判断がわかれるところです．

● **耐雷もかねたノイズ対策用トランスの特性**

ノーマル・モードの特性とコモン・モードに対する特性を測定したのが図**12.28**です．ノーマル・モードは3 kHz付近から減衰しています．一方，コモン・モードは広い帯域で減衰しています．

また，周波数特性だけでは，なかなか真の所はわからないので，トランスの入力に約30 kVのインパルスを加えてみたのが図**12.29**です．－70 dB以上もインパルスが減少しています．

（瀬川　毅）

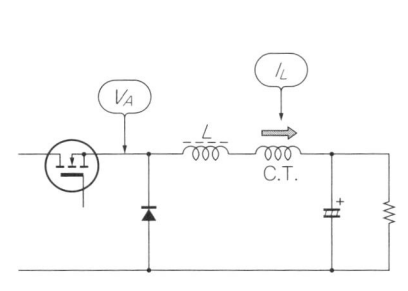

**図12.27** バック・コンバータ回路の出力部

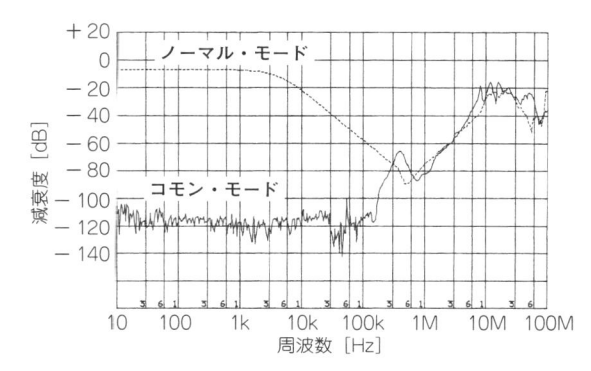

**図12.28** 雷サージ・ゼロ・トランスMNR-GT-7のノイズ減衰特性
（ユニオン電機）

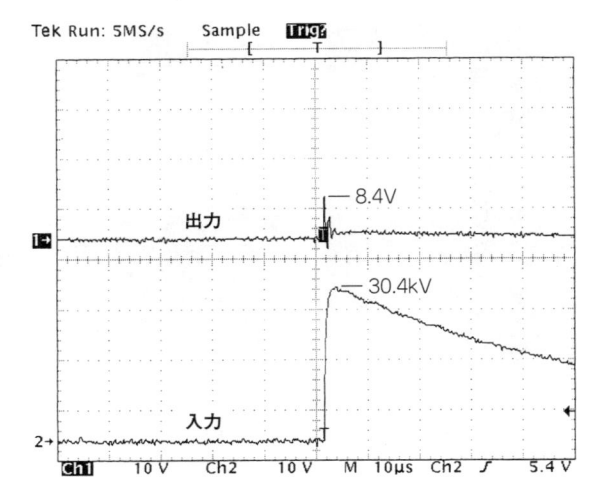

図12.29 雷サージ・ゼロ・トランスMNR-GT-7のコモン・モード雷インパルス移行電圧（ユニオン電機）

**引用文献**
(1) 後藤憲一/山崎修一郎；詳解電磁気学演習，共立出版(株)．

## 索引

### ── 数字 ──

- 1次ハイパス・フィルタ ……………………… 89
- 1パルス限界電力 …………………………… 109
- 2次ローパス・フィルタ ……………………… 89
- 4端子抵抗 …………………………………… 15

### ── アルファベット ──

- **A** A特性 …………………………………… 127
  - AC定格品 ……………………………… 41
  - AD536A ……………………………… 78
  - AD650 ………………………………… 26
  - $A_L$値 ………………………………… 181
- **B** B特性 ……………………………… 21,127
  - $B$-$H$特性 …………………………… 180
- **C** C特性 ………………………………… 127
  - CG特性 ………………………………… 25
  - CH特性 ……………………………… 21,25
  - Cu-Ni合金 …………………………… 119
  - CV/g値 ………………………………… 73
- **D** D特性 ………………………………… 127
  - DC定格品 ……………………………… 41
  - derating ……………………………… 14
- **E** E24標準数 …………………………… 106
  - E6系列 ………………………………… 11
  - E96系列 ……………………………… 11
  - E96標準数 ………………………… 106
  - EIコア ……………………………… 194
  - EMC対策 ……………………………… 94
  - EQT ………………………………… 175
  - ESL …………………………………… 21
  - ESR …………………………………… 22
- **F** F特性 ………………………………… 21
- **G** GD ………………………………… 175
- **I** $I$-$V$変換回路 …………………………… 30
  - ICL7106/7107 ……………………… 88
  - IFT ………………………………… 168
- **L** $LC$フィルタ ……………………………… 168
- **N** Ni-Cr-Al合金 ………………………… 119
  - Ni-Cr合金 …………………………… 119
  - NTC ………………………………… 129
- **O** OS-CON ……………………………… 59
- **P** PEN …………………………………… 50
  - PET …………………………………… 37
  - PFC ………………………………… 196
  - POSCAP ……………………………… 64
  - PP …………………………………… 37
  - PPS …………………………………… 37
- **Q** $Q$ ………………………………… 22,161
  - $Q$ダンプ …………………………… 147
- **R** RMS-DCコンバータ回路 ……………… 78
- **S** S特性 ………………………………… 114
  - $S$パラメータ ………………………… 148
  - SAWフィルタ ………………………… 187
  - Shunt Resistor ……………………… 136
  - SMシリーズ …………………………… 15
  - SMD ………………………………… 157
  - SRF ………………………………… 161
  - SSタイプ …………………………… 149
- **T** $\tan \delta$ ……………………………… 22
  - TCNQ錯塩 …………………………… 59
  - TZ03 ………………………………… 35
  - TZR1シリーズ ………………………… 35
- **U** UJ特性 ……………………………… 21
- **V** $V$-$F$コンバータ回路 …………………… 26
- **W** W特性 ……………………………… 114
- **X** X7R特性 ……………………………… 29
  - X特性 ……………………………… 114
- **Y** Y特性 ……………………………… 114
- **Z** Z特性 ……………………………… 114

### ── あ行 ──

- アイソレーション電圧 ……………………… 125
- アキシャル・タイプ …………………………… 3
- アキシャル・リード ………………………… 156
- アッテネータ ……………………………… 147
- 圧力センサ ………………………………… 57
- アドバンス線 ……………………………… 119
- アルミ電解コンデンサ ……………………… 51
- アルミナ …………………………………… 120
- アレニウスの化学反応速度論 ……………… 56
- アンペア周回路の法則 …………………… 180
- 位相等化器 ……………………………… 175
- インダクタ ………………………………… 169
- インダクタンス許容差 …………………… 160
- インピーダンス・マッチング ……………… 147
- インラッシュ電流 …………………………… 63
- エア・トリマ ………………………………… 92
- エアトン・ペリー巻き ……………………… 122
- エフ・ゼロ ………………………………… 161
- エレマ抵抗 ……………………………… 153
- 円筒形・平形ラグ端子抵抗器 …………… 121
- 円筒形リード端子抵抗器 ………………… 120
- 大型ケース・サイズ ………………………… 75
- オートゼロ・コンデンサ …………………… 44
- オールパス・フィルタ ……………………… 175
- 温度係数 ………………………………… 25,120
- 温度係数許容差 …………………………… 25
- 温度補償型セラミック・コンデンサ ………… 25

### ── か行 ──

- 開磁路構造 ……………………………… 169
- 角形金属皮膜チップ抵抗器 ……………… 102
- 角形チップ抵抗器 ………………………… 102
- 角形巻き線抵抗器 ………………………… 120
- カット・コア ……………………………… 194
- カップリング・コンデンサ …………………… 89
- 過電流損 ………………………………… 181
- 過渡的負荷 ……………………………… 125
- 過負荷試験 ……………………………… 105
- 可変コイル ……………………………… 168
- 可変抵抗器 ……………………………… 118
- 雷サージ・ゼロ・トランス ………………… 195
- カラー・コード ……………………………… 13

199

# 索 引 ●●●

| | |
|---|---|
| 貫通コンデンサ…………………………91 | 最大飽和磁束密度…………………182 |
| 帰還コンデンサ…………………………27 | 酸化金属皮膜抵抗器………………102 |
| 基板パターン…………………………163 | 残留ESL………………………………94 |
| キュリー点……………………………180 | 残留抵抗値……………………………131 |
| 共振周波数…………………………22,87 | 磁気結合………………………………165 |
| 許容パルス電流………………………41 | 磁気シールド…………………………182 |
| 強誘電体材料……………………………18 | 磁気飽和………………………………170 |
| 許容逆電圧………………………………70 | 自己回復作用……………………………43 |
| 許容誤差…………………………………14 | 自己共振…………………………………22 |
| 許容リプル………………………………71 | 自己共振周波数………………………161 |
| 許容リプル電流……………………62,96 | 自己修復機能……………………………66 |
| 近接効果………………………………161 | 自己修復作用……………………………57 |
| 金属酸化物皮膜抵抗器…………………13 | 自己発熱…………………………………42 |
| 金属箔チップ・ネットワーク抵抗器……113 | 自己誘導………………………………179 |
| 金属箔抵抗器………………………13,110 | 湿式電解コンデンサ……………………68 |
| 金属板抵抗器…………………………153 | シャント抵抗器……………………118,136 |
| 金属皮膜抵抗器……………………13,102 | 終端抵抗………………………………147 |
| 空芯コイル…………………………180,192 | 種類Ⅰ………………………………18,25 |
| クォリティ・ファクタ………………161 | 種類Ⅱ………………………………18,25 |
| グラウンド・ソルダ…………………165 | 種類Ⅲ……………………………………25 |
| クラック…………………………………24 | 準エアトン・ペリー巻き……………122 |
| 繰り返しパルス………………………109 | 瞬時エネルギ耐量……………………134 |
| クレスト・ファクタ……………………98 | 蒸着電極型………………………………37 |
| クローバ端子……………………………15 | 蒸着電極型フィルム・コンデンサ……40 |
| 群遅延時間……………………………175 | 尖頭電圧…………………………………71 |
| 軽減曲線………………………………106 | 常誘電体材料……………………………18 |
| 結合……………………………………192 | 初透磁率………………………………161 |
| コア材…………………………………120 | 真空の誘電率……………………………54 |
| コイル…………………………………156 | 透磁率…………………………………180 |
| コイル・パターン……………………163 | スイッチング・ノイズ除去回路………31 |
| コイルの等価回路………………………16 | スーパーキャパシタ……………………81 |
| 高周波電流………………………………96 | ステアタイト…………………………120 |
| 高出力回路………………………………96 | スリット・ステッチング………………55 |
| 公称B定数……………………………131 | 整合抵抗………………………………148 |
| 公称インダクタンス…………………160 | 静電容量の温度特性……………………21 |
| 公称ゼロ負荷抵抗値…………………131 | 静電容量範囲……………………………19 |
| 高精度同一抵抗………………………107 | 精密抵抗器……………………………118 |
| 広帯域トランス………………………168 | 精密用ニクロム合金線………………119 |
| 高抵抗値抵抗器………………………116 | 精密用巻き線抵抗器……………………13 |
| 高誘電率型………………………………25 | 静電容量…………………………………19 |
| 小型可変インダクタ…………………171 | 積層型……………………………………37 |
| 小型固定インダクタ…………………169 | 積層型フィルム・コンデンサ…………41 |
| 固体電解コンデンサ……………………68 | 積層コイル……………………………158 |
| 固定コイル……………………………168 | 積層セラミック・チップ・コンデンサ…17 |
| 固定コンデンサ…………………………17 | 積分回路…………………………………88 |
| 固定抵抗器……………………………118 | 積分型A-Dコンバータ………………43 |
| コモン・モード………………………197 | 積分コンデンサ……………………26,43 |
| コモン・モード・チョーク………168,177 | 絶縁抵抗…………………………………21 |
| コモン・モード・ノイズ……………177 | 絶対温度特性…………………………113 |
| 固有抵抗………………………………120 | セメント抵抗器………………………120 |
| コロナ放電………………………………42 | セラミック・コンデンサ………………18 |
| コンデンサの等価回路…………………16 | セラミック・トリマ……………………92 |
| ───── さ 行 ───── | セラミック・トリマ・コンデンサ……35 |
| サージ…………………………………109 | セルフ・ヒーリング機能………………41 |
| サージ電圧………………………………71 | センサ用バイアス回路…………………76 |
| サーメット型…………………………126 | 洗浄……………………………………108 |
| 最高過負荷電圧………………………105 | 層間材…………………………………158 |
| 最高使用電圧……………………105,124 | 相対温度特性…………………………113 |
| 最大回路電流……………………………98 | 装着機……………………………………23 |
| 最大許容電流…………………………134 | 素子最高電圧…………………………124 |
| 最大磁束密度…………………………180 | ソリッド抵抗器………………………102 |
| 最大動作電流…………………………133 | ソルダ・レジスト……………………165 |
| | 損失係数…………………………………22 |

## 索 引

─────── た 行 ───────

ターミネータ······147
耐電圧······105,125
耐電圧試験······105
大電力不燃性巻き線抵抗器······121
ダミー・ロード······147,150
単板コンデンサ······18
短時間過負荷······104
炭素皮膜型······126
炭素皮膜抵抗器······13,102
タンタル湿式電解コンデンサ······69
タンタル電解コンデンサ······51
単パルス······109
遅延線······175
遅延等化器······175
チップ・タンタル固体電解コンデンサ······67
チップ・ネットワーク······103
チップ立ち······24
チップ抵抗アレイ······146
チップ抵抗器······101
チャージ・アンプ回路······27
中間周波トランス······168
チョーク・コイル······168
直流重畳特性······197
直流重畳特性例······182
直流破壊電圧······22
直列接続······84
通電寿命······104
ツーム・ストーン現象······24
低インダクタンス積層セラミック・コンデンサ······33
定格周囲温度······105
定格電圧······20,105
定格電圧範囲······20
定格電力······105
定格負荷······105
抵抗アレイ······143
抵抗温度係数······106,114,120
抵抗素体限界温度······137
抵抗値温度係数······104
抵抗値許容差······104
抵抗値精度······111
ディップ······92
低誘電率型······25
ディレイ・ライン······175
ディレーティング······14,125
テーピング······23
デカップリング・コンデンサ······93
鉄クロム線······119
鉄損······170,181
電解液の修復作用······55
電気抵抗用銅ニッケル線······119
電気二重層······79
電気二重層コンデンサ······79
電熱用鉄クロム線······119
電熱用ニクロム線······119
電流電圧制限······146
電力型巻き線固定抵抗器······118
電力型メタル・クラッド巻き線抵抗器······13
電力軽減曲線······125
電力用巻き線抵抗器······13
等価直列インダクタンス······21
等価直列抵抗······21
銅損······170,181
導体パターン······158

導電性高分子······64
導電性高分子コンデンサ······64
銅ニッケル線······119
等比分割······107
突入電流······63,84,131
突入電流制限回路······133
ドライアップ······22
トラッキング······143
ドラム・コア······161,169
ドラム・タイプ······171
トリマ······126
トリマ・コンデンサ······92
トリミング······111
トロイダル・コア······161
トロイダル・コイル······182

─────── な 行 ───────

内部抵抗······82
内部熱抵抗······138
内部発熱温度······119
鉛フリー化······50
ニクロム線······119
熱ストレス······104
ネットワーク抵抗器······102
熱放散定数······131
ノイズ・ゼロ・トランス······197
ノー・カット抵抗······143
ノーマル・モード······197
ノッチ・フィルタ回路······28

─────── は 行 ───────

パーセント・リーディング······26
ハーメチック・シール······60
バイアス特性······62
バイパス・コンデンサ······31,87
箔電極型······37
箔電極型フィルム・コンデンサ······39
薄膜コイル······159
波高率······98
パスニン······31,87
バック・コンバータ回路······195
バックアップ可能時間······82
パッド······148
バラン······168
バラン・トランス······176
バルク······23
バルクハウゼン効果······180
パルス電圧······42
バルン······176
パワー・アンプ回路······93
パワー・サーミスタ······129
パワー・コイル······167
半固定・可変コンデンサ······17
はんだ耐熱性······67
はんだ付け······108
反転逆巻き······123
反転増幅回路······113
バンド・エリミネーション・フィルタ······185
半導体型······25
バンドパス・フィルタ······185
汎用片側コモン······107
汎用ダブル・コモン······107
汎用同一抵抗······107
ヒステリシス損······181

# 索 引

ヒステリシス特性……………………………180
ピッチ巻き……………………………………121
非反転増幅回路………………………………113
皮膜抵抗器……………………………………118
比誘電率………………………………………54
標準抵抗器……………………………………111
表皮効果………………………………………160
表面実装型……………………………………18
表面実装用3端子コンデンサ………………94
表面実装用シャント抵抗器…………………138
フィルム・コンデンサ………………………37
フィレットレス実装…………………………75
フェライト・キャップ………………………171
フェライト・ビーズ・インダクタ…………189
負荷 $Q$ ………………………………………183
負荷軽減曲線…………………………………109
複合コンデンサ………………………………45
符号反転回路…………………………………113
普通巻き………………………………………121
不燃性絶縁塗装型巻き線抵抗器……………123
不燃性巻き線固定抵抗器……………………123
不平衡型回路…………………………………176
浮遊インダクタンス…………………………172
プルアップ抵抗………………………………145
フロー…………………………………………24
分解能…………………………………………126
分流器…………………………………………136
平衡型回路……………………………………176
閉磁路構造……………………………………169
ヘリカル・タイプ……………………………171
ヘリカル・フィルタ…………………………173
保安機能付きアルミ電解コンデンサ………59
ポケット………………………………………172
ポテンショメータ……………………………126
ボビン・タイプ………………………………171
ポリアセチレン………………………………64
ポリアニリン…………………………………64
ポリエステル・フィルム・コンデンサ……42
ポリエチレン・テレフタレート……………37
ポリエチレン・テレフタレート・フィルム・コンデンサ…38
ポリエチレン・ナフタレート………………50
ポリチオフェン………………………………64
ポリピロール…………………………………64
ポリフェニレン・スルファイド……………37
ポリフェニレン・スルファイド・コンデンサ…47
ポリフェニレン・スルファイド・フィルム・コンデンサ…38
ポリプロピレン………………………………37
ポリプロピレン・コンデンサ………………44
ポリプロピレン・フィルム・コンデンサ…38

──── ま行 ────

マイカ・コンデンサ…………………………91
マイクロ波ストリップ・ライン……………150
マイラ・コンデンサ…………………………42
マイラ・フィルム・コンデンサ……………91
マウンタ………………………………………23
巻回型…………………………………………37
巻き線型………………………………………126
巻き線コイル…………………………………157
回り込み対策…………………………………94
マンガニン……………………………………136
マンハッタン現象……………………………24
密着巻き………………………………………121
無負荷 $Q$ ……………………………………183

無誘導型………………………………………37
無誘導巻き……………………………………122
ムライト………………………………………120
めがね型コア…………………………………176
メタライズド・フィルム・コンデンサ……43
メタライズド・ポリプロピレン・フィルム・コンデンサ…38
メタリコン……………………………………40
メタル・クラッド抵抗器……………………153
メタル・クラッド巻き線抵抗器……………121,124
メタル・グレーズ皮膜抵抗器………………102
面実装タイプ…………………………………101
漏れ磁束………………………………………169
漏れ電流………………………………………21

──── や行 ────

有機半導体電解コンデンサ…………………51
誘導型…………………………………………37
誘電作用………………………………………53
誘電正接………………………………………22
誘電体…………………………………………53
誘電体損失……………………………………22
誘電分極………………………………………30
誘電分極効果…………………………………43
誘電率…………………………………………54
誘導巻き………………………………………121
容量の許容差…………………………………25
読み取り値誤差………………………………26

──── ら行 ────

ラジアル・リード……………………………60,156
ランド・パターン……………………………164
ランド寸法……………………………………109
リード実装タイプ……………………………101
リード線型……………………………………18
リード付きセラミック・コンデンサ………94
リール…………………………………………23
リセット………………………………………181
リファレンス・コンデンサ…………………44
リフロー………………………………………24
臨界抵抗値……………………………………105
リング・コア…………………………………169

──── わ行 ────

ワイブル分布図………………………………71
ワンショット・コンデンサ…………………26

## 各章の執筆担当者

| | | |
|---|---|---|
| ●イントロ …… | 遠坂俊昭 | (株)エヌエフ回路設計ブロック |
| ●第1章……… | 山本真範 | TDK-MCC(株) |
| | 松井邦彦 | |
| | 山崎健一 | |
| ●第2章……… | 東原 聡 | 松尾電機(株) |
| | 松井邦彦 | |
| ●第3章……… | 松井邦彦 | |
| | 西本博也 | 三洋電機(株) 電子デバイスカンパニー |
| | 小島洋一 | 三洋電機(株) 電子デバイスカンパニー |
| | 香川寿得 | 日本ケミコン(株) |
| | 平塚伸彦 | 松尾電機(株) |
| | 松井邦彦 | |
| ●第3章 APP … | 黄賀啓介 | |
| ●第4章……… | 増田幸夫 | (株)アルテック |
| | 伊勢蝦鶴蔵 | |
| | 瀬川 毅 | (株)インパルス |
| ●第5章……… | 五味正志 | KOA(株) |
| | 佐藤牧夫 | アルファ・エレクトロニクス(株) |
| | 山崎健一 | |
| ●第6章……… | 北上俊憲 | (株)ピーシーエヌ |
| | 山崎健一 | |
| ●第7章……… | 山崎幸雄 | 富士ゼロックス(株) |
| ●第8章……… | 北上俊憲 | (株)ピーシーエヌ |
| ●第9章……… | 宮崎 仁 | 宮崎技術研究所 |
| | 増田幸夫 | (株)アルテック |
| | 伊勢蝦鶴蔵 | |
| | 瀬川 毅 | (株)インパルス |
| ●第10章 ……… | 長坂 孝 | TDK(株) |
| ●第11章 ……… | 藤原 弘 | 東光(株) |
| | 村井 保 | 東光(株) |
| | 島影新吉 | 東光(株) |
| | 島田武志 | 東光(株) |
| | 木村 悟 | 東光(株) |
| ●第12章 ……… | 瀬川 毅 | (株)インパルス |
| | 増田幸夫 | (株)アルテック |
| | 小谷光輝 | (株)村田製作所 |
| | 坂東政博 | (株)福井村田製作所 |
| | 伊勢蝦鶴蔵 | |

● 本書記載の社名，製品名について ─ 本書に記載されている社名および製品名は，一般に開発メーカーの登録商標です．なお，本文中では™，®，©の各表示を明記していません．

● 本書掲載記事の利用についてのご注意 ─ 本書掲載記事は著作権法により保護され，また産業財産権が確立されている場合があります．したがって，記事として掲載された技術情報をもとに製品化をするには，著作権者および産業財産権者の許可が必要です．また，掲載された技術情報を利用することにより発生した損害などに関して，CQ出版社および著作権者ならびに産業財産権者は責任を負いかねますのでご了承ください．

● 本書に関するご質問について ─ 文章，数式などの記述上の不明点についてのご質問は，必ず往復はがきか返信用封筒を同封した封書でお願いいたします．ご質問は著者に回送し直接回答していただきますので，多少時間がかかります．また，本書の記載範囲を越えるご質問には応じられませんので，ご了承ください．

● 本書の複製等について ─ 本書のコピー，スキャン，デジタル化等の無断複製は著作権法上での例外を除き禁じられています．本書を代行業者等の第三者に依頼してスキャンやデジタル化することは，たとえ個人や家庭内の利用でも認められておりません．

JCOPY 〈(社)出版者著作権管理機構委託出版物〉
本書の全部または一部を無断で複写複製(コピー)することは，著作権法上での例外を除き，禁じられています．本書からの複製を希望される場合は，(社)出版者著作権管理機構(TEL：03-3513-6969)にご連絡ください．

電子回路の性能を決める受動部品の基礎と応用

# コンデンサ/抵抗/コイル活用入門

| 編 集 | トランジスタ技術SPECIAL編集部 |
| --- | --- |
| 発行人 | 寺前 裕司 |
| 発行所 | CQ出版株式会社 |
| | 〒112-8619 東京都文京区千石4-29-14 |
| 電 話 | 編集 03(5395)2123 |
| | 販売 03(5395)2141 |

2005年 1月1日 初版発行
2019年 4月1日 第9版発行
©CQ出版株式会社 2005
(無断転載を禁じます)
ISBN978-4-7898-3750-7
定価はカバーに表示してあります
乱丁，落丁はお取り替えします
編集担当 山岸 誠仁
DTP・印刷・製本：三晃印刷株式会社
Printed in Japan